多媒体技术应用基础

主　编　胡文骅
副主编　徐芳芳　奚　婧　闫慧仙
　　　　张　鹭　刘清华　李文慧

内容提要

本书介绍了多媒体技术的相关知识及其应用,包括图像处理技术、音频信息处理技术、视频信息处理技术、动画处理技术等,力求培养学习者多媒体应用系统开发能力。该书适合各高等院校多媒体技术类课程教学使用,也可作为相关学习者的参考用书。

图书在版编目(CIP)数据

多媒体技术应用基础/胡文骅主编. —上海:上海交通大学出版社,2018
ISBN 978-7-313-19844-0

Ⅰ.①多… Ⅱ.①胡… Ⅲ.①多媒体技术—高等学校—教材
Ⅳ.①TP37

中国版本图书馆 CIP 数据核字(2018)第 173875 号

多媒体技术应用基础

主　　编: 胡文骅
出版发行: 上海交通大学出版社　　地　　址: 上海市番禺路 951 号
邮政编码: 200030　　电　　话: 021-64071208
出 版 人: 谈　毅
印　　制: 上海天地海设计印刷有限公司　　经　　销: 全国新华书店
开　　本: 787mm×1092mm　1/16　　印　　张: 13
字　　数: 325 千字
版　　次: 2018 年 9 月第 1 版　　印　　次: 2018 年 9 月第 1 次印刷
书　　号: ISBN 978-7-313-19844-0/TP
定　　价: 42.00 元

前　言

随着计算机技术的应用与普及，多媒体技术也已经深入人们生活的方方面面。多媒体技术是基于计算机、通信和电子技术发展起来的新型学科，以计算机技术为核心，综合处理图像、声音、视频、动画等的数字化处理技术。它的兴起推动了许多传统产业的变革，改变着人们的生活和生产方式。

在多媒体技术不断发展的背景下，各行各业迫切需要大量的数字媒体技术专业人才。本书编者吸取了众多同类多媒体技术相关教材的编写经验，结合长期从事多媒体技术教学的经验编写了此书。本书从理论联系实际的角度出发，重点讲解多媒体技术中最广泛的知识和方法。本书介绍的多媒体处理软件基本使用了较新的版本，参考了大量的国内外的最新文献，力求做到通俗易懂，让读者学习多媒体技术理论的同时，也能掌握最新的数字媒体制作技能。

本书共7章，第1章主要介绍多媒体的基础知识和多媒体技术研究的主要内容；第2章主要介绍多媒体图像、音频、视频、动画和多媒体课件的理论知识；第3章主要讲解多媒体图像处理的基本技术；第4章主要讲解多媒体音频处理的基本技术；第5章主要讲解多媒体视频处理的基本技术；第6章主要讲解多媒体3D动画的制作技术；第7章主要讲解多媒体课件的制作技术。每章后都附有上机练习，帮助读者在实际操作中熟悉、掌握所学知识及技术，可扫描书后二维码下载。

本书由胡文骅任主编，负责总体策划和统稿。本书的第1章由徐芳芳编写、第2章由奚婧、闫慧仙、张鹭、刘清华、李文慧共同编写，第3章由奚婧编写，第4章由闫慧仙编写，第5章由张鹭编写，第6章由刘清华编写，第7章由李文慧编写。本书在编写过程中参考了大量的文献和资料，在此向这些文献的作者表示感谢。

由于编者水平有限，书中存在的不当和疏漏之处，敬请读者批评指正。

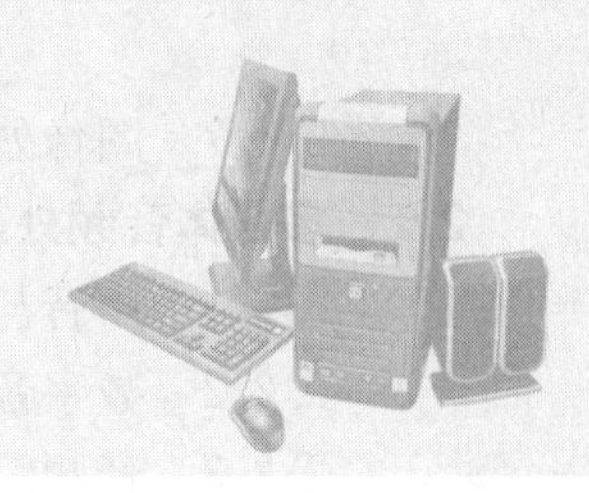

目　录

第1章
多媒体概述

1.1 多媒体基础知识

1.1.1 媒体的含义

我们生活在一个信息时代，每时每刻都在传播或接受纷繁多样的信息。而信息是依附于人能感知的方式进行传播的，即信息的传播必须有媒体。媒体作为信息传递与传输的载体，是人们为表达思想或感情所使用的一种手段、方式或工具，包含以下两个含义：

一是指存储信息的实体，如书本、报刊、穿孔纸带、磁带、磁盘、光盘、半导体存储器；

二是指承载信息所使用的符号系统，即信息的表现形式，如摩尔斯码、数字、文字、声音、图形和图像、二维码、条形码(见图1-1)。

摩尔斯码

条形码

二维码

图1-1 几种符号系统

1.1.2 媒体的分类

按照国际电信联盟(International Telecommunication Union, ITU)下属的国际电报电话咨询委员会(International Telegraph and Telephone Consultative Committee, CCITT)定义，媒体可分为五种类型：感觉媒体、表示媒体、显示媒体、存储媒体和传输媒体。

1. 媒体类型

(1) 感觉媒体(perception medium)：指直接作用于人的感觉器官并使人产生直接感觉的媒体，其功能是反映人类对客观世界的感知，表现为听觉、视觉、触觉、嗅觉、味觉等的感觉形式。这类媒体内容有各种声音、文字、语音、音乐、图形、图像、动画、影像等。比如人们通过听觉器官(耳朵)可以感知声音信息，通过视觉器官(眼睛)可以感知数字、文本、图形和图像等信息，通过嗅觉器官(鼻子)可以感知气味信息，通过触觉器官(神经末梢)可以感知温度、粗糙度等信息，通过味觉器官(舌头)可以感知酸甜苦辣等信息。

人类感知信息的各通道贡献的信息量不同，比如人类从外部世界获取的信息中，约65%

是通过视觉感知的，20%是通过听觉感知的，10%是通过触觉感知的，5%是通过嗅觉和味觉感知的(见图1-2)。虽然嗅觉、味觉带来的信息量比较小，但是往往有出其不意的效果。研究表明，人的情绪有75%是由嗅觉产生，消费者如果身处宜人气味的环境，像是充满了咖啡香或饼干香的空间，不但心情会变好，也可能让他们的行为举止更为迷人，甚至出现利他的友善表现。因此，现在越来越多的商家开始关注嗅觉领域的营销，利用气味在"空气中悄悄地"改变我们的情绪与决策行为。

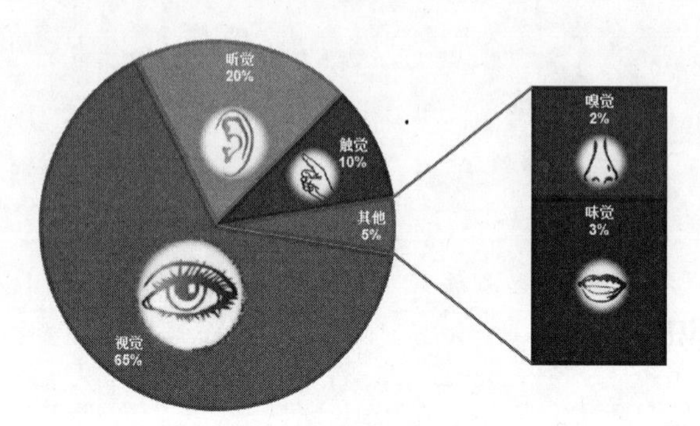

图1-2 各感知通道信息量

目前，人类的感知中，视觉和听觉都已经充分做到了信息化，比如在采样、模拟、远程传输、存储与还原等环节都有悠久和成熟的技术。视频聊天，远程直播等早已成司空见惯的日常生活，虚拟现实等技术已让人类端坐家中便可身临其境般环游世界。

触觉的信息化也能看到大体的框架。比如 Dexta Robotics 公司研发推出的 Dexmo(见图1-3)，是一款以机械捕捉作为其动作捕捉方案基础的动作捕捉器[①]。其机械式的外骨骼设计可以准确地追踪使用者手部的关节活动，利用设备搭载的即时力反馈技术(instant force feedback)，使用者不仅可以实现与 VR 环境的交互，还可以感受到 VR 环境物体的尺寸、形状、弹性和硬度。

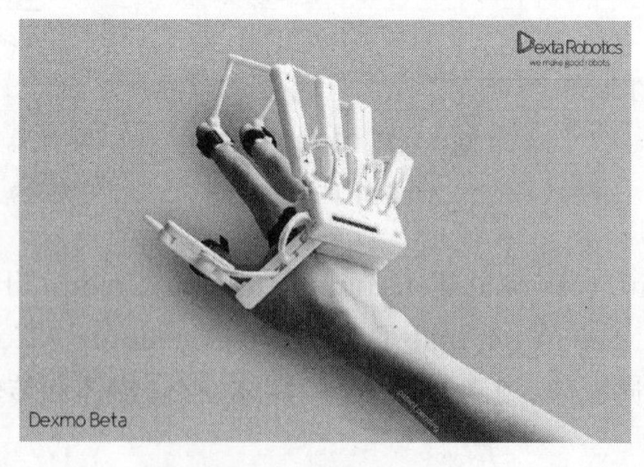

图1-3 Dexmo[②]

在嗅觉和味觉的数字化方面近几年也出现了不少新尝试，比如，为了给予用户更加逼真的虚拟现实体验，FeelReal 公司推出了一款神奇的面具 FeelReal Mask(见图1-4)，可帮助用户

① http://www.jiemian.com/article/891411.html
② http://img.361games.com/file/vr/chanye/2016/08/3173c14727c636f1648927b2f03d29b4.jpg

还原虚拟场景中的真实嗅觉[1]。新加坡国立大学的一个团队探索出了一条新的方法，用数字方式模拟味觉，可以传递和控制主要的味觉体验[2]，如图 1－5 所示。

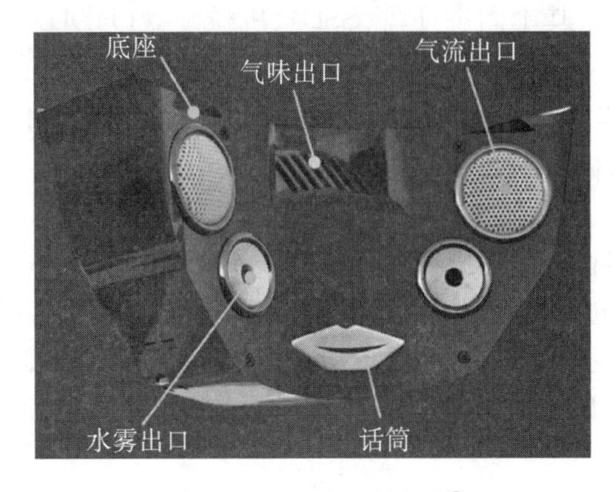

图 1－4 FeelReal Mask[3]

图 1－5 味觉模拟器[4]

（2）表示媒体（representation medium）：指为了处理和传输感觉媒体而人为地研究、构造出来的一类媒体，其目的是为了计算机能够方便、有效地加工、处理和传输感觉媒体，通常表现为各种感觉媒体的编码，如图像编码（JPEG、MPEG 等）、文本编码（ASCII 码、GB2312 等）和声音编码（PCM、MP3）等。由于感觉媒体的多样性，表示媒体依据不同的编码方式，也呈现多样发展趋势。仅仅图像就有 JPEG、RAW、MPEG、BMP、PNG 等多种不同的编码方式。

每种算法均有其优缺点和适用范围，比如 RAW 作为 CMOS 或者 CCD 图像感应器将捕捉到的光源信号转化为数字信号的原始数据，记录了数码相机传感器的原始信息，同时记录了由相机拍摄所产生的一些元数据（ISO 的设置、快门速度、光圈值、白平衡等）。作为“数字底片”，RAW 占据了较多的存储空间，但是摄影师可以通过后期处理软件对 RAW 图片的曝光、锐度、色温、色彩、镜头畸变等各方面进行几乎无损的调节，从而最大限度地发挥自己的艺术才华。如果存储空间有限，后期再创作需求不大，体积小巧、兼容性好的 JPG 格式不失为摄影爱好者的一个好的选择。

（3）显示媒体（presentation medium）：指完成感觉媒体和计算机中电信号相互转换的一类媒体，即用于将感觉媒体进行计算机输入输出的设备，它又分为信息输入媒体和输出显示媒体。

① 输入媒体：键盘、鼠标、话筒、扫描仪、摄像机、手写笔等；

② 输出媒体：喇叭、显示器、打印机、投影仪、绘图仪等。

（4）存储媒体（storage medium）：指用于存储表示媒体（即存储将感觉媒体数字化以后的代码）的物理介质。常见的存储媒体包括磁盘、光盘、U 盘、磁带等。

曾经大行其道的 3.5 in（1 in＝0.025 4 m）软盘就属于软盘的一种。然而作为移动存储设备，软盘无法克服容量小、速度慢、安全性差等弊端，现在已经很少使用。

U 盘作为闪存芯片，具有体积小、重量小、功能多、携带方便、不易损坏、容量相对小等特

---

① https://yivian.com/news/5992.html

② http://tech.qq.com/a/20160920/050627.htm

③ https://cdn.yivian.com/wp-content/uploads/2015/03/Imarerege.png

④ http://img1.gtimg.com/tech/pics/hv1/198/122/2131/138599583.png

点，适合随身携带，可以随时随地地进行数据交换，作为理想的数据存储媒体，目前被广泛应用。

硬盘作为主要的存储媒体，其技术也比较成熟，其中固态硬盘(SSD)、机械硬盘(HDD)、混合硬盘(HHD)是较为常见的三种硬盘。

(5) 传输媒体(transmission medium)：指媒体从一个地方传输到另一个地方的传物理介质，是通信的信息载体，如双绞线、同轴电缆、光缆、微波等都是常用的传输媒体。

2. 媒体间的关系

自然状态下，感觉媒体直接作用于人的感觉器官。计算机处理媒体信息的过程中，表示媒体是各类媒体的核心。首先需要通过显示媒体的输入设备将感觉媒体转换成表示媒体，并存放在存储媒体中，然后计算机从存储媒体中获取表示媒体信息后进行加工处理，最后再利用显示媒体的输出设备将表示媒体还原为感觉媒体，并最终反馈给应用者，如图 1-6 所示。然而在多媒体技术中，所说的媒体一般指的是感觉媒体。

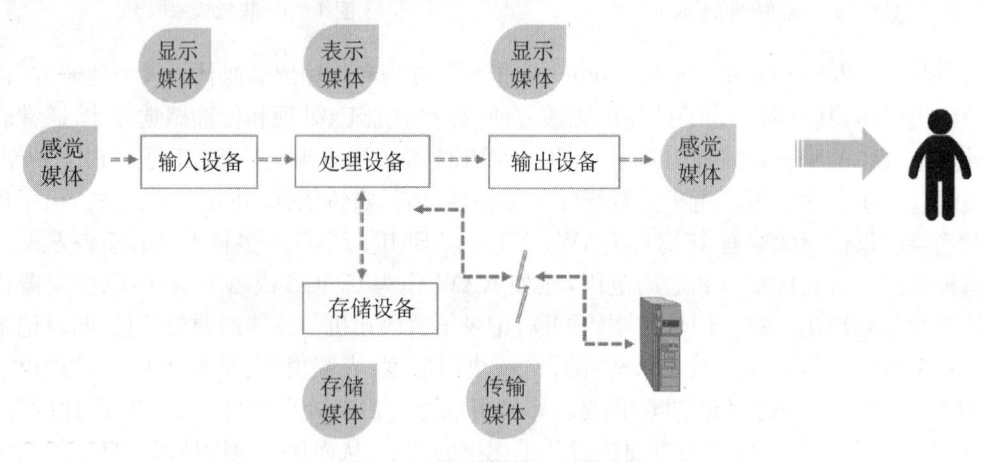

图 1-6　各种媒体之间的关系

1.1.3　多媒体概念与构成要素

1. 多媒体概念

多媒体(multimedia)是由两种以上单一媒体融合而成的信息综合表现形式，是多种媒体的综合、处理和利用的结果。多媒体实质是把文本、图形、图像、动画和声音等不同表现形式的各类媒体信息数字化，然后利用计算机对数字化的媒体信息进行加工和处理，通过逻辑连接形成有机的整体，并通过计算机进行综合处理和控制，使其能支持完成一系列交互式操作。

2. 多媒体构成要素

多媒体的构成要素通常分为六大类，即文本、图形、图像、声音、动画以及视频。

(1) 文本。文本是指在屏幕上显示的、以文字、数字和各种符号表达的信息形式，是多媒体的最基本对象，是现实生活中使用得最多、最快捷的一种信息存储和传递方式。用文本表达信息可以给人保留充分的想象空间，主要用于对知识描述性表示，如阐述概念、定义、原理和问题以及显示标题、菜单等内容。

通常文本具有多种格式，一般的多媒体编辑软件都支持文字的字体、粗细、大小、颜色等各种格式的设定。字体方面，如操作系统或软件自带的字体无法满足创作的需求，可以到专门的网站下载并安装特定的字体文件。比如字体大全、字体下载大宝库等网站都可提供字体文件的下载。如果现有的字体仍无法满足需求，可通过软件，设计制作个性化的字体文件，还可以将自制的字体文件分享到网上。

对文字的设计除了要关注字体、颜色、大小等美观的因素外，也要注意排列顺序、组合方式等其他因素(见图1-7)。比如百度的搜索电话和官网提供的麦当劳和肯德基的订餐电话(见图1-8)，虽然电话信息一致，但数字分组的差异会直接影响顾客识记的效果。

图1-7 不同的字体

图1-8 百度搜索电话和官网电话比较

(2) 声音。声音是携带信息的重要媒体，是用来传递信息、交流感情最方便、最熟悉的方式之一。各种语言、音乐(如各种歌声、乐声、乐器的旋律等)、物体碰撞声、机器轰鸣声、动物鸣叫声和风雨声等人耳能听到的都可以归为声音的范畴。

多媒体中声音通常指数字音频，它是一个表示声音强弱的数据序列。音频是由模拟声音经取样(即每隔一个时间间隔在模拟声音波形上取一个幅度值)、量化和编码(即把声音数据写成计算机的数据格式)后得到的。通过数字-模拟转换器，可以将音频恢复出模拟的声音。

声音可提供其他任何媒体不能实现的效果，将声音和图像(动画、电影等)一起播放，实现音频和视频的同步，会使视频图像更具有真实性，从而烘托气氛，增强活力。随着多媒体信息处理技术的发展、计算机数据处理能力的增强，音频处理技术得到广泛的应用，如视频图像的配音、配乐、静态图片的解说、背景音乐、可视电视、电视会议的话音和电子读物的声音等。

除了回放预先录制声音实现语音输出外，也可以通过语音合成技术，将文字信息转换成流畅自然的语音输出，并且可以支持语速、音调、音量、音频码率设置，甚至可以定制某个人的声音。语音识别技术可将人类的语音中的词汇内容转换为计算机可读的输入，为信息输入提供新途径。基于语音合成、语音识别、人工智能等技术发展起来的语音助手产品(Siri、Google now等)，打破传统文字式人机交互的方式，让人机沟通更自然，也为生活与工作提供更多的便利。

(3) 图形。图形是指通过计算机软件绘制的从点、线、面到三维空间的各种有规律的几何图形，如直线、矩形、圆、多边形以及其他可用角度、坐标、距离等参数来表示的几何图形。由于在图形文件中只记录生成图的算法和图上的某些特征点(几何图形的大小、形状及其位置、维数等)，因此称为矢量图。比如图1-9所示的由心形函数，就是典型的根据计算而绘制的图形。

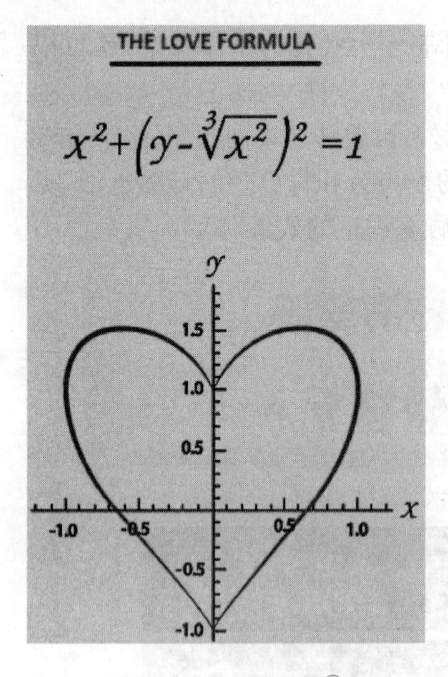

图 1－9　心形函数①

图形文件是由一组描述点、线、面等几何元素特征的指令集合组成的。绘图程序就是通过读取图形格式指令，并将其转换为屏幕上可显示的形状和颜色。因此，图形文件的大小跟图形的复杂程度相关，而与图形的尺寸关联度不大。但由于每次屏幕显示时都需要重新计算，故图形显示速度没有图像快。另外，当图形放大时，不会像图像那样发生失真现象。

（4）图像。又称为位图或点阵图，是由称作像素的单个点组成的画面。图 1－10 中小狗的画面是就由蓝、黄、红、黑等几种颜色的色块组成。当图像的像素足够多，颜色足够丰富时，画面看起来就比较真实，但将图像放大到一定程度时就会发现这些像素点。图像的大小和质量是由图像中的像素点的数量和像素点密度决定的：像素点密度越大，图像越清晰，图像放大时的模糊速度越慢；像素点数量越多，图像数据量越大。

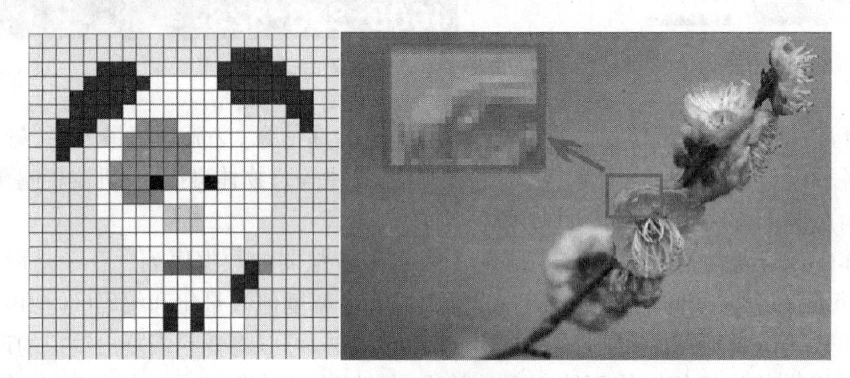

图 1－10　图像举例

图像变现力强、细腻、富于层次感，适用于表现含有大量细节（如明暗变化、场景复杂、轮廓色彩丰富）的对象，如照片、绘图等。图像可以通过照相机、扫描仪、摄像机等输入设备捕捉实际的画面获得，也可以通过其他设计软件生成。通过图像软件可进行复杂图像的处理以得到更清晰的图像或产生特殊效果。

（5）动画。动画是基于人眼的视觉暂留原理创建的一系列静止的图像。人眼在观察事物时，光线对视网膜所产生的视觉刺激在光停止作用后，仍保留一段时间的现象叫作视觉暂留，比如在黑暗中挥动点燃的火把，会看到一道发光的亮线。将内容相关的静止图像以 15～20 帧每秒的速度播放，由于眼睛能够长时间地保留图像以允许大脑以连续的序列把帧连接起来，所以就产生图像内容运动的错觉。中国人最先发现了视觉暂留现象，走马灯便是历史记载中最早的视觉暂留的应用。

计算机动画是在图形图像处理技术的基础上，借助于编程或动画处理软件生成的一系列景物画面，通过连续播放静止图像的方法来产生物体运动的效果。动画可以清晰地表现出一

① http://www.xuexila.com/xuexifangfa/shuxue/2799596.html

个事件的过程，也可以展现生动的画面。相比于传统手工制作与拍摄的动画，计算机的加入使得动画制作更加灵活简单，人物动作更容易控制，内容也更加丰富绚丽，动画效果也更逼真。

(6) 视频。视频泛指将一系列静态影像以电信号的方式加以捕捉、记录、处理、储存、传送与重现的各种技术。视频与动画一样，这也是利用了人眼的视觉暂留原理，由一系列连续的图像组成并按照一定的速率播放。视频常常与声音媒体配合进行，两者的共同基础是时间连续性。因此谈到视频时，往往也包含声音媒体。

随着移动终端的普及和网络的提速，时长在 5 min 以内的短视频已成为互联网新媒体的新宠，基于移动终端的视频类 APP 将视频制作与传播技术简化，让更多人可以随时随地拍摄、制作和发布创意视频。短视频时长短、信息承载量高、生动形象的特点使观众得以充分利用碎片时间观看，更符合当下手机网民消费行为习惯。数据显示，移动短视频用户规模不断扩大，2017 年达到 2.42 亿人，增长率为 58.2%。

为了使作品更富表现力，往往将各媒体构成要素以整合的形式出现，整合方式通常分为两种，即空间方式和时间方式。例如文字的旁边配上相关的图片就是空间整合方式，而在视频播放的同时配上背景音效则是一种时间整合方式。

1.1.4 多媒体技术概念及其特征

1. 多媒体技术的概念

多媒体技术是指以计算机为平台综合处理多种媒体信息（如文本、图形、图像、声音、动画和视频），在多种媒体信息之间建立起逻辑连接，并具有人机交互功能的集成系统。

在数字、文字、声音、图形和图像等多种媒体信息处理方面，计算机经历了漫长的发展过程。在发展的初期，计算机只能识别、处理与输出用 0 和 1 两种符号来表示信息，只有少量的计算机专业人员才能与计算机进行信息交流，计算机的应用受到很大限制。到了 20 世纪 50 年代至 70 年代，随着高级语言的出现，计算机可以识别与输出以英文文本表现的信息，使得具有一般文化程度的科技人员也能和计算机进行信息交流，扩大了计算机的应用范围。80 年代开始，新一代计算机向智能化、家用化、便携化方向发展，计算机开始可以识别、处理与输出声音、图形和图像等信息载体，受到广大用户的欢迎，应用范围迅速扩大。由此可见，多媒体技术的发展是普及计算机应用、拓宽计算机处理信息的类型的必然趋势。

随着信息爆炸时代的到来，仅仅依靠单一的媒体元素来传递信息已经远远不能满足信息传播的日常需求了，这就迫切需要一种手段和技术能够使多媒体元素快速整合海量的信息，并将这些整合好的信息以一个整体的，可交互的方式呈现给用户——这就是多媒体技术所要解决的中心问题。

通过多媒体的形成过程（见图 1 - 11）可以看出，多媒体技术是一门综合性的信息技术，它通过计算机数字技术和通信、广播等技术对各种媒体元素进行数字化存储、传输、处理和控制；通过各种计算机软硬件技术对不同的媒体元素进行编辑并在它们之间建立逻辑连接，使之成为一个整体；最后通过用户界面和交互技术（实质上也是计算机软硬件技术）进行封装之后展示在用户面前。

多媒体技术通常分为两个层面的内容：一个是媒体元素的编辑和整合技术，主要解决多媒体数据的采集和整理问题；另一个就是交互方式的实际和实现技术，主要解决多媒体内容的呈现形式问题。

媒体元素的编辑和整理技术流程为：首先是信息的采集，包括文本信息的录入、声音的录制、图形的绘制、图像的捕捉、动态影像的摄制等；其次是将采集到的信息通过进行数字化处

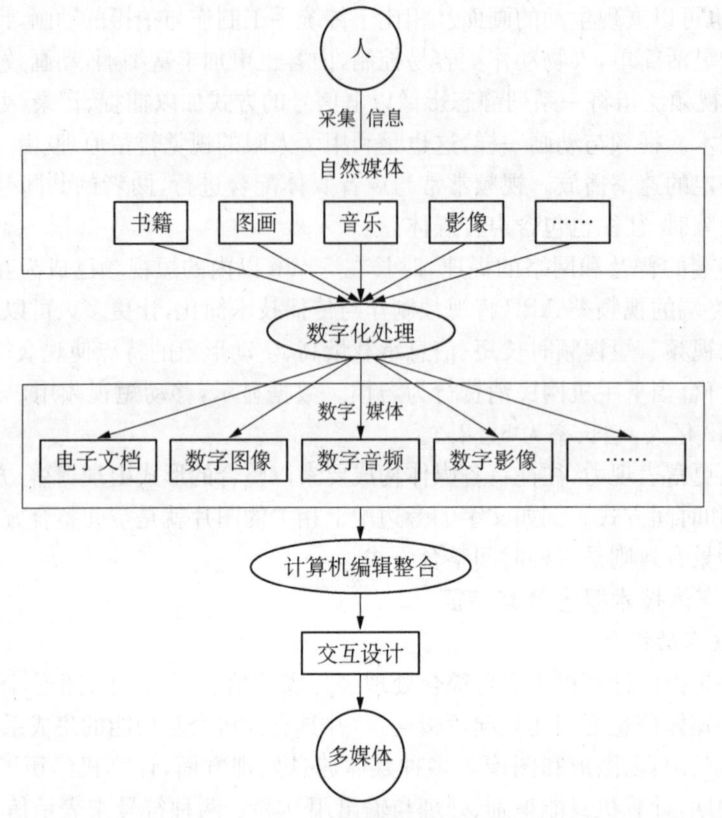

图 1－11　多媒体的形成过程

理，形成电子文档、像素或矢量图片、数字音频以及数字视频等多媒体数据。信息采集相关的硬件有各种文字录制设备、扫描仪、数码相机、数码摄像机、声音采集设备等，通过这些设备，人们将所要传达的信息初步整理成“原始数据”，然后通过计算机对这些原始数据进行文本的排版、图片的修饰、声音的提纯以及影像的剪辑等处理。

当所有媒体元素被处理好之后，就可利用交互设计方面的软、硬件对整个产品各项媒体元素之间内在逻辑联系进行定义和技术实现：如建立媒体元素之间的相互关联关系；定义用户和多媒体产品之间进行交流的方式；编写计算机程序将这些内在联系和当时定义转换成计算机所能理解的代码；设计出用户界面，将所有这些媒体元素和关联方式封装起来，以一个样式统一且容易使用的方式将整个多媒体产品展现在用户面前。

2. 多媒体技术的特点

多媒体技术的主要特点包括信息载体的多样性、实时性、交互性和集成性。

(1) 多样性。多样性主要是指表示媒体的多样性，体现在信息采集、传输、处理和显示的过程中，要涉及多种表示媒体的相互作用。多媒体技术将计算机所能处理的信息空间扩展和放大，将媒体元素从无声的数字和文本，扩大到静止的图形图像，再延伸到有声的动画画面乃至活动影像。将计算机的使用与操作变得更加人性化，计算机所能处理的信息空间、时间范围得到拓展和放大，人机交互具有更广阔的、更加自由的空间。

(2) 实时性。实时性指用户可以通过操作命令(甚至语言、手势或其他肢体动作)实时控制相应的多媒体信息。也指媒体元素之间的同步性，即在人的感官系统能够接受的情况下进行多媒体交互时，文字、图像、声音等媒体元素是连续的。多种媒体之间的协同性及时间、空间

的协同性是多媒体的关键技术之一。

(3) 交互性。交互性是在用户接收多媒体信息的同时，用户的活动也可作为一种媒体加入到信息传播过程中，使信息交互的参与各方，不论是发送方还是接收方都可以对信息进行编辑、控制和传递的特性。交互性使用户在获取和使用信息时变被动为主动，增加了对信息的注意和理解，延长了信息的保留时间。

(4) 集成性。集成性是以计算机为中心的综合处理多种信息媒体的特性，即将不同的媒体信息有机地组合在一起，形成一个完整的整体，包括两方面：一方面是指把单一的、零散的媒体信息(如文字、图形、图像、音频和视频等)有效地集成在一起，即信息媒体的集成。信息媒体的集成体现在信息的多通道统一获取、多媒体信息的统一组织和存储、多媒体信息表现合成等方面，即各种信息媒体不再是单独进行加工和处理、相互分离，而是一个统一的整体。

另一方面，集成性还表现在存储、处理这些媒体信息的物理设备的集成，即多媒体各种设备集成在一起成为一个整体。实现媒体设备的集成：从硬件上来说应该具有能够处理多媒体信息的高速并行的CPU系统、大容量内存和外存，具有多媒体信息输入输出能力的外设，具有足够带宽的通信信道和通信网络接口；从软件上来说应该具有集成化的多媒体操作系统，适应于多媒体信息管理的操作系统、创作工具和应用软件等。

1.2 多媒体创作环境

1.2.1 多媒体计算机系统

多媒体计算机是集文、声、图、像功能于一体的计算机。与普通计算机系统类似，多媒体计算机系统也是由多媒体硬件系统和多媒体软件系统两大部分组成。

1. 多媒体硬件系统

多媒体计算机硬件系统(MPC标准)除了包括一个基本的微型计算机的主要配置外，还需要具有音频处理设备、视频处理设备、图像输入/输出设备、网络连接设备等各种外部设备以及与各种外部设备的控制接口卡，如图1-12所示。

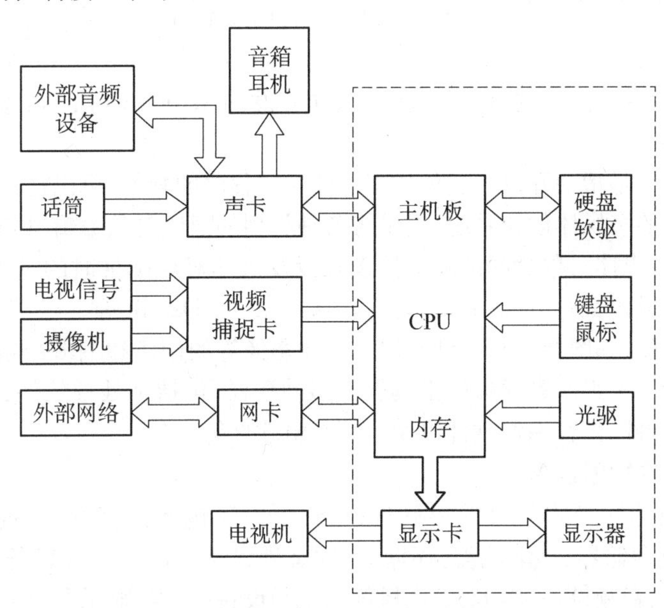

图1-12 多媒体计算机硬件组成

为促进多媒体计算机的标准化，由 Microsoft、Philips 等 14 家厂商组成的多媒体市场协会分别在 1991 年、1993 年和 1995 年推出第一代、第二代和第三代的多媒体个人计算机（multimedia personal computer，MPC）技术规范，即 MPC1、MPC2 以及 MPC3。按照 MPC 标准，多媒体个人计算机包括：个人计算机（PC）、只读光盘驱动器（CD - ROM）、声卡、Windows 操作系统、音箱或耳机。同时对主机的 CPU 性能，内存（RAM）的容量，外存（硬盘）的容量以及屏幕显示能力有相应的限定。但现在来看，MPC 规定的基本配置是比较低的，随着计算机软硬件技术的迅猛发展，目前市场上销售的 MPC 几乎都高于 MPC 标准。

在多媒体技术发展初期，多媒体系统以多媒体计算机系统为主体，几乎没有包含多媒体通信系统。随着网络的发展与普及，多媒体计算机系统与多媒体通信系统相互融合，多媒体系统越来越依靠网络获取服务、交换信息，如多媒体会议系统、视频点播系统、远程教育系统等。目前的多媒体系统中都毫不例外地运用了多媒体数字化技术（计算机信息处理技术），因此，多媒体计算机技术是一切多媒体系统的基础。

2. 多媒体软件系统

多媒体计算机的软件系统按功能划分为系统软件和应用软件。系统软件在多媒体计算机系统中负责资源的配置和管理、多媒体信息的加工和处理；应用软件则是在多媒体创作平台上设计开发的面向应用领域的软件系统。多媒体计算机软件系统的层次结构如图 1 - 13 所示。

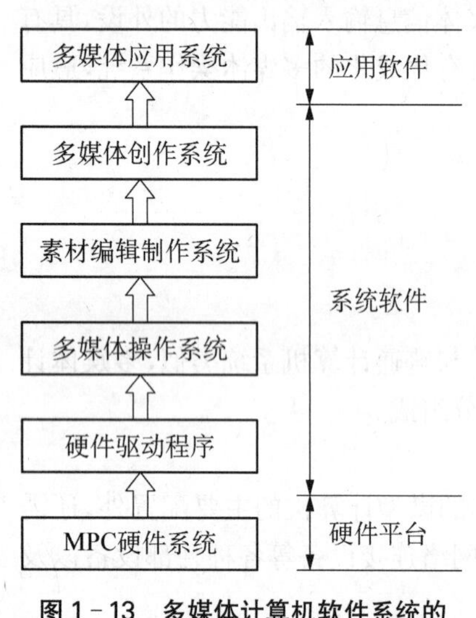

图 1 - 13　多媒体计算机软件系统的层次结构

操作系统是计算机必备的系统软件之一。计算机硬件的功能正是在操作系统的控制下才能正常发挥，才可以方便地实施多媒体技术所要求的人机交互。多媒体操作系统在上述功能的基础上增加了对多媒体技术的支持，以实现多媒体环境下的多任务调度，保证音频、视频同步及信息处理的实时性，提供对多媒体信息的各种操作和管理。另外，多媒体操作系统还应具有对设备控制的相对独立性，以及可操作性、可拓展性等特点。PC 上运行的多媒体操作系统，常见的有 Microsoft 公司开发的 Windows 操作系统和 Apple 公司的 Macintosh 操作系统。

多媒体创作系统是帮助开发人员创作多媒体应用程序的软件，可以是程序设计语言，也可以是具有特定功能的多媒体创作系统，提供将各种类型的媒体对象编辑、集成到多媒体作品中的功能，并支持各种媒体对象之间的超链接设置以及媒体对象呈现时的过渡效果设置。常用于多媒体创作的变成语言有 Visual Basic、Visual C＋＋、Delphi 等。

对于多媒体对象，如图像、声音、动画以及视频影像等的创建和编辑，一般需要借助多媒体素材编辑工具软件。多媒体素材编辑工具软件多种多样，包括字处理软件、绘图软件、图像处理软件、动画制作软件、声音编辑软件以及视频编辑软件等。

1.2.2　多媒体外围设备

多媒体计算机除包括常规计算机硬件设备之外，还包括大容量存储设备（CD - ROM、VCD、刻录机、U 盘存储器、移动硬盘、存储卡、固态硬盘等）、图形图像设备（手写板、扫描仪、摄像机、照相机等）、音频设备（声卡、麦克风等）、视频设备（显卡、显示器、视频采集卡等）、网络

连接设备(网卡)等外围设备。外围设备(简称“外设”)是计算机系统中输入、输出设备(包括外存储器)的统称,对数据和信息起着传输、转送和存储的作用,是多媒体计算机系统中的重要组成部分。

1.3 多媒体技术研究的主要内容

多媒体技术研究的主要内容包括以下几个方面:多媒体数据压缩、多媒体数据的组织与管理、多媒体信息的展现与交互、多媒体通信与分布处理、虚拟现实技术。

1.3.1 多媒体数据压缩技术

在多媒体系统中,由于处理的媒体信息主要是非常规数据类型(如图形、图像、音频和视频等),并且这些媒体信息数据量非常大。例如,一幅具有中等分辨率(640×480 像素)真彩色图像(24 位/像素),它的数据量约为每帧 7.37 Mb。若要达到 25 帧每秒的全动态显示要求,每秒所需的数据量为 184 Mb,而且要求系统的数据传输速率必须达到 184 Mb/s,这在目前是无法达到的。同时,媒体数据中间常存在一些多余成分,即冗余度。如在图像中,某些颜色会重复出现,某些颜色比其他颜色出现得更频繁,这些冗余部分便可在数据编码中除去或减少。其次,媒体数据中间尤其是相邻的数据之间,常存在着相关性。如视频中相邻两帧中之间可能只有少量的变化,音频信号中具有一定的规律性和周期性等,可以利用某些变换来尽可能地去掉这些相关性。此外,人们在欣赏音像节目时,由于耳、目对信号的时间变化和幅度变化的感受能力都有一定的极限,如人眼对影视节目有视觉暂留效应,人眼或人耳对低于某一极限的幅度变化已无法感知等,故可将信号中这部分感觉不出的分量压缩掉或“掩蔽掉”。因此,为了使多媒体技术达到实用水平,除了采用新技术手段增加存储空间和通信带宽外,对数据进行有效压缩多媒体发展中必须要解决的最关键技术之一。

压缩技术经过 40 多年的发展研究,从 PCM 编码理论开始,到现今成为多媒体数据压缩标准的 JPEG 和 MPEG,已经产生了各种各样针对不同用途的压缩算法、压缩手段和实现这些算法的大规模集成电路或计算机软件。

1.3.2 多媒体数据的组织与管理

多媒体数据具有数据类型繁多、数据量大、关系复杂等特点。传统数据库系统的能力和方法在处理多媒体数据时往往难以适用,如何组织存储多媒体数据?以什么样的数据模型表达和模拟这些多媒体信息空间?如何管理多媒体数据?如何操纵和查询多媒体数据?因此多媒体数据的组织和管理是多媒体信息系统要解决的核心问题。目前,人们利用面向对象方法和机制开发了新一代面向对象数据库,结合超媒体技术的应用,为多媒体信息的建模、组织和管理提供了有效的方法。但是面向对象数据库和多媒体数据库的研究还很不成熟。

1.3.3 多媒体信息的展现与交互

多媒体系统中,各种媒体信息并存,适用于传统文本式的“显示”方式显然无法满足视觉、听觉、触觉、味觉和嗅觉等多种媒体信息的综合与合成。同时,在多媒体系统开发时还要考虑各种媒体的时空安排和效应,相互之间的同步和合成效果,相互作用的解释和描述等问题。尽管影视声响技术广泛应用,但多媒体的时空合成、同步效果,可视化、可听化以及灵活的交互方法等仍是多媒体领域需要研究和解决的棘手问题。

1.3.4 多媒体通信与分布处理

由于多媒体信息数据量大,实时性强,电话网、广播电视网和计算机网络等通信网络的传

输性能都不能很好地满足多媒体数据数字化通信的需求。计算机网及其在网络上的分布式与协作操作是广泛地实现信息共享的前提。多媒体空间的合理分布和有效的协作操作将缩小个体与群体、局部与全球的工作差距。超越时空限制，充分利用信息，协同合作，相互交流，节省时间和经费等是多媒体信息分布的基本目标。多媒体通信与分布处理多媒体通信对多媒体产业的发展、普及和应用有着举足轻重的作用，构成了整个产业发展的关键和瓶颈。

1.3.5 虚拟现实技术

虚拟现实，就是使用户沉浸在一个由计算机技术生成的具有视觉、听觉、触觉及味觉等逼真感官感受的世界，用户可以直接用人的技能和智慧对这个生成的虚拟世界进行观察、互动和操纵。虚拟现实的发展经历三个阶段：首先，实现是用计算机生成的一个逼真的实体，“逼真”就是要达到三维视觉、听觉和触觉等效果；其次，用户可以通过人的感官与这个环境进行交互；最后，虚拟现实往往要借助一些三维传感技术为用户提供一个逼真的操作环境。

虚拟现实技术是仿真技术、计算机图形学人机接口技术、多媒体技术、传感技术、网络技术等多种技术的集合，是一门富有挑战性的多技术多学科相互渗透和集成的技术，研究难度非常大。它是多媒体应用的高级境界，应用前景十分广阔，而且某些方面的应用甚至远远地超过了这种技术本身的研究价值，这就促使虚拟现实成了炙手可热的技术。

1.4 多媒体技术的应用与发展前景

1.4.1 多媒体技术的应用

多媒体计算机技术改善了用户操作计算机的交互感受，为信息的表达提供了一种全新的方式。多媒体技术与信息高速公路的结合已给人类社会的工作和生活方式带来极其深远的影响，为计算机家庭应用提供了广阔的前景，典型应用包括以下几个方面。

1. 教育培训

教育与培训是多媒体应用最活跃的领域。人们大都认可这样一种说法：学习者能够记住“20%他们听到的，40%他们同时听到和看到的；75%他们听到、看到、并且动手做了的”。显然，采用多媒体技术的教学和培训能够更有效地提高学习者的兴趣、集中学习者的注意力、并且加快知识消化和吸收的速度。

多媒体教学和培训的形式非常多样，最典型是采用多媒体教室——教师通过利用以计算机为核心的各种多媒体设备，图、文、声并茂甚至借助活动影像促进学生理解，加深学习印象，从而大大提高学生的学习效率。另一种方式是借助交互式多媒体教学程序，让学生在交互式学习环境中按照自己的学习基础、学习兴趣来选择自己所要学习的内容，实现自定步调，自主学习。

与 Internet 紧密结合的远程教育是多媒体教学的另一种常见形式。在远程教育中，多媒体信息是通过网络进行传播的，从而使学习者能随时随地共享高水平的教学，比如微课，慕课等教学资源的使用。

此外，结合了虚拟现实技术的多媒体培训还可用于一些特殊场合，比如培训飞行员使用计算机学习驾驶飞机、培训消防员在虚拟的火灾现场掌握灭火技能等，从而降低了培训的费用和风险。

2. 过程模拟

科学家在设备运行、洋流分布、天体演化、生物进化等过程中采用多媒体技术进行过程模拟，可使人们生动、形象地了解事物变化原理和关键环节，为揭示事物变化规律和本质起到重

要的作用。若进一步实现智能过程模拟,将获得最佳效果和更理想的过程。

比如,20世纪60年代发现的Ras蛋白的编码基因,作为第一个发现的与人类癌症相关的基因,研究发现有超过三分之一的癌症与这个蛋白的突变相关。如果科学家能够对Ras蛋白形成的聚集簇及其相互作用的蛋白有更深入的了解,则可能使得我们对癌症有进一步了解。研究人员利用德州高级计算中心的超级计算机对Ras蛋白在细胞膜表面的形态做了动态模拟,模拟发现了Ras蛋白新的结合位点。研究人员试图对一些新的位点做一些小分子的结合实验,以探究Ras蛋白的活性,更进一步地筛选可能的药物来治疗癌症。

3. 商业广告

在商业活动中,使用多媒体技术能够图文并茂地展示产品、游览景点和其他宣传内容,用户在与多媒体系统交互过程中,获取商品更多的信息,商家也可通过对商品多媒体形象的选择与加工,吸引潜在客户。

例如,淘宝电商在推销某一商品时,可将该商品的外貌、材质、用途、规格等用文字、图形、图像表现出来,还可制作成多媒体视频并加入对应的解说,顾客通过观看商品网页上的信息就可以对所购商品有个直接了解,避免了买后商品不适用的情况发生。

4. 影视娱乐

作为计算机应用的一个重要领域,影视与游戏娱乐产业在多媒体技术发展过程中发生了翻天覆地的变化。传统的电影大多采用真人演绎,实景拍摄制作完成,多媒体技术的出现,突破了现实的束缚,声、文、图并茂的实体模型或虚拟背景可以最大限度实现主创人员的天马行空,逼真画面、音效也为观众带来前所未有的视听盛宴。多媒体技术的应用简化了游戏开发环节,大量制作精良、价廉物美的游戏产品备受人们的欢迎,对启迪儿童智慧,丰富成年人的娱乐活动大有益处。

20世纪80年代开始,计算机多媒体技术开始在电影产业崭露头角。1982年,电影《星舰迷航——可汗之怒》中首度在电影中使用了全数字的动画技术。同年,《电子世界争霸战》成为第一部有明显计算机动画场景的真人电影,片中包括了超过20 min的三维计算机动画。20世纪90年代,计算机动画特效开始大量用于真人电影中,最著名的例子包括《魔鬼终结者》《侏罗纪公园》《阿甘正传》以及《泰坦尼克号》。同时,动画片中也开始采用越来越多的计算机动画。1995年,皮克斯公司制作出第一部完全用三维计算机动画制作的剧情片《玩具总动员》并获得了空前的成功。21世纪,计算机动画特效越来越多地应用于真人电影。最著名的例子就是《阿凡达》,虽然该影片仅25%的内容使用了传统的外景拍摄,但却使用了大量的数字影像捕捉技术,由此来满足现场的或者是后期的高质量影像合成的需要。

5. 旅游业

以互联网为依托的多媒体呈现技术具有传播双向性、信息立体化、形式多样化、多向分散性以及信息传播的无边界性的特点。这种新型的传播模式模糊了信息与广告的界限,及时互动、双向沟通、"一对一"交流等特征正迎合网络时代游客对旅游新需求,因此,多媒体呈现技术必将成为旅游产品宣传推广的最佳媒体及未来发展趋势。

旅游广告主与广告受众的互动,向用户提供了丰富的、立体化的、直接的信息,有效地满足了不同受众不同的需要和习惯,实现了广告的个性化。此外,具有共征性、能动性和分散性特点的数字多媒体呈现技术借助网络社交媒体获得了梦寐以求的受众资源。比如2009年火爆全球的澳大利亚大堡礁"护岛人"的全球选拔,这份"世界上最好的工作",只需六个月的时间内在风景如画的岛屿上散散步,喂喂鱼,写写博客,告诉外面的人自己在岛屿上的"探索之旅",就

可以得到15万澳元(约70万人民币)的薪酬。这个工作其实是昆士兰旅游局精心策划的大堡礁旅游产业推广活动。与其说是护岛人,其实是大堡礁的体验者——昆士兰旅游局通过体验式营销的方式来向世界宣扬大堡礁的美妙之处,同时充分利用招聘过程的吸引力成功进行营销造势,吸引全世界旅游者的关注,向全球推广大堡礁的知名度与美誉度。

1.4.2 多媒体技术的发展趋势

1. 虚拟现实

虚拟现实是一项与多媒体密切相关的交叉技术,结合了人工智能、计算机图形技术、人机接口技术、传感技术计算机动画等多种技术,它通过综合应用计算机图像处理、模拟与仿真、传感、显示系统等技术和设备,以模拟仿真的方式,给用户提供一个真实反映操作对象变化与相互作用的三维图像环境,从而构成一个虚拟世界,并通过特殊的输入输出设备(如数据手套、头盔式三维显示装置等)提供给用户一个与该虚拟世界相互作用的三维交互式用户界面。虚拟现实技术的应用包括模拟训练、军事演习、航天仿真、娱乐、设计与规划、教育与培训、商业等领域,发展潜力不可估量。

一部智能手机,一个Google公司的Cardboard,就能轻松体验虚拟现实。Cardboard是一个以透镜、磁铁、魔鬼毡以及橡皮筋组合而成,可折叠的智能手机头戴式显示器,提供虚拟实境体验(见图1-14)。此穿戴式装置由Google公司设计,然而并没有任何官方的制造商或供应商;取而代之的是,Google在其网站上免费提供零件列表、示意图及组装说明,鼓励一般人用容易取得的零件自行组装。

图1-14 Google公司的Cardboard[1]

2. 多媒体数据库和基于内容检索

随着多媒体技术的迅速普及与应用,互联网上涌现出大量的多媒体类型数据,例如,在遥

① http://imgs.inkfrog.com/pix/liurs/8121-1.jpg

感、医疗、安全、商业等部门中每天都不断产生大量的图像信息。这些信息的有效组织管理和检索中都依赖基于图像内容的检索。基于内容的图像检索已成为近年来多媒体信息检索领域中最为活跃的研究课题。基于内容的图像检索是根据其可视特征，如颜色、纹理、形状、位置、运动、大小等，从图像库中检索出与查询描述的图像内容相似的图像，利用图像可视特征索引，可以大大提高图像系统的检索能力。

百度图片等多个网络搜索引擎相继推出以图搜图功能，使得图形图像搜索更加便捷。常规的图片搜索，是通过输入关键词的形式搜索到互联网上相关的图片资源，而以图搜图则能实现用户通过上传图片或输入图片的 url 地址，从而搜索到互联网上与这张图片相似的其他图片资源，同时也能找到这张图片相关的信息。

在音频方面，借助机器学习领域深度学习研究的发展，以及大数据语料的积累，语音识别技术得到突飞猛进的发展，新一代移动智能终端已经可以通过对话这一最自然的交流手段实现人机交互。语音识别领域的研究正方兴未艾，新算法、新思想和新的应用系统不断涌现。同时，语音识别领域也正处在一个非常关键的时期，世界各国的科研人员正在向语音识别的最高层次应用——非特定人、大词汇量、连续语音的听写机系统的研究和实用化系统进行冲刺，可以乐观地说，人们所期望的语音识别技术实用化的梦想很快就会变成现实。

3. 多媒体通信和分布式多媒体技术

随着信息化发展的进程加快，社会分工越来越细致，人际交往越来越频繁，群体性、交互性、分布性和协同性将成为人们生活方式和劳动方式的基本特征，越来越多的工作需要身处异地的群体的协同努力才能完成。随着多媒体计算机技术和通信技术的发展，多媒体通信和分布式多媒体信息系统将计算机的交互性、通信的分布性和电视的真实性完美地结合在一起，向人们提供全新的信息服务。其大致可分为以下四种类型：会话型，在家中可以和世界各地的同行一起“开会”商讨问题；分配型，在家中可以随意点播你想收看的电视节目；检索型，你可以随时从不同地点的多媒体数据库中检索到你要的多媒体信息；电子信函型，你可以在任何时间向远方的朋友发出（或接收）集声像于一体的“电子函件”。

第2章
多媒体技术基础

2.1 多媒体图像处理技术

人眼能识别的自然景象或图像是一种模拟信号,为了使计算机能够记录和处理图像、图形,必须首先使其数字化。数字化后的图像、图形称为数字图像、数字图形,一般也简称为图像、图形。图像、图形处理技术是多媒体技术中最主要应用之一,合理使用数字图形图像可以使多媒体作品具有直观的视觉效果,更便于对作品内容的理解。本节介绍分辨率、色彩模型、位图和矢量图、数字图像存储等多媒体图像处理基础概念。

2.1.1 图形与图像

1. 图形

图形通常是指由计算机绘制的画面,如通过点、线、面到三维空间的黑白或彩色几何图。在图形文件中记录着图形的生成算法和图上的某些特征点信息。图形可进行移动、旋转、缩放、扭曲等操作,并且在放大时不会失真。由于图形文件只保存算法和特征点信息,所以文件占用的存储空间较小。目前图形一般用来制作简单线条的图画、工程制图或卡通类的图案。

2. 图像

图像是由图像输入设备(例如数码相机、扫描仪)采集的实际场景画面,也可以是数字化形式存储的任意画面。图像由排列成行列的像素点组成,计算机存储每个像素点的颜色信息,因此图像也称为位图。图像显示时通过显卡合成显示,通常用于表现层次和色彩比较丰富、包含大量细节的图,一般数据量都较大,例如数码照片。

图形、图像是现实生活中各种形象和画面的抽象浓缩和真实再现。图形、图像一般不做区分,但是严格来说,可以描述如下:

(1) 图形:反映物体的局部特性,它是真实物体的模型化。

(2) 图像:反映物体的整体特性,是物体的真实再现。

(3) 图形处理:在计算机上借助数学的方法生成、处理和显示图形。

(4) 图像处理:将客观世界中实际存在的物体映射成数字化图像,然后在计算机上用数学的方法对数字化图像进行处理。

2.1.2 位图与矢量图

计算机中的图形图像分为矢量图和位图,其显示效果如图 2-1 所示。

图2-1 矢量图(左)与位图(右)

1. 矢量图

矢量图是用一系列计算机指令来描述的,这些指令描述构成一幅图的所有直线、点、圆、椭圆、矩形、弧、多边形等的位置、维数、大小、颜色和形状。这些指令也称为矢量图的图元。显示矢量图的时候,需要相应的软件读取这些指令,并将其转换成屏幕上所显示的形状与颜色。矢量图适合于线形的图画、美术字和工程制图等。由于矢量图采用指令记录,采用数学方式来描述图形,因此只需占用很小的存储空间,一般也称为图形。

2. 位图

位图将一幅图像在空间上离散化,即将图像分成许许多多的像素,每个像素用若干个二进制位来指定该像素的颜色或灰度值。位图一般也称为图像,可以采用将自然图像进行模数转换的方式来获取,这个过程称为图像的扫描。一幅位图是由许多描述每个像素的数据组成的,这些数据通常称为图像数据,而这些数据作为一个文件来存储,这种文件称为图像文件。位图适合表现比较细腻,层次和色彩比较丰富,包括大量细节的图像。位图可以装入内存直接显示,但是所需的磁盘空间比较大,尤其是使用真彩色时更是如此,因此位图必须指明屏幕上显示的每个像素的信息。

3. 矢量图形和位图图像的特点

(1) 显示位图文件比显示矢量图文件要快,位图显示时只是将像素点映射到屏幕上,显示速度快,矢量图文件显示时需将描述指令编译、运算和变换,速度较慢。

(2) 在矢量图中,颜色作为绘制图元的参数在命令中给出,所以图形的颜色数目与文件的大小无关;而位图图像中的每个像素所占据的二进制位数与颜色数目有关,颜色数目越多,占据的二进制位数也就越多,一幅图像的文件数据量也会随之迅速增大。

(3) 矢量图形在放大、缩小和旋转等操作后不会产生失真,而位图分辨率,图像大小固定,随着放大级数增加,失真愈加明显,特别是放大若干倍后有可能会出现严重的颗粒状,反之,像素点丢失也会导致失真。

(4) 矢量图侧重于绘制、去创造,而位图偏重于获取、去复制。

2.1.3 分辨率

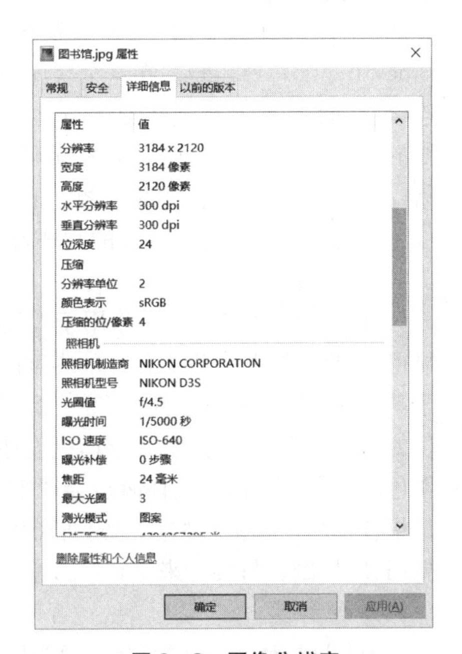

图2-2 图像分辨率

图像由像素点组成,影响图像质量的图案主要包括分辨率和颜色深度。分辨率是数字图像的清晰度的重要指标,它表示图像中像素点的密度,单位是 dpi(dots per inch),表示每英寸长度上像素点的数量(见图 2-2)。图像包含的像素越多,则分辨率越高,细节表现就越清楚。但同时也会占用较高的存储空间,传输和显示速度较慢。

如图 2-2 所示,图片“图书馆.jpg”宽度 3184 像素,高度 2120 像素,整幅图片像素数为 3 184×2 120=6 750 080,每英寸长度上像素点 300 个。图 2-3 为图像放大后的像素点。

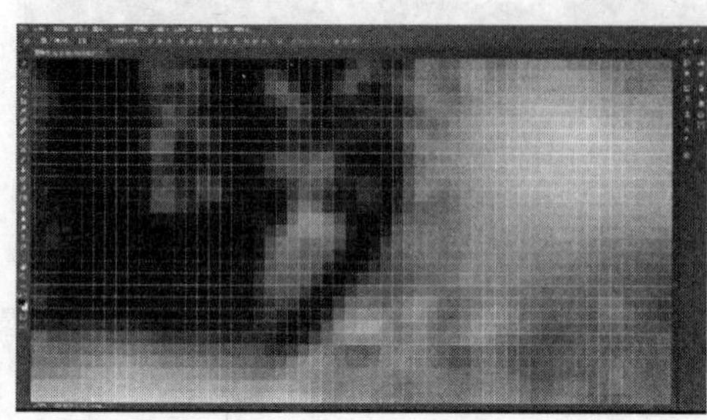

图 2-3 像素点

2.1.4 颜色基本概念

从人的视觉系统看,色彩可用色调、饱和度和亮度来描述。人眼看到的任一彩色光都是这三个特性的综合效果,可以说这三个特性是色彩的三要素,其中色调与光波的波长有直接关系,亮度和饱和度与光波的幅度有关。

1. 色调

色调(hue)由可见光光谱中各分量成分的波长来决定,它反映颜色的种类,是彩色光的基本特性。某一物体的色调是指该物体在日光照射下,所反射的各光谱成分作用于人眼的综合效果,对于透射物体,则是透过该物体的光谱综合作用的效果。色调用红、橙、黄、绿、青、蓝、靛、紫等术语来刻画。苹果是红色的,这“红色”便是一种色调,它与颜色明暗无关。绘画中要求有固定的颜色感觉,有统一的色调,否则难以表现画面的情调和主题。黑、灰、白则为无色彩。色调有一个自然次序:红、橙、黄、绿、青、蓝、靛、紫(Red, Orange, Yellow, Green, Cyan, Blue, Indigo, Violet)。在这个次序中,当人们混合相邻颜色时,可以获得在这两种颜色之间连续变化的色调。色调在颜色圆上用圆周表示,圆周上的颜色具有相同的饱和度和明度,但它们的色调不同,太阳光带中的六标准色与六个中间色,即红橙,黄橙,黄绿,蓝绿(青),蓝紫,红紫(品红),合称十二色相或色调。把不同的色调按红、橙、黄、绿、蓝、紫的顺序衔接起来,就形成了一个色调连续变化过渡的圆环,称为色环(见图 2-4)。

2. 亮度

亮度(luminance)是光作用于人眼时引起的明亮程度的感觉。一般来说,彩色光能量大则显得亮,反之则暗。当彩色光的强度降到使人看不到了,在亮度标尺上应与黑色对应;同样,对于其照射强度变得很大时,在亮度标尺上应与白色对应。对于不同的物体在相同照射情况下,反射越强者看起来越亮。此外,亮度还与人类视觉系统的视敏函数有关,即使强度相同,不同颜色的光当照射同一物体时也会产生不同的亮度。颜色与亮度之间的关系如图亮度也可以说是指各种纯正的色彩相互比较所产生的明暗差别。在纯正光谱中,黄色的明度最高,显得最亮;其次是橙、绿;接下来是红、蓝;紫色明度最低,显得最暗。

3. 饱和度

饱和度(saturation)是指彩色光所呈现颜色的深浅或鲜艳程度。对于同一色调的彩色光,

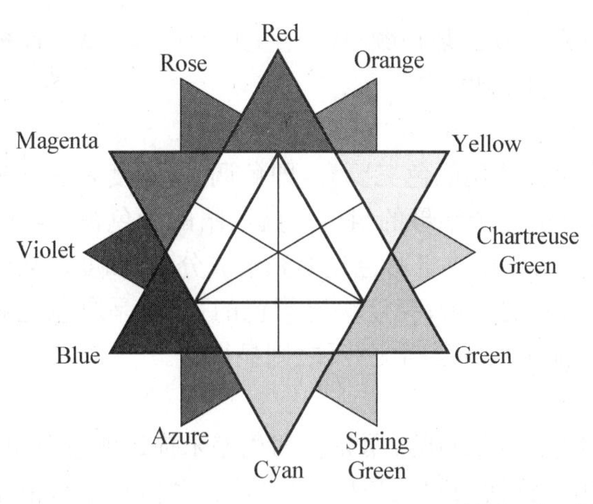

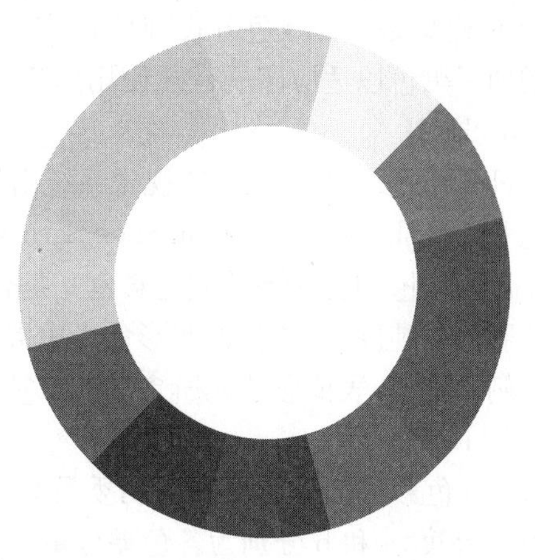

图2-4　色环

其饱和度越高，颜色就越纯，视觉感知越鲜艳；而饱和度越小，颜色就越浅，或纯度越低。饱和度还和亮度有关，同一色调越亮或越暗则越不纯。高饱和度的彩色光可因掺入白光而降低纯度或变浅，变成低饱和度的色光。100%饱和度的色光就代表完全没有混入白光的纯色光。

Photoshop 中进行饱和度调节的情形如图 2-5 所示。

图2-5　Photoshop中进行饱和度调节

2.1.5　色彩模型与颜色深度

自然界中的色彩千变万化，要准确地表示某一种颜色就要使用色彩模型。常用的色彩模型有 RGB、CMYK 以及 HSL 和 Lab 等。

通常 RGB 模型用于数码设计、CMYK 模型用于出版印刷。RGB 模型包括红(Red)、绿(Green)、蓝(Blue)三原色。RGB 模型分别记录 R、G、B 三种颜色的数值并将它们混合产生各种颜色。

1. RGB

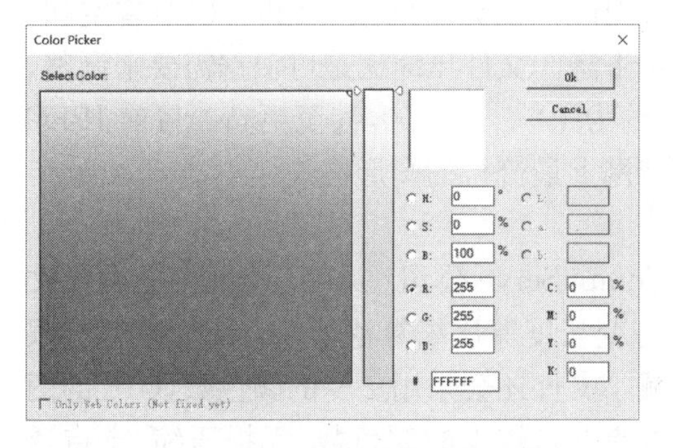

图2-6　取色器中的色彩模型

RGB 色彩模型的混色方式是加色方式，这种方式运用于光照、视频和显示器。在计算机中，每种原色都用一个数值表示，数值越高，色彩越明亮。R、G、B 都为 0 时是黑色，都为 255 时是白色。图 2-6 为取色器中的色彩模型。

2. CMYK

CMYK 色彩模型包括青(Cyan)、品红(Magenta)、黄(Yellow)和黑(Black)。CMYK 色彩模型适合彩色打印、印刷等应用领域，

CMYK 模型是一种减色方式,使用时从白色光中减去某种颜色,产生颜色效果。CMYK 模型中增加了黑色以适应印刷行业使用黑色油墨产生黑色。

3. HSL

HSL 色彩模型是从人的视觉系统出发,直接使用颜色三要素,即色调、饱和度和亮度来描述色彩,"HSL"是 Hue Luminance Saturation 前三个字母的组合。就人眼的彩色视觉特性而言,用色调、饱和度和亮度描述彩色光是合适的;色调决定彩色光的光谱成分;饱和度是某种波长的彩色光纯度的反映,说明彩色光中混入白光的数量;亮度决定彩色的强度,是彩色光对视觉的刺激程度,表征彩色光所含的能量特征,能量大的显得亮,反之则显得暗。

4. Lab

Lab 色彩模型是由国际照明委员会于 1976 年公布的,用亮度和色差来描述颜色分量,其中 L 为亮度、a 和 b 分别为各色差分量。a 色差包括的颜色是从深绿(低亮度值)到灰(中亮度值),再到亮粉红色(高亮度值)。b 色差包括的颜色是从亮蓝色(低亮度值)到灰(中亮度值),再到焦黄色(高亮度值)。因此,这种颜色混合后将产生明亮的颜色。

在表达颜色范围上,处于第一位的是 Lab 色彩模型,第二位的是 RGB 色彩模型,第三位是 CMYK 色彩模型。因此 Lab 色彩模型所定义的颜色最多,且与光线及设备无关。

5. 颜色深度

数字化图像(RGB 色彩模型)中每个像素点的颜色用二进制数据表示,而表示一个像素需二进制数的位数叫作颜色深度。色彩或灰度图像的颜色可以使用 4 位、8 位、16 位、24 位和 32 位二进制数来表示。颜色深度是图像的另一个重要指标,颜色深度越高,可以描述的颜色数量就越多,图像的色彩质量越好,所占存储空间也随之增大。

例如真彩色(true color)24 位,指图像中的每个像素值都分成 R、G、B 三个基色分量,每个基色分量用 8 个二进制位(8 bit)表示,决定其基色的强度,这样产生的色彩称为真彩色。R∶G∶B=8∶8∶8,即可以表达的图像颜色数等于 $2^8 \times 2^8 \times 2^8 = 2^{24}$。

2.1.6 数字图像文件

1. BMP 文件

BMP 文件是最为普遍的位图格式之一,这种格式图像文件的后缀名为 BMP,是英文"Bitmap"(位图)的简写,它采用位映射存储格式,除了颜色深度可选以外,不采用其他任何压缩,因此,它的特点是包含的图像信息较丰富,几乎不进行压缩,但由此导致了占用磁盘空间过大。

2. JPEG 文件

JPEG 是一种高效率的压缩文件,存储时能够将肉眼无法分辨的信息删除,以节省空间。此类压缩方法一般被称为"有损压缩",会使图像质量下降。文件压缩比是可根据需要来调整,压缩比越大质量就越差,反之质量就越好,其压缩比约为 1∶5～1∶50,甚至更高。目前 JPEG 在个人计算机和移动终端上应用非常普遍,也是因特网上最流行的图形格式。

3. GIF 文件

GIF 文件是一种 Web 上常用的图像格式,是 CompuServe 公司在 1987 年开发的图像文件格式。GIF 文件的数据是经过压缩的,它采用了可变长度等压缩算法。GIF 使用颜色有限的调色板(最多只支持 256 种颜色),而且有时为了减小文件还会采用更少的颜色数,GIF 的图像颜色深度可取范围为 1～8 位。综上所述,GIF 的特点是较少的颜色数、无损压缩、支持透明色。

4. TIFF 文件

TIFF 文件最初是出于跨平台存储扫描图像的需要而设计的。它的特点是图像格式复杂、存储信息多。正因为它存储的图像细微层次的信息非常多,图像的质量也得以提高,故而非常有利于原稿的复制。如果想打印图片,TIFF 则是最佳的图像格式。TIFF 包含了很多种不同的色彩模式。除了 RGB 颜色模式之外,TIFF 还支持 8 位灰度颜色或用于胶版印刷的 32 位 CYMK 颜色模式——Cyan(青),Magenta(品红),Yellow(黄),Black(黑)。TIFF 还提供了更高级的功能,包括梯级透明度、多图像层和几种压缩模式。TIFF 也是计算机上使用最广泛的图像文件格式之一。

5. PNG 文件

PNG 是一种新兴的网络图像格式,它汲取了 GIF 和 JPEG 两者的优点并将之发挥得淋漓尽致,是目前保证最不失真的格式。它具有存储形式丰富的特点,采用无损压缩方式来减小文件;它的另外一大特点是显示速度快,只需下载 1/64 的图像信息就可以显示出低分辨率的预览图像。PNG 在互联网上的使用度仅次于 JPEG。

6. SVG 文件

SVG 文件可以算是目前最炙热的图像文件格式了。它是基于 XML(extensible markup language)由 World Wide Web Consortium(W3C)联盟开发的。SVG(scalable vector graphics)是可缩放的矢量图形,它严格来说应该是一种开放标准的矢量图形语言。用户可以直接用代码来描绘图像,用任何文字处理工具打开 SVG 图像,通过改变部分代码来使图像具有交互功能,并随时插入到 HTML 中通过浏览器来观看。它提供了目前网络流行格式 GIF 和 JPEG 无法具备的优势:可以任意放大图形显示,但决不会以牺牲图像质量为代价;字在 SVG 图像中保留可编辑和可搜寻的状态;平均来讲,SVG 文件比 JPEG 和 GIF 格式的文件要小很多,因而下载也很快。

2.1.7 图像处理软件

图像处理软件是用于处理数字图像的各种应用软件的总称,涉及图像编辑合成、VI 设计、数码照片后期修复增强、图像分类管理等。专业的图像处理软件有 Adobe 公司的三大组件:Photoshop、Lightroom、Illustrator,Corel 公司的 CorelDraw,偏向于数码照片查看、管理及简单处理,如 Google Picasa、ACDSee。此外,安装于移动终端,广泛使用的各种图像相关 APP 也隶属于图像处理软件,如 Google Snapseed、美图秀秀、B612 等。

图 2-7(a)(b)为图像处理软件 Photoshop 和 Illustrator。

(a)

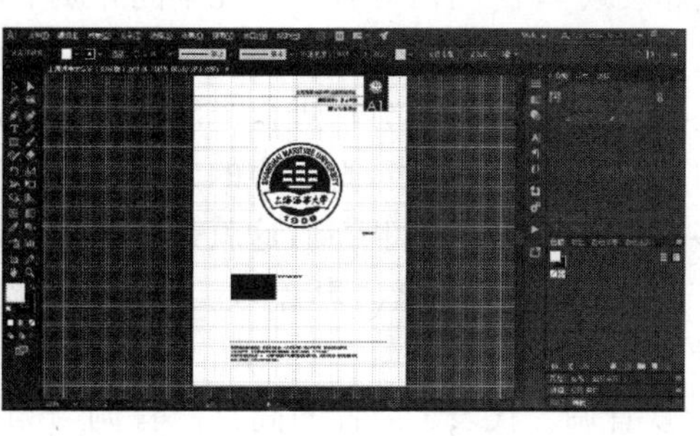

(b)

图 2-7 图像处理软件 Photoshop 和 Illustrator

2.2 多媒体音频处理技术

声音是人类感知世界和认识自然的重要媒体形式。计算机技术的发展使得人们可以利用计算机对声音进行各种各样的处理，从而产生了计算机音频技术。音频处理技术涉及多方面内容，如音频采集、语音编码与解码、音乐合成、语音识别与理解、音频数据传输等，而随着不断发展的多媒体信息处理技术，不断增强的计算机处理能力，多媒体音频处理技术越来越成熟，并受到广泛应用。

2.2.1 声音与音频

1. 声音

声音(sound)是由物体振动产生的机械振动波，通过空气、固体或液体等介质传播，可以被人或动物听觉器官所感知的波动现象。最初发出振动的物体叫声源。声音以波的形式振动传播。

声音有 3 个重要指标：

(1) 振幅。振动物体离开平衡位置的最大距离称为振动的振幅，描述了物体振动幅度的大小和振动的强弱。声波的振幅体现为声音的大小，波形越高，音量越大，波形越低，音量越小。振幅在声波中的计量单位为 db(分贝)。

(2) 周期。周期是指声源完成一次振动，传递一个完整的波形所需要的时间，记作 T，单位为 s(秒)。

(3) 频率。频率是单位时间内完成周期性变化的次数，单位是 Hz(赫兹)，人耳听觉的频率范围约为 20 Hz～20 kHz，超出这个范围的就不被人耳所察觉。低于 20 Hz 为次声波，高于 20 kHz 为超声波。声音的频率表现为音频的音调，频率越高，则声音的音调越高，频率越低，则声音的音调越低。可听的频率范围可分为以下几个阶段：

① 低频：20～200 Hz。

② 中低频：200 Hz～1 kHz。

③ 中高频：1～5 kHz。

④ 高频：5～20 kHz。

2. 声音的特点

(1) 声音的传播方向。声音依靠介质的振动进行传播。声源实际上是一个振动源，它使周围的介质(空气、液体、固体)产生振动，并以波的形式进行传播。声音在不同介质中的传播速度和衰减率不一样，导致声音在不同介质中传播的距离不同。

声音以振动波的形式从声源向四周传播，人类依靠声音到达左右两耳的微小时间差和强度差异，经过大脑综合分析进行声源位置辨别，从而判断出声音来自何方。从声源直接到达人耳的声音被称为直达声，直达声的方向辨别最容易。在现实生活中，声音从声源发出后，须经过多次反射才能被人们听到，这就是反射声。

(2) 声音的三要素。声音的三要素是音调、音色和音强。就听觉特性而言，这三者决定了声音的质量。

① 音调。代表了声音的高低。音调与频率有关，当使用音频处理软件对声音进行处理时，频率的改变可造成音调的改变，如果改变了声源特定的音调，则声音会发生质的转变。

② 音色。表示人耳对声音音质的感觉，又称音品。各种声音都有自己独特的音色，如各

种乐器,不同的人,各种生物等,人们根据音色辨别声源种类。

③ 音强。声音的强度,也称响度。生活中所讲的音量也是指音强,与声波的振幅成正比。CD音乐盘、MP3音乐以及其他形式的声音强度是一定的,可以通过播放设备的音量控制改变聆听的响度,使用音频处理软件可以改变声源的音强。

(3) 声音的频谱与质量。声音的频谱有线性频谱和连续频谱之分。线性频谱是具有周期性的单一频率声波;连续频谱是具有非周期性的带有一定频带所有频率分量的声波。纯粹的单一频率的声波只能在专门的设备中创造出来,声音效果单调而乏味。自然界中声音几乎全部属于非周期性声波,这种声波具有广泛的频率分量,听起来声音饱满,音色多样且具有生气。

声音的质量简称为音质,音质的好坏与音色和频率范围有关,悦耳的音色,宽广的频率范围,能够获得非常好的音质。

(4) 声音的连续时基性。声音是一种随时间变化的连续媒体,具有连续性和过程性,属于连续时基性媒体形式。构成声音的数据前后之间具有强烈的相关性,除此之外,声音还有实时性,对处理声音的硬件和软件提出很高的要求。

3. 音频

音频是指正常人耳能听到的所有声音,其中也包括日常生活中常常听到的噪声。声音被录制下来以后,无论是说话声、歌声,还是乐器发出的声音,都可以通过数字音频软件编辑处理,然后加以保存。

根据声波的特征,可将音频分为规则音频和不规则声音。规则音频是一种连续变化的模拟信号,可以用一条连续的曲线来表示,称为声波,声波的三个重要参数分别为频率、幅度和相位,它们决定着音频信号的特征。

根据音频数据的不同,可以将音频分为语音、音乐、噪声和静音。

(1) 语音。语音即语言的声音,是指人类通过发声器官发出来的,具有一定意义的,用来进行社会交际的声音。语音由音高、音强、音长和音色四个要素组成。

(2) 音乐。是一种由规则振动发出来的声音,可以表达人们的思想感情和反映现实生活的一种艺术形式。它最基本的要素是节奏和旋律,分为声乐和器乐两类。

(3) 噪声。是发声体做无规则振动发出的声音,听起来不和谐。从生理学的角度讲,凡是妨碍人们正常生活、学习和工作,引起人类烦躁甚至危害人体健康的声音都称之为噪声。

(4) 静音。静音是指无音频内容信息的声音。

4. 人耳的听觉效应

科学家对人的听觉机制进行探索研究时发现了一些特殊现象。对这些特殊现象的探寻使得在解释人耳的工作机理,并根据这些机理进行特殊听觉现象的再现方面奠定了理论和实践基础。在这些听觉现象中,以下一些效应对我们进行数字音频录音、制作、编辑乃至欣赏具有重要意义。

(1) 双耳效应。由于人脑的特殊形状,同一个声音到达两耳的时间是不同的,形成一个时间差,同时还会产生双耳接受声压的区别,靠近声源的一侧声级较大,根据双耳间的声强差、时间差,使人能对声音位置、距离、声音的运动和方向等情况产生较为准确的判断。

(2) 立体声与立体声重放。所谓立体,是一个三维空间概念,由于双耳效应的存在,人们的听觉可以辨别单个声源发出的声音,当多个声源同时发声时,人们可以从不同声音源的时间差、声强差判断出所处的空间环境,从而获得声音的立体感觉。科学家正是根据这种声学现象,研发出了立体声重放的设备,在声音播放时对声场空间进行模拟重放,使得听众在欣赏时

仿佛进入了原声声场环境,获得了立体声音的感受。

(3) 掩蔽效应。现实生活中,我们同时接收一强一弱两个声音时,往往会只能听到强的那个声音,而弱的声音好像不存在,这就是人耳的掩蔽效应。弱的声音不是不存在了,而是由于强的声音的掩蔽效应将其遮盖了。掩蔽效应只发生在多个声源同时发声的时候,并对多声音的合成效果具有重要影响。

(4) 哈斯效应。两个相同的声音,或在音高、强度、力度等方面近似的两个声音,先后传递到人耳时,会产生不同的听音效果。如果两个音相差 30 m/s 以内到达人耳,听觉上只能听到先到达的那个声音,后面紧随的声音不会被感知;当时间差超过 30 m/s 而未达到 50 m/s,听觉上可以听到后面的声源存在,但仍感到声音是来自于先到达的那个声音;当时间差超过 50 m/s 以后,听觉上就可以很明显的感觉两个声音的存在,恰似一个回声效果。这种现象由德国科学家哈斯首先发现并对其进行了充分的论证,因此被称为哈斯效应。

(5) 多普勒效应。多普勒效应是以它的发现者奥地利物理学家、数学家克里斯蒂安·多普勒而命名的,多普勒认为,声波频率在声源移向观察者时变高,远离观察者时变低。例如,在生活中,当汽车向人开近时,人感觉喇叭声会在不断变大,当其远离时,感觉喇叭声降低了,事实上喇叭声的大小并没有发生变化,这种现象称为多普勒效应。

(6) 鸡尾酒会效应。鸡尾酒会效应是指人的听力选择能力,是一种主观感受,一种心理现象。当注意力集中在某一个的谈话中时可以忽略其他人的对话。例如,当人们和朋友们在一个鸡尾酒会或者某个喧闹的地方讲话时,尽管周围的噪声很大,还是可以听到朋友说话的内容而忽略其他的声音。

2.2.2 数字音频技术

随着数码时代的来临,数字信号比模拟信号更优越已逐渐成为共识。如果用图 2-8 表示模拟信号和数字信号,模拟信号是一个在幅度的取值和时间上为连续变化的曲线,而数字信号是用一系列不连续的数字记号(二进制的 1 和 0)来记录声音,在幅度和时间上都不连续。

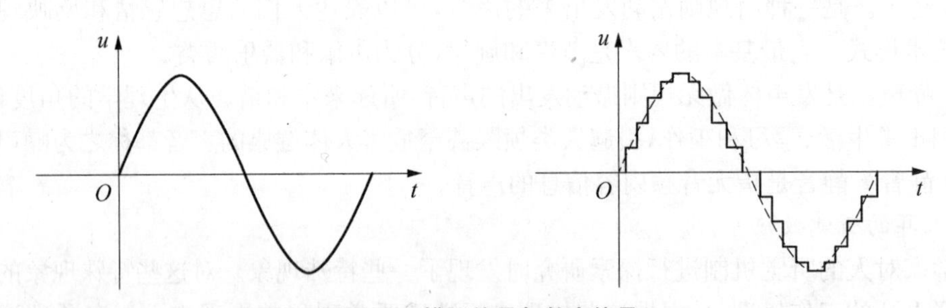

图 2-8 模拟信号与数字信号

模拟音频时代,人们先把原始音频信号以物理方式录制到磁带上,然后对其进行加工、剪接和修改,最后把处理好的信号再录制到磁带上。由于这一系列过程是模拟的,每一步的加工和再录制都会损失一定的质量,所以听众听到的声音质量相比最原始采集的质量自然差了好多。

数字音频,可以先把原始信号录制成数码音频资料,然后用硬件设备或各种软件进行加工处理,这个过程与模拟方法相比有无比的优越性,因为对于机器来说,这个过程只是处理一下数字而已,之后再把这堆数字信号传输给教学记录设备,整个过程几乎不会有任何损耗。在音频数字化的过程中,涉及的重要参数及设备如下:

(1) 比特深度，单位是 bit，比特率是指将模拟信号转换成数字信号后，单位时间内的二进制数据量，表示单位时间 1 s 内传送的比特数(bit per seconds，bit/s)的速度，比特率越大音质就越好。

(2) 采样率，单位是 Hz，采样率是指音频数字化时对模拟信号测量时的速率，常见采样率为 44 kHz，48 kHz，96 kHz。我们最常用的采样频率是 44.1 kHz，它的意思是每秒取样 44 100 次，之所以使用这个数值是因为人们发现这个采样频率最合适，低于这个值就会有较明显的损失，而高于这个值人耳已经很难分辨。采样率越高，被记录下来的信息就越多，录音的频率响应越宽广，同时需要更大的磁盘存储空间以及更快的硬盘驱动。

(3) 时钟，每一台数字音频设备都有它的时钟或内部振荡器用于采样的定时设定。时钟相当于一个乐队的智慧，在采样率下有一系列的脉冲信号，当数字音频从一台设备转移到另一台设备上时，就依靠这个脉冲信号进行同步。

1. 模拟转数字

声音进入计算机的第一步就是数字化，也就是把模拟音频信号转换成有限个数字表示的离散序列，这一转化过程叫作音频的数字化，具体包括采样(选择采样频率、进行采样)、量化(选择分辨率、进行量化)和编码三个步骤。

(1) 采样。模拟音频在时间上是连续的，而数字音频是一个数据序列，在时间上只能是离散的。因此采样就是把模拟音频变成数字音频时，每隔一个时间间隔在模拟声音波形上取一个幅度值。采样的时间间隔称为采样周期。如果采样的时间间隔相等，这种采样称为均匀采样。采样周期的倒数为采样频率，也就是计算机每秒钟采集样本的个数。采样频率越高，单位时间内采集的样本数越多，得到的波形就越接近原始波形，声音质量就越好。

采样频率的高低是根据奈奎斯特理论和音频信号本身的最高频率决定的。奈奎斯特理论指出，采样频率不应低于输入信号最高频率的 2 倍，重现时就能从采样信号序列无失真的重构原始信号。

例如，电话话音的信号频率约为 3.4 kHz，采样频率就选为 8 kHz。人耳听觉的上限为 20 kHz，采样频率要达到 40 kHz，才能获得较好的听觉效果。采样的 3 个常用频率分别为 11.025 kHz、22.05 kHz 和 44.1 kHz，它们分别对应 AM 广播、FM 广播和 CD 高保真音质声音。现在声卡的采样频率一般为 48 kHz 或 96 kHz。

(2) 量化。模拟电压的幅值也是连续的，而用数字表示音频幅度时，只能把无穷多个电压幅度用有限个数字表示，即把某一幅度范围内的电压用一个数字表示，这称之为量化。这个数字在计算机中用二进制表示，所用的二进制位数称为采样精度或量化位数，通常是 8 位或者 16 位。例如，每个声音样本用 16 位(2 字节)表示，测得的声音样本值是在 0～65 535 的范围里，它的精度就是输入信号的 1/65 536，等效动态范围为 20lg 65 536＝96 dB。采样精度的大小影响到声音的质量，在相同的采样频率之下，量化位数越多，声音的质量越高，需要的存储空间也越多。

量化方法有两种：一种是均匀量化；另一种是非均匀量化。

量化时，如果采用相等的量化间隔对采样得到的信号作量化，那么这种量化称为均匀量化或线性量化。用均匀量化来量化输入信号时，无论对大的输入信号还是小的输入信号都一律采用相同的量化间隔。因此，要想既适应幅度大的输入信号，同时又要满足精度高的要求，就需要增加采样样本的位数。

非均匀量化的基本思想是对输入信号进行量化时，大的输入信号采用大的量化间隔，小的

输入信号采用小的量化间隔，这样就可以在满足精度要求的情况下使用较少的位数来表示。

(3) 编码。编码是将量化后的采样信号值用计算机二进制数的数据格式表示出来的过程，也就是设计如何保存和传输音频数据的方法。

编码的形式比较多，常用的编码方式是脉冲编码调制(pulse code modulation，PCM)，也被称为脉冲编码调制，就是将声音等模拟信号变成符号化的脉冲列，再进行记录存储。

PCM 编码脉冲编码调制就是对模拟信号先抽样，再对样值幅度量化，编码的过程(见图 2－9)。抽样，就是对模拟信号进行周期性扫描，把时间上连续的信号变成时间上离散的信号，该模拟信号经过抽样后还应当包含原信号中所有信息。量化，就是把经过抽样得到的瞬时值将其幅度离散，即用一组规定的电平，把瞬时抽样值用最接近的电平值来表示，一个模拟信号经过抽样量化后，得到已量化的脉冲幅度调制信号，它仅为有限个数值。编码，就是用一组二进制码组来表示每一个有固定电平的量化值。然而，实际上量化是在编码过程中同时完成的，故编码过程也称为模/数变换，可记作 A/D。

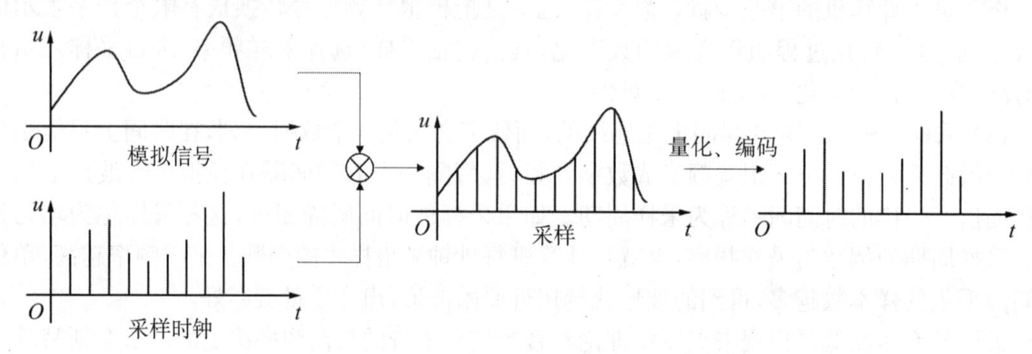

图 2－9 PCM 编码

PCM 是概念上最简单、理论上最完善的编码系统，其主要优点是：抗干扰能力强、失真小、传输特性稳定，尤其是远距离信号再生中继时噪声不积累，而且可以采用压缩编码、纠错编码和保密编码等来提高系统的有效性、可靠性和保密性。缺点是：数据量大，要求的数据传输率高。

2. 数字音频格式

音频格式是指在计算机内播放或处理音频文件时，对声音文件进行的数、模转换过程。不同的格式代表了不同的音频属性，也决定了音频的播放方式和应用领域。

(1) CD 格式。CD 格式是一种音质比较高的音频格式，在大多数播放软件的“打开文件类型”选项中，都可以看到 *.cda 格式，也就是 CD 音轨。标准的 CD 格式是 44.1 kHz 的采样频率，88 kbps 的速率，16 位的量化位数，因为 CD 音轨是近似无损的，因此它的声音基本上是忠于原声的。如果用户是一个音响发烧友的话，那么 CD 会是首选，它会让用户感受到天籁之音。

(2) WAV 格式。WAV 格式是微软公司开发的一种声音文件格式，用于保存 Windows 平台的音频信息资源，被 Windows 平台及其应用程序所支持。标准的 WAV 格式文件和 CD 格式文件一样，也是 44.1 kHz 的采样频率，88 kbps 的速率，16 位的量化位数。WAV 格式的声音文件质量和 CD 格式文件相差无几，也是目前 PC 上广为流行的声音文件格式之一，几乎所有的音频编辑软件都支持 WAV 格式。

(3) MP3格式。MP3格式诞生于20世纪80年代的德国，所谓的MP3，指的是MPEG标准中的音频部分，也就是MPEG音频层。根据压缩质量和编码处理的不同分为三层，分别对应“*.mp1”“*.mp2”和“*.mp3”三种声音文件。

但是MPEG音频文件的压缩是一种有损压缩。MPEG3音频编码具有高压缩率，同时基本保持低音频部分不失真。它是用声音文件中12～16 kHz范围的高音频部分的质量换取文件尺寸的。对于相同长度的音频文件，用mp3格式文件来存储一般只有WAV格式文件的1/10，但音质会次于CD格式或WAV格式的音频文件。由于其文件尺寸小，音质好，所以直到现在，这种格式作为主流音频格式还在被人们广泛使用。

(4) MIDI格式。MIDI(musical instrument digital interface)可译成“电子乐器数字接口”，用于音乐合成器、乐器和计算机之间交换音乐信息的一种标准协议。mid格式的文件并不是一段录制好的声音，而是记录声音的信息并告诉声卡如何再现音乐的一组指令，一个mid格式的文件每存储1 min的音乐大约只用5～10 kB。今天，mid格式文件主要用于原始乐器作品，流行歌曲的业余表演，游戏音轨以及电子贺卡等。mid格式文件重放的效果完全依赖声卡的档次。

(5) WMA格式。WMA(Windows Media Audio)格式是来自于微软，音质要强于MP3格式，它和日本YAMAHA公司开发的VQF格式一样，都是以减少数据流量且保持音质的方式来达到比MP3格式压缩率更高的目的，WMA格式的压缩率一般可以达到1∶18。它的另一个优点是内容提供商可以通过特殊方案加入防复制保护。另外，WMA格式还支持音频流技术，适合在网络上在线播放，而且它不像MP3格式那样需要安装额外的播放器。只要安装了Windows操作系统，就可以直接播放WMA格式的音乐，Windows Media Player具有直接把CD光盘中的文件转换为WMA格式文件的功能。

(6) 其他的音频格式

① RA格式主要适用于在网络上在线欣赏音乐。

② VQF格式的核心是以减少数据流量但保持音质的方法来达到更高的压缩比，虽然在技术上是很先进的，但由于宣传不力，导致这种音频格式难有用武之地。

③ OGG格式完全开放，完全免费，是和MP3不相上下的新格式。使用相同码率编码的OGG格式文件比MP3格式文件的音质还要好一些，文件也小一些。

④ FLAC格式为无损音频压缩编码，其特点是无损压缩。它不会破坏任何原有的音频信息，可以还原音乐光盘的音质。现在FLAC格式文件已被很多软件及硬件音频产品所支持。

⑤ APE格式是目前流行的数字音乐文件格式之一。与MP3这种有损压缩的方式不同，APE是一种无损压缩音频技术。也就是说，将从音频CD上读取的音频数据文件压缩成APE格式后，还可以再将APE格式的文件还原，且还原后的音频文件与压缩前的一模一样，没有任何损失。

2.2.3　音频编辑软件介绍

1. Adobe Audition

熟悉计算机音频的人或许不知道Audition这个名字，但是提到Cool Edit Pro，恐怕没有人不知道了，它是美国Syntrillium公司出品的著名音频编辑软件。在它发展到2.1版本以后，Syntrillium公司被著名的Adobe公司兼并，Adobe给Cool Edit Pro重新起了一个名字叫作Audition。这款软件最大的特点就是兼容Adobe旗下的其他软件，可以实现文件共享。

2. Samplitude

由德国的 Magix 公司出品的“数字音频工作站”软件，用以实现数字化的音频制作。Magix 公司著名的 Samplitude 一直是国内用户范围最广、备受好评的专业级音乐制作软件，它集音频录音、MIDI 制作、缩混、母带处理于一身，深受国内用户的广泛喜爱。相对于其他的专业软件来说，其功能强大、兼容性好，资源丰富，操作非常便捷。

3. Cubase/Nuendo

Cubase/Nuendo 是德国 Steinberg 公司所开发的全功能数字音乐、音频工作软件。Steinberg 公司属于国际著名音乐品牌 YAMAHA 旗下。这款软件作为 Steinberg 公司的旗舰产品，对 MIDI 音序功能、音频编辑处理功能、多轨录音缩混功能、视频配乐以及环绕声处理功能均属世界一流。相比于其他专业软件，这款软件在编曲上有着非常显著的优势。

4. Pro Tools

Pro Tools 是 Avid 公司出品的工作站软件系统，最早只是在苹果计算机上出现，后来也有了 PC 版。Pro Tools 软件内部算法精良，对音频、MIDI、视频都可以很好地支持，由于其算法的不同，单就音频方面来讲，其回放和录音的音质大大优于现在 PC 上流行的各种音频软件。Pro Tools 现在已经成为一种行业标准，无论是影视上还是在音乐上都有着领头的作用。

2.3 多媒体视频处理技术

2.3.1 视频基础知识

视频由相继拍摄并存储的图像组成，除了有图像的高速信息传送特性外，由于加入了随同图像的时间因素，因而视频有更多的信息。另外，视频也泛指将一系列静态影像以电信号的方式加以捕捉、记录、处理、储存、传送与重现的各种技术。视频是多媒体产品中最具魅力的一员，它让计算机用户可以无限接近真实世界。

1. 视频的概念

连续的图像变化每秒超过 24 帧(frame)画面以上时，根据视觉暂留原理，人眼无法辨别单幅的静态画面，看上去是平滑连续的视觉效果，这样连续的画面叫作视频。其中，每一幅图像称为一帧，帧图像是视频信号的基础。

2. 视频的分类

视频信号按照处理方式的不同分为模拟视频信号和数字视频信号两种类型，这两种类型的视频很多概念都是相同的，只是技术表现形式不同。

(1) 模拟视频。模拟视频是基于模拟技术及图像显示所确定的国际标准，是一种用于传输图像和声音并随时间连续变化的电信号。模拟视频的特点是以模拟电信号的形式记录下来，并以模拟调幅的手段在空间传播，再由磁带录像机将模拟电信号记录在磁带上。早期视频的获取、存储和传输都是采用模拟方式。人们在电视机上所见到的视频图像就是以模拟电信号的形式记录下来的。并以模拟调幅的方式在空间传播，再由磁带录像机将模拟电信号记录在磁带上。

(2) 数字视频。数字视频是指用二进制数字表示的视频信息，数字视频作为以数字形式记录的视频，和模拟视频相对。数字视频有不同的产生方式、存储方式和播出方式。数字视频既可直接来源于数字摄像机，也可将模拟视频信号经过数字化处理变成数字视频信号。数字视频是基于数字技术发展起来的一种视频技术，将模拟视频信号通过模数变换(滤波采样、量化和 0、1 数字化处理)后变成数字视频信号,这些数字视频信号是由很多帧数字图像组成的图像序列,每帧图像由 N 行、每行 M 个像素组成,即每帧图像共有 $M*N$ 个像素。这样得到的数字视频信号就可以进行压缩,也可以保存在 FLASH 存储、固态存储器、硬盘或者光盘等存储媒体上。

(3) 数字视频的优势。由于数字视频改变了存储介质和传输技术,所以它相对于模拟视频而言具有很多优点:

① 高保真性。数字视频可以不失真地进行无数次复制;而模拟视频信号每转录一次,就会有一次误差积累,产生信号失真,从而导致视频显示质量的下降。

② 保存时间长。模拟视频长时间存放后视频质量会降低,而数字视频便于长时间的存放。

③ 抗干扰性强。由于使用硬盘和光盘等介质存储,利用光纤和其他具有较高屏蔽性能的介质传输,因此具有较强的抗干扰性。

④ 便于存储和加密。与模拟视频按照录制顺序存放不同,数字视频以文件为单位进行存放,所以存储位置灵活,甚至可以进行文件分割,具有很大的便捷性。对于一些机密的视频,数字视频在技术上可以进行加密处理。

⑤ 压缩编码。数字视频数据量大,在存储与传输的过程中可以通过压缩编码减低数码率。

⑥ 非线性编辑。数字视频可以在计算机中利用视频编辑软件进行创造性的非线性编辑,制作出许多无法用传统的线性剪辑手段制作的特效和效果。这也是数字视频最为突出的优点。

当然,数字视频还有便于多媒体通信,信噪比高,稳定可靠,差错可控制,传输距离远和交互能力强等优点,这里不再一一详述。

2.3.2　常用视频文件格式

视频文件格式是指视频保存的一种格式,视频是现在电脑中多媒体系统中的重要一环。广义上,视频文件可以分为动画文件和影像文件两大类。动画文件是指由相互关联的若干静止图像所组成的图像序列,这些静止图像连续播放便形成一组动画。影像文件主要指那些包含了实时的音频、视频信息的多媒体文件。为了适应储存视频的需要,人们设定了不同的视频文件格式来把视频和音频放在一个文件中,以方便同时回放。常见的视频文件格式主要如下:

1. AVI 格式

比较早的 AVI 是 Microsoft 开发的。其含义是 Audio Video Interactive,就是把视频和音频编码混合在一起储存。AVI 格式上限制比较多,只能有一个视频轨道和一个音频轨道(现在有非标准插件可加入最多两个音频轨道),还可以有一些附加轨道如文字等。AVI 格式不提供任何控制功能。

2. MPEG 格式

MPEG(moving picture experts group)是一个国际标准组织(ISO)认可的媒体封装形式,是压缩视频的基本格式,受到大部分机器的支持。其存储方式多样,可以适应不同的应用环境。MPEG 的控制功能丰富,可以有多个视频、音轨、字幕等。

3. MOV 格式

MOV 即 QuickTime 影片格式,是由苹果公司开发的一种视频格式,除了具有较高的压缩比率和较完美的视频清晰度等特点外,最大的特点是跨平台性,即同时支持 MacOS 和

Windows 系列。1998 年 2 月 11 日，国际标准组织（ISO）认可 QuickTime 文件格式作为 MPEG－4 标准的基础。QuickTime 视频文件播放程序，除了支持 MP3 播放之外，还支持主要的图像格式、文本字幕和数字视频文件等，并且支持 HTTP、RTP 和 RTSP 标准。

4. RM 格式

RM 格式是 RealNetworks 公司创建的一种专有的多媒体容器格式，它通常只能容纳 Real Video 和 Real Audio 编码的媒体，可以根据网络数据传输的不同速率制定不同的压缩比率，从而实现在低速率的 Internet 上进行视频文件的实时传送和播放。RM 格式的另一个特点是用户使用 RealPlayer 播放器可以实现即时播放，即先从服务器上下载一部分视频文件，形成视频流缓冲区后实时播放，同时继续下载，为接下来的播放做好准备。这种"边传边播"的方法避免了用户必须等待整个文件从 Internet 上全部下载完毕才能观看的缺点，为在线影视的推广做出了很大贡献。

5. WMV 格式

WMV（Windows Media Video）是微软公司开发的一组数位视频编解码格式的通称，ASF（Advanced Systems Format）是其封装格式。ASF 封装的 WMV 档具有"数位版权保护"功能。WMV 格式具有以下优点：本地或网络回放、可扩充的媒体类型、部件下载、可伸缩的媒体类型、流的优先级化、多语言支持、环境独立性、丰富的流间关系以及扩展性等。

2.3.3 视频编辑常识

1. 线性编辑和非线性编辑

线性编辑是一种磁带的编辑方式，它利用电子手段，根据节目内容的要求将素材连接成新的连续画面的技术。通常使用组合编辑将素材顺序编辑成新的连续画面，然后再以插入编辑的方式对某一段进行同样长度的替换。无法删除、缩短、加长中间的某一段，除非将那一段以后的画面抹去重录，是电视节目的传统编辑方式。

非线性编辑借助计算机来进行数字化制作，几乎所有的工作都在计算机里完成，不再需要那么多的外部设备，对素材的调用也是瞬间实现，不用反反复复在磁带上寻找，突破单一的时间顺序编辑限制，可以按各种顺序排列，相对遵循时间顺序的线性编辑而言，非线性编辑具有编辑方式非线性、信号处理数字化和素材随机存取三大特点。

2. 画面更新率

画面更新率（frame rate）指荧光屏上画面更新的速度，其单位为 fps（frame persecond），读作帧/每秒，每秒出现的画面（帧）次数越多，即画面更新率越高，画面就越流畅。

3. 帧与场

当人们观看电影、电视或动画片时，看到的虽然都是连续流畅的动画影像，但仔细观察你会发现，这些影片其实并不连续，而是将一系列连续的静态图像以一定的速率投影到荧幕上，才会得到一个运动的视觉效果，这种现象就是人眼的视觉暂留效应。其中，在单位时间内的这些静态图像就称为帧。

帧速率，也称为 FPS，是指每秒钟刷新的图片的帧数，也可以理解为图形处理器每秒钟能够刷新几次。

扫描方式分为逐行扫描和隔行扫描。对于计算机显示器来说，显示器以电子枪扫描的方式来显示图像，电子枪进行扫描的时候，从屏幕左上角的第一行开始逐行进行，按照 1，2，3，…顺序进行，整个图像扫描一次完成，这种扫描的方式称为逐行扫描，每一帧画面由一个非交错的垂直扫描场完成，如图 2－10 所示。

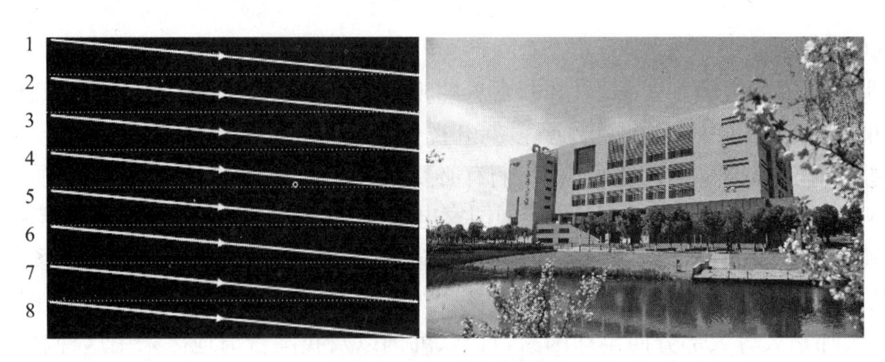

图2-10 逐行扫描

对于传统的电视来说，电视信号是通过摄像机对自然景物的扫描并经光电转换形成的，每个电视帧都是通过隔行扫描屏幕两次而产生的，第二个扫描的线条刚好填满第一次扫描所留下的缝隙。每个扫描即称为一个场。

比如在PAL制式的电视标准中，25帧/秒的电视画面实际上为50场/秒。采用两个交换显示的垂直扫描场构成每一帧画面，叫作交错扫描场。交错视频的帧由两个场构成，其中一个扫描帧的全部奇数场，称为奇场或上场；另一个扫描帧的全部偶数场，称为偶场或下场。场以水平分隔线的方式隔行保存帧的内容，在显示时首先显示第一个场的交错间隔内容，然后再显示第二个场来填充第一个场留下的缝隙。每一帧包含两个场，场速率是帧速率的2倍。这种扫描的方式称为隔行扫描，如图2-11与图2-12所示。

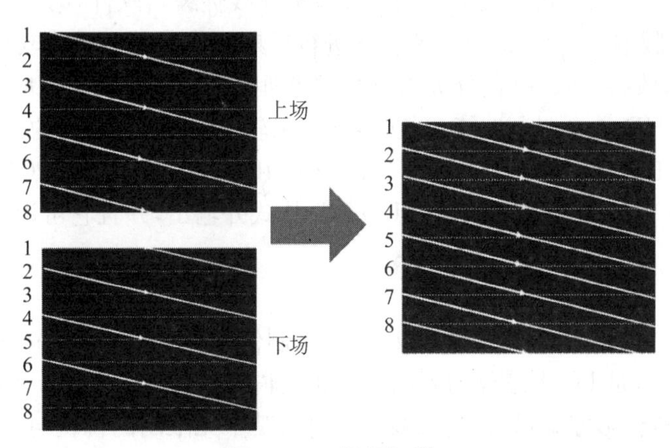

图2-11 隔行扫描1

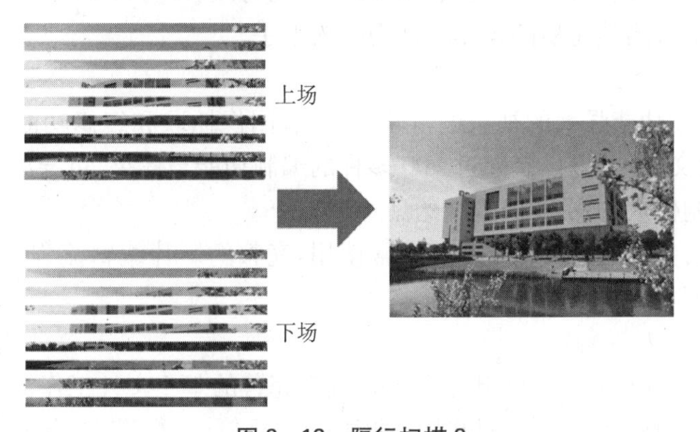

图2-12 隔行扫描2

4. 视频制式

目前世界各国的视频制式各不相同,常见的视频信号制式有 PAL、NTSC 和 SECAM,其中 PAL 和 NTSC 是应用最广的。数字彩色电视是从模拟彩色电视基础上发展而来的,因此在多媒体技术中经常会碰到这些术语,我们有必要先进行一定的了解。

(1) NTSC 电视标准。是 1952 年美国国家电视标准委员会定义的彩色电视广播标准,称为正交平衡调幅制。是以每秒 29.97 帧(简化为 30 帧),电视扫描线为 525 线,偶场在前,奇场在后,标准的数字化 NTSC 电视标准分辨率为 720×486,24 bit 的色彩位深,画面的宽高比为 4∶3。美国、加拿大等大部分西半球国家,日本、韩国以及我国台湾地区采用这种制式。

(2) PAL 电视标准。由于 NTSC 制存在相位敏感造成彩色失真的缺点,因此德国于 1962 年制定了 PAL 制彩色电视广播标准,称为逐行倒相正交平衡调幅制。每秒 25 帧,电视扫描线为 625 线,奇场在前,偶场在后,标准的数字化 PAL 电视标准分辨率为 720×576,24 bit 的色彩位深,画面的宽高比为 4∶3,中国大部分地区、德国、英国以及绝大部分欧洲国家、南美洲和澳大利亚等国家采用这种制式。

(3) SECAM 制式。称为顺序传送彩色与存储制。特点是不怕干扰,彩色效果好,但兼容性差。每秒 25 帧,扫描线 625 行,隔行扫描,画面比例 4∶3,分辨率 720×576。采用 SECAM 制的国家主要为俄罗斯、法国以及东欧等国家。

2.3.4 视频编辑软件

1. Final Cut Pro

Final Cut Pro 是苹果公司开发的一款专业视频非线性编辑软件,第一代 Final Cut Pro 在 1999 年推出。最新版本 Final Cut Pro X 包含进行后期制作所需的一切功能。导入并组织媒体、编辑、添加效果、改善音效、颜色分级以及交付等所有操作都可以在该应用程序中完成。

Final Cut Pro HD 是一个高性能、全功能的应用软件,提供了绝佳的扩展性、精确的剪辑工具和天衣无缝的工作流程。现在 Final Cut Pro HD 除了可以通过 PCI 卡获取 HD-SDI 外,还支持通过 FireWire 接口获取 DVCPRO HD 格式并输出,并且它可以对大多数的输入格式进行剪辑。

2. Sony Vegas

Sony Vegas 是一个专业影像编辑软件,现在被制作成为 Vegas Movie Studio™,是专业版的简化而高效的版本,是 PC 上最佳的入门级视频编辑软件。

Vegas 是一款整合影像编辑与声音编辑的软件,其中无限制的视轨与音轨,更是其他影音软件所没有的特性。提供了视讯合成、进阶编码、转场特效、修剪及动画控制等,不论是专业人士或是个人用户,都可因其简易的操作界面而轻松上手。

3. 会声会影

会声会影是一款功能强大的视频编辑软件,具有图像抓取和编修功能,可以抓取、转换和实时记录抓取画面文件,并提供有超过 100 多种的编制功能与效果,可导出多种常见的视频格式,甚至可以直接制作成 DVD 和 VCD 光盘。

主要的特点是:操作简单,适合家庭日常使用,完整的影片编辑流程解决方案,从拍摄到分享、新增处理速度加倍。

4. Edius

Edius 是日本 Canopus 公司推出的,Edius 拥有完善的基于文件工作流程,提供了实时、多轨道、多格式混编、合成、色键、字幕和时间轴输出功能。除了标准的 Edius 系列格式,还支持

Infinity™ JPEG 2000、DVCPRO、P2、VariCam、Ikegami GigaFlash、MXF、XDCAM 和 XDCAM EX 视频素材。同时支持所有 DV、HDV 摄像机和录像机。

5. Adobe Premiere

Adobe Premiere 由 Adobe 公司推出。现在常用的有 CS4、CS5、CS6、CC、CC 2014、CC 2015 以及 CC 2017 版本。是一款编辑画面质量比较好的软件，有较好的兼容性，且可以与 Adobe 公司推出的其他软件相互协作。目前这款软件广泛应用于广告制作和电视节目制作中。其最新版本为 Adobe Premiere Pro CC 2018。

Premiere 是视频编辑爱好者和专业人士必不可少的视频编辑工具，是易学、高效、精确的视频剪辑软件。Premiere 提供了采集、剪辑、调色、美化音频、字幕添加、输出、DVD 刻录的一整套流程，并和其他 Adobe 软件高效集成。

2.4 多媒体动画制作技术

2.4.1 动画概述

动画，即"会动的画面"；它起源于人们记录运动事物的一种强烈渴望。从人类发展的历程来看，人类一直在尝试着用画来展现事物的运动规律。动画的概念不同于一般意义上的动画片，动画是一种综合艺术，它是集合了漫画、绘画、电影、摄影、数字媒体、音乐、文学等众多艺术类的一种艺术表现形式[①]。动画的发展历程体现了人类聪明和智慧的结晶，如果要将动画的发展史进行阶段分类，可以分成动画萌芽时期、动画形成时期、动画探索时期、动画突破时期、动画成熟时期几个阶段。

1. 动画萌芽时期

动画萌芽时期是指先人们在石壁上凿刻的静态系列作品，一幅旧石器时代的野牛图被人们称之为最早的"动画现象"，即在西班牙北部的阿尔塔米拉洞穴壁画上有许多重复的牛脚图案，野牛的尾巴和腿均被重复绘画了几次，看起来有奔跑的动感，如图 2-13 所示。后来，人们还发现古埃及表现摔跤的壁画、希腊花瓶上的舞蹈图案所出现的连续动作等，这些作品显示出人类对于表现动作分解与时间过程的浓厚兴趣，其动画意识开始萌芽。

图 2-13 旧石器时代的野牛图

---

① https://baike.baidu.com/item/动画/206564? fr=aladdin

图 2-14 费纳奇镜

2. 动画形成时期

动画形成时期是指 19 世纪初，英国科学家彼得·罗杰(Peter Roget，伦敦大学)发现了著名的“视觉暂留”现象，即一个物体被移动后其影像在人眼视网膜上还可停留约 1 s 的时间，此现象揭示了在快速闪现连续分解的动作时可以产生活动影像的原理。与此同时，一些包含活动影像的视觉玩具由此产生，其中包括手翻书、魔术画片、幻透镜、幻盘、走马盘、费纳奇镜(见图 2-14)等。

费纳奇镜是指画有连续动作形象、内圈刻有直条细缝的硬纸圆盘，其中心有可活动的固定转轴，圆盘快速运动时，透过细缝从对面的镜子中便能看到活动起来的物像。这种让观众透过小孔观看的“影片”被当作是动画的雏形，由此，这一阶段称为动画的形成期。

3. 动画探索时期

19 世纪 70 年代末，法国人埃米尔·雷诺将诡盘与幻灯相结合，研制出了“光学影戏机”并取得了发明专利。正是这个伟大的发明，动画才能够真正地融入电影、电视上，将人们的生活通过动画的方式体现出来。

“光学影戏机”的原理是由数个圆形转盘组合而成，周围增加投射光源，大型的圆形转盘内侧安装一圈镜片以折射图片，原始图片则环绕在圆形鼓状物之间跑动，经由幕后光源的投射和镜片投射，便可在幕布上看到活动的影像(见图 2-15①)。因此，埃米尔·雷诺成为世界上最早放映动画片的人，《丑角和它的狗》《一杯可口的啤酒》等都是他放映的动画片。这些早期的动画已经具备了现代动画的一些基本特点，属于动画发展的探索时期。

图 2-15 “光学影戏机”的实物及原理

4. 动画突破时期

随着对动画认识的不断深入，采用技术的不断更新，人们在动画制作方面有了巨大的突破。美国人斯图尔特·勃莱克顿拍摄的《一张滑稽面孔的幽默姿态》的动画片(见图 2-16②)，

---

① https://baike.baidu.com/item/埃米尔·雷诺/391246?fr=aladdin#4

② https://baike.baidu.com/item/一张滑稽面孔的幽默姿态/17595757?fr=aladdin

运用了胶片拍摄的技术，标志着世界上第一部真正意义上的动画片由此诞生。

除此之外，1914年，美国人埃尔·赫德发明了透明赛璐珞片，也称明片，是一种以醋酸纤维为原料的透明度强的薄片[①]。其动画原理是把活动的对象绘制在赛璐珞片上，再与静止的背景叠放在一起进行逐格拍摄。这种动画制作方法突破了以前烦琐的制作流程，节省了大量的制作成本，提高了工作效率，而且该方法结束了以往绘制动画时必须将每一次变化的画面连同不变的背景都要重新画一遍的烦琐工序，为动画影片的大规模生产提供了可靠的方法。此阶段被称为动画的突破时期。

图2－16　动画片《一张滑稽面孔的幽默姿态》

5. 动画成熟时期

被尊称为“现代动画之父”的法国人埃米尔·柯尔运用摄影上的定格技术，用负片拍摄方法拍摄了他的第一部动画影片《幻影集》，该片表现了一系列影像之间神奇的转化，进行了大胆创新，尝试将动画与真人动作相结合。他的作品致力于动画视觉表现力的挖掘，极富个性和自由创作精神。美国人温瑟·麦凯沿袭了其个性化和自由创作精神，创作出了代表当时动画艺术最高水平的真人与动画合成的影片《恐龙葛蒂》(见图2－17[②])和第一部以动画形式表现的纪录片《路斯坦尼业号的沉没》。埃米尔·柯尔和温瑟·麦凯的作品分别代表了运用不同的技术创作的动画，为后来动画的多种发展方向带来了深远的影响。通过后续动画片的发展来看，不仅表现形式多样化，表现手法，运用的技术等都标志着动画成熟时期的到来。

图2－17　影片《恐龙葛蒂》海报

2.4.2　动画的分类

动画的分类多种多样，主要表现为以下几方面。

(1) 根据动画的创作角度来分，分为商业动画和实验动画。

① 商业动画又称为商业动画片，与纪实片和艺术片区别开来。商业动画片是以票房收益

① http://www.docin.com/p-1779012781.html

② https://baike.baidu.com/item/恐龙葛蒂

为最高目的、迎合大众口味和欣赏水准的影片①。商业动画片汇集了多种商业元素,例如包括知名度高的导演、当红明星、大规模的宣传、复杂的特效、全国甚至全球同步上映等等。商业动画最为关键的是具有商业价值,能够创造利润,趋向多元文化的相互渗透。

② 实验动画是指还在探索时期的动画作品,是以实验为目的动画,不含商业性,有时效果非常不好,但是一般能够突现主题,仍然保持自我风格、形式、技巧以及制作方式的作品②。在动画制作的初期,简单地说,所有的探索与开发都具有实验的性质,属于个体化创作阶段,当动画的制作进入中期或者后期时,个体化创作转变为群体化运作,至此,动画的主流已脱离了实验的性质而成为一种新型的文化产业模式,并成为人们常在电视上看到的动画片。但那些仍然保持自我风格、统一形式、多种技巧以及制作方式的动画艺术家的作品就被称为"实验性动画"。

图 2-18　影片《种树的人》画面

(2) 从制作技术和手段分为以手工绘制为主的传统动画、以计算机为主的电脑动画、应用摄影技术来制作的定格动画、其他动画制作技术(如胶片绘制动画)。

① 以手工绘制为主的传统动画。通过创作时选取制作材料的不同,展现出手绘动画的多种创作效果;有纸面绘画动画、水墨动画、剪纸和剪影动画、木偶动画、用普通铅笔、彩色铅笔、钢笔、粉笔、蜡笔、油彩、水粉、水彩、沙子等工具制作的动画。比如20世纪80年代,德国艺术家弗来德里克·贝克用彩铅和松脂在毛胶片上绘制而成的影片《种树的人》(见图2-18),以梦幻般的画面效果获得三十多项国际大奖。

② 以计算机为主的电脑动画。随着经济与科技的飞速发展,计算机图像处理技术正以几何增长速度占据着商业设计领域。其中,电脑动画的发展扩宽了人类文化与艺术的呈现空间与思维空间。越来越多的手工传统动画经过软件的处理转变为电脑动画。比如广播电影电视管理干部学院的二维动画短片《失效密码》③(见图2-19),其画面背景几乎都是直接用电脑绘制,凸显了整个画面的时尚感、简洁、风格化和数码化。以计算机为主的电脑动画,极大地节约

图 2-19　《失效密码》动画片画面

① https://baike.baidu.com/item/商业动画

② https://baike.baidu.com/item/实验性动画/9766650

③ http://www.docin.com/p-2040602754.html

了制作者的时间和精力，打破了传统动画角色与背景叠加对齐的约束，使所要表达的角色与空间的关系更加灵活，也使作品的创作更加自由。

③ 应用摄影技术来制作的定格动画。用机器拍摄延时摄影的过程类似于制作定格动画(StopMotion)，把单个静止的图片串联起来，得到一个动态的视频。长时间定时定格延时拍摄，也称低速摄影或定时定格摄影、“缩时”摄影①。延时摄影又称为缩时摄影(Time-lapsephotography)，是一种将时间压缩的拍摄技术，将动画和拍摄的真实场景进行合成，以便制作定格动画。

④ 其他动画制作技术制作的动画。单线平涂动画是平面动画中最常用的一种方法，在绘制时通过细致清晰的线条来勾勒人物以及场景，然后在线条围成的区域平涂色彩②。

(3) 以动作的表现形式来区分，分为接近自然动作的“完善动画”和采用简化、夸张的“局限动画”。

① 完善动画，又称电视动画(Television Animation)，一般也称为动画剧，指的是在电视频道上播放的动画作品。其作品采用逐帧拍摄方法拍摄对象并连续播放而形成运动的影像技术。只要满足动画的几个要素(逐帧拍摄，连续播放)，不论拍摄对象是什么，只要它的拍摄方式是采用的逐帧方式，观看时是连续播放形成了活动影像，它就属于完善动画。

② 局限动画，又称幻灯片动画，使用的是幻灯片中的比较有限的动画方式来制作的动画。

(4) 从空间的视觉效果上分，分为二维动画和三维动画(如《最终幻想》、《玩具总动员》)。

① 二维动画以各种绘画形式作为表现手段，画出一张张不动的，但又逐渐变化着的动态画面。是平面上的画面。可以是基于纸张平面，基于拍摄出来的照片平面或者运用计算机二维动画软件进行制作的动画画面，都可以被称作二维动画，比如《海贼王》(见图2-20)。

图2-20 《海贼王》动画画面③

图2-21 三维动画《玩具总动员》画面④

② 三维动画，又称3D动画，是随着计算机软硬件技术的发展而产生的一项新兴技术。设计师运用三维动画软件模拟建立虚拟空间，建立要表现的对象模型和场景，再根据要求设定模型的运动轨迹、虚拟摄影机的运动和其他动画参数，布置灯光，按不同的角色要求为模型添加不同的材质和贴图，制作好动画后通过使用合适的渲染器渲染最后的动画。三维动画还可以用于广告和电影电视剧的特效制作(如爆炸、烟雾、下雨、光效等)、特技(撞车、变形、虚幻场景

① https://baike.baidu.com/item/延时摄影/74034

② http://www.docin.com/p-510941086.html

③ https://baike.baidu.com/item/航海王/75861

④ https://baike.baidu.com/item/三维动画

或角色等)、广告产品展示、片头飞字等等。比如三维动画《玩具总动员》(见图 2-21)《熊出没》《大圣归来》等。

(5) 播放效果上分,分为顺序动画和交互式动画。

① 顺序动画,又称连续动作动画,也称逐帧动画。逐帧动画是一种常见的动画形式(frame by frame),其工作原理是指在“连续的关键帧”中分解动画动作,即在时间轴的每帧上逐帧绘制不同的内容,使其连续播放而形成的动画。由于逐帧动画的帧序列内容不同,缺点是修改工作量非常大,且最终输出的文件量也很大;优点是具有很大的灵活性,几乎可以表现任何想表现的内容,很适合于表演细腻的动画。比如表现人物头发及衣服的飘动、急剧转身、走路、说话以及精致的 3D 效果等[①]。

② 交互式动画,是指播放动画作品时支持事件响应和具有交互功能的动画。换句话理解为动画播放时画面中的某一个控件可以接受某种控制。这种控制是动画播放者临时的某种操作,或者是在动画制作时预先准备的操作。交互动画为使用者提供了参与和控制动画播放内容的手段,让使用者由被动接受变为主动选择。最常见的交互式动画即为 Flash 动画[②]。

2.4.3 动画的制作原理

动画制作原理,可以归为视觉原理,医学已证明,人类具有“视觉暂留”的特性,就是说人的眼睛看到一幅画或一个物体后,它在 1/24 s 内不会消失。利用这一原理,在一幅画还没有消失前播放出下一幅画,就会给人造成一种流畅的视觉变化效果。即通过画面在人们眼中的视觉暂留现象,运用摄影机逐个拍摄跳动的画面,以每秒钟 24 帧或 25 帧的速度连续放映,给人以动态画面的感觉,这样所画的或所拍的动作在屏幕上就活动起来了,这个过程就称之为动画制作原理。动画原理和电影原理类似。它们的区别在于动画是有限画面,可以一拍二或一拍三,也可以停格;而电影是无限画面,每格都可以不一样。

由于采用的制式要求不同,电影采用了每秒 24 幅画面的速度拍摄播放,电视采用了每秒 25 幅(PAL 制式,中国动画标准制式)或 30 幅(NSTC 制式,美国动画标准制式)画面的速度拍摄播放。但是由于动画具有一拍二或者一拍三的优势,所以在 Flash 软件中可以制作出每秒 12 帧或每秒 8 帧的动画,而且播放时不会出现卡顿现象。

2.4.4 动画的制作流程[③]

动画制作通常分为前期策划阶段、中期创作阶段、后期制作阶段。前期策划包括了筹划新片、选题报告、作品设定、剧本创作、文字分镜头脚本、美术设计、场景设计等;中期制作包括了设计稿、原画、动画、背景作画、摄影、配音、录音、上色等;后期制作包括剪辑、合成、校对等。对于不同的行业不同的对象,动画的创作方法和创作过程可能不尽相同,但其基本规律是一致的。分为传统动画制作流程、二维动画制作流程和三维动画制作流程。

1. 传统动画的制作

传统动画的制作,尤其是大型动画片的制作,是一项集体性劳动过程。该过程可分为总体规划、设计制作、具体创作和拍摄制作四个阶段,每一阶段又有若干个步骤,具体如下:

(1) 总体规划阶段。

① 剧本的创作。剧本是整个动画的主线,根据剧本来设定人物的表情,动作,故事情节

---

① https://baike.baidu.com/item/逐帧动画/4949371

② https://baike.baidu.com/item/交互动画

③ http://www.docin.com/p-524052578.html

等。在动画影片中尽量用画面表现视觉动作,尽可能避免复杂的对话。最好的动画是通过滑稽的动作取得的,其中没有对话,而是由视觉创作激发人们的想象。

② 分镜头脚本。根据剧本的内容,导演要绘制出类似连环画的故事草图,也称分镜头绘图脚本,该脚本将剧本里描述的动作表现出来。分镜头脚本由若干个镜头片段组成,每一个镜头片段由一组场景组成,一个场景一般被限定在某一组人物和某一地点内,而场景又分为一系列图片或视频镜头,人物、地点、镜头片段构造出了动画片的初始整体结构。采用的故事板在绘制各个分镜头的同时,对人物内容、摄影指示、人物动作、道白的时间、画面连接时间等都要有相应的说明。一般来说,30 min 的动画剧本,如果设置 400 个左右的分镜头,将要绘制约 800 幅图画的图画剧本。

③ 进度规划表,是导演编制的对于影片制作的整体进度规划表,便于编制、动画指导、动作指导等各类人员协调工作。

(2) 设计制作阶段。

① 设计。设计工作是在镜头脚本和图画剧本的基础上,确定前景、背景及道具的形状和形式,完成背景图和场景环境的设计制作工作。除此之外,还要对人物或其他角色进行造型设计,并绘制好每个造型的多个不同角度的原画,以供其他动画人员参考。

② 录音。动画制作时,动作必须与各类音乐相匹配,所以录音必须在动画制作之前进行。录音完成后,声音编辑人员要把记录的声音精确地分解到每一幅画面对应的位置上,即第几秒或第几幅画面开始有说话,持续的时间有多长等等,直到把全部录音分解到每一幅画面的位置,记录所有画面与声音对应的条表,以供动画人员参考。

(3) 具体创作阶段。

① 原画创作。原画创作指的是动画设计师根据剧本绘制出的相关关键画面。通常来说,一位设计师负责一个固定的人物或其他角色的原画创作。

② 中间插画制作。中间插画是指两个重要位置或框架图之间的图画,一般指的是两张原画之间的过渡画。中间插画部分由助理动画师绘制整体画面,其余由美术人员在内插绘制角色动作的连接画。在各原画之间根据剧本追加的内插的连续动作的画,既要符合指定的动作时间,又要使之能表现得接近自然动作。

③ 誊清和描线。前几个阶段所完成的动画设计均是铅笔绘制的草图。草图完成后,使用特制的静电复印机将草图誊印到醋酸胶片上,然后再用手工给誊印在胶片上的画面的线条进行描墨。

④ 着色。是对描线后的胶片进行着色,显示动画片的彩色效果。

(4) 拍摄制作阶段。拍摄制作阶段是动画制作的重要组成部分,是关键的部分,任何表现画面上的细节都将在此制作出来,可以说是决定动画质量的关键步骤。

① 检查。拍摄之前先检查,检查是拍摄阶段的第一步。在每一个镜头的每一幅画面全部着完色之后,动画设计师要仔细检查每一场景中的每个动作。

② 拍摄。拍摄动画片,使用中间有几层玻璃层、顶部有一部摄像机的专用摄制台。拍摄时将背景放在最下一层,不同的前景或角色等放置在中间各层。拍摄中可以随时移动各层产生动画效果。除此之外,还可以利用摄像机的移动、旋转、变焦等变化和淡入、淡出、景深等特技,制作出丰富多彩的动画特技效果。

③ 编辑。编辑是后期制作的组成部分。主要完成动画各片段的连接、剪辑、排序、各个片段的转场、输出等。

④ 录音。动画编辑好后，声音编辑人员选择合适的音响效果配合动画的动作。当所有音响效果选定并且和相应的动作匹配好后，经导演检查后，导演和编辑一起对音乐进行复制，再将声音、对话、音乐、音响都集中到一个声道上，最后以胶片或录像带的形式进行保存。

2. 二维动画制作流程

二维动画制作过程也需要经过传统动画制作的四个步骤。但由于电脑的介入使用，二维动画的制作过程精简了，效率也提高了，主要体现在以下几方面：

(1) 关键帧的产生。背景画面和关键帧，可以用扫描仪、摄像机、数字化仪实现数字化输入，也可以用相应的动画软件直接绘制。动画软件中的各类绘制工具，极大地改进了传统动画的制作流程，实现了实时修改和删除、检索、存储等操作。

(2) 中间画面的自动生成。电脑软件能够对两幅关键帧进行插值计算，自动生成中间过渡画面，整个过程流畅、画面运算精确。

(3) 分层制作合成。电脑软件的图层操作轻松实现了图像的叠加、移动、旋转、补光等操作。

(4) 着色。动画着色是动画片的最重要的环节。计算机动画软件能够提供多种颜色选择，设计者只需根据剧本或脚本的描述进行色彩的创作。

3. 三维动画制作流程

三维动画制作流程也需要经过传统动画制作的四个步骤。由于三维动画软件应用的优势，除了继承传统动画的剧本、故事板、原画设计、概念设计、模型制作、灯光布置等，三维动画软件强大的功能极大地减轻了设计师的工作量。灯光、材质与贴图、场景都可以在软件中虚构模拟，运用特殊的三维动画渲染软件将设置好的场景逼真的还原。具体如图 2-22 所示。

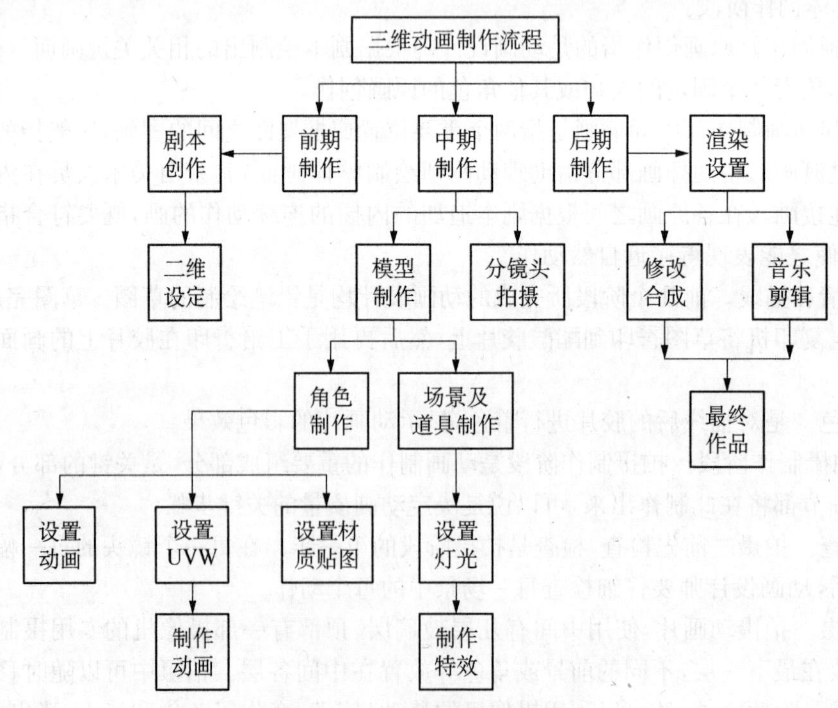

图 2-22　三维动画制作流程

2.4.5 主流动画软件介绍

电脑动画软件分为二维动画软件和三维动画软件。二维动画软件包括专业二维动画软件

ToonzHarlequin、法国动画软件 TVPaintAnimation、最简单实用的动画软件 DigiCel-Flipbook、欧洲动画软件 MEDIAPEGSPEGS、LINKERAnimationStand、世界排名第一的二维动画软件 USAnimation、日本专业动画软件 RETAS! PROHD、AnimeStudioTMPro、动画软件 ToonBoomAnimation 系列、英国的动画软件 ANIMO、Flash(Animate)等软件。目前,Flash 软件已经属于 Adobe 公司的产品,是中国使用最为广泛的二维动画软件,应用领域主要有娱乐短片、片头、广告、MTV、导航条、小游戏、产品展示、应用程序开发的界面、开发网络应用程序等几个方面。

1. 二维动画软件 Flash[①,②]

Flash 软件是美国 Macromedia 公司所设计的一款二维矢量动画软件,软件包括 Macromedia Flash 和 Macromedia Flash Player。前者用于设计和编辑 Flash 文档,后者用于播放 Flash 文档。网页设计者使用 Flash 创作出既漂亮又可改变尺寸的导航界面以及其他奇特的效果。Flash 的工作原理是由一帧帧的静态图片在短时间内连续播放而造成的视觉效果,可以实现多种动画特效。除此之外,Flash 还增强了网络功能,用户可以直接通过 xml 读取数据,加强了与 ColdFusion、ASP、JSP 和 Generator 的整合。目前,由于 html5 的加入,Flash 软件退出 Android 平台,正式告别移动端。Adobe 公司也将动画制作软件 Flash Professional CC2015 升级并改名为 Animate cc2015,目前最新版本为 Animate cc2017。

三维动画软件包括 Softimage 3D、Alias/Wavefront MAYA、Lightwave 3D、Renderman、Houdini、3ds max、Animatek World Builder、Bryce、Poser、Vue d'Esprit Profesional、Blender、CINEMA 4D、modo、ZBrush 等多个软件。其中,3ds max 软件是目前世界上使用人数最多的软件之一。

2. 三维动画软件 3ds Max

3ds Max 软件是目前三维制作软件中销量最大的、普及面很广的集建模、动画及渲染于一身的三维软件。其发展历程从最初基于 DOS 操作系统开发的 3D Studio 系列软件开始,到后来支持 PC 系统,该软件团队不断改善软件的工作内容,增加软件插件,增强软件的功能。迄今为止,3ds Max 软件获得了 60 多个业界奖项。从开始运用在电脑游戏中的动画制作,接着参与影视片的特效制作,后来独立制作角色动画及次世代游戏动画,3ds Max 软件极大地推动了计算机图形制作的发展。该软件最初是由 Discreet 公司开发,后该公司被 Autodesk 收购,故从 Discreet 3ds Max 7 后正式更名为 Autodesk 3ds Max 8。目前,最新版本为 Autodesk 3ds Max 2018。

2.5 多媒体系统开发制作

2.5.1 多媒体系统概述

随着社会的进步和计算机的普及,多媒体技术已逐渐渗透到各个领域,社会对多媒体的需求逐渐增加,因此对多媒体相关技术的要求也越来越高,社会的进步直接推动了多媒体的发展。多媒体产品,其实更像艺术作品。好的表现形式能很好地表现主题,使之趋于完美,使人产生极深的印象。一个典型的多媒体作品可以是文本、图片、计算机图形、动画、声音、视频的任何几种的组合,当然不是简单的组合。多媒体产品的最大特点是交互性。交互就是要求用

① https://baike.baidu.com/item/Flash/33054?fr=aladdin

② http://www.docin.com/p-253165294.html

户通过有意或无意的操作，来改变某些音频或视频元素的特征，是用户在某种程度上的参与。因此，交互性是影视作品和多媒体作品的主要区别，多媒体作品是由硬件、软件和用户的参与三项共同实现的。多媒体作品常应用于以下领域。

1. 多媒体教学系统——用于教学领域的多媒体作品

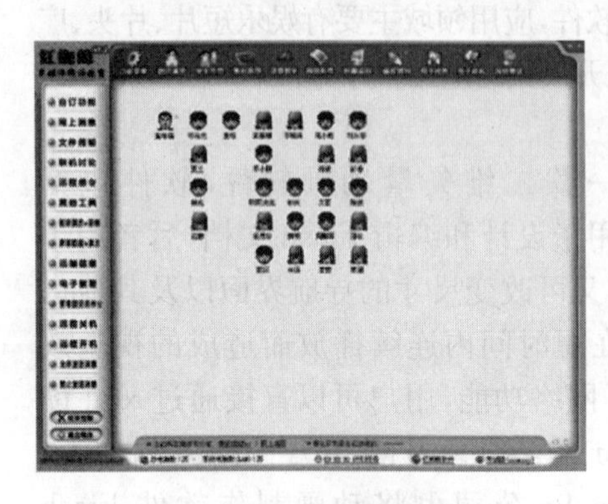

图 2-23　多媒体教学系统[1]

学校的教师通过多媒体可以形象直观地讲述清楚较难描述的课程内容，学生也可以更形象地去理解和掌握教学内容。同时，学生还可以通过多媒体交互系统进行自学、自测、自考等。教学领域是最适合用多媒体进行辅助的领域。多媒体的辅助和参与将使教学领域产生一场质的革命。图 2-23 所示是一个典型的多媒体教学系统。它集成了多媒体播放、语音广播、控制转播、学生示范、远程配置、分组交谈、启动课件、电子白板、网络影院、分组教学等三十多种交互式教学功能，是针对用户的实际需求量身定做的多媒体教学系统。

2. 城市未来展示系统——展览或博物馆展示的多媒体作品

传统的多媒体演示很难代替人们去欣赏好的展品，但多媒体演示能够形象、直观地展示一个展品，参观者可以通过多媒体的演示，形象地了解展品，不需要专人去讲解。有了多媒体展示系统，参观者就可以从多种角度了解更多的知识，甚至可以不用去展览馆或图书馆就能便捷地获取展品的信息。

图 2-24 所示是上海海事大学 3D 校史馆的展示画面。上海海事大学校史馆分序厅、主展厅、专题展廊、摄影室、接待室等功能区。采取传统与现代相结合的陈展手段，在文字图片实物基础上配以模型、雕塑、多媒体等多种形式，展现学校百余年发展历程。3D 展示的方式融合了高清实景拍摄、二维动画、三维动画、实拍场景与三维镜头合成、后期特效等多种表现形式。实现了技术的创新，使多种表现手法合理融合，有效地展示了校史馆的全貌。

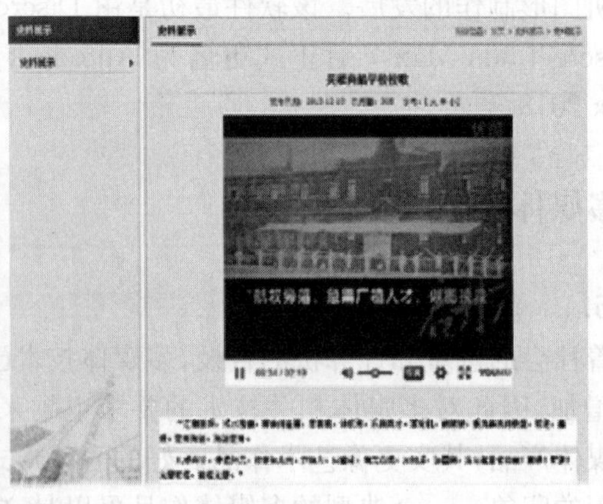

图 2-24　上海海事大学 3D 校史馆[2]

① http://www.3000soft.net/products/product1.php

② http://museum.shmtu.edu.cn/index.aspx

3. 电子沙盘——用于产品展示的多媒体作品

很多公司或工厂尽管有许多好的产品，为宣传自己的产品也投入了许多资金在传统广告方面，如电视广告、报纸广告等，以多媒体技术制作的产品演示光盘为商家提供了一种全新的广告形式，商家通过多媒体演示盘可以将产品表现得淋漓尽致，客户则可通过多媒体演示盘随心所欲地观看广告，直观、经济、便捷，效果非常好，这种方式可用于多种行业，如房地产行业，计算机行业，汽车制造行业等。

图 2-25 所示是一个楼盘销售的电子沙盘系统。多媒体系统与实物沙盘模型的有机结合，通过遥控、手指触控、感应式控制等方式，实现多媒体演示、电脑智能控制，以及实物沙盘模型的直观展现，从而达到声、光、电与景观互动、立体化动态演示的高科技化沙盘系统。电子沙盘一般包括实物沙盘模型、声光电系统、控制系统、多媒体触摸屏、多媒体演示软件等几大部分。

图 2-25 电子沙盘①

4. 电子出版物——出版单位宣传产品的多媒体作品

图 2-26 所示是《上海海事大学学报》等电子期刊。纸质版的出版物表现形式是动态的，没有声音和动态的图像表达。现在的电子出版物使用多媒体技术，以动态网页或多媒体文件的形式表现，使读者的阅读体验更加便利快捷，表现内容也容易被读者接受。

图 2-26 电子期刊②

5. 电子图书馆——网上多媒体作品

随着互联网的普及和电话线路带宽的改进，多媒体技术在互联网上的应用越来越普遍，一

---

① http://www.51sole.com/photo/100690582.html

② http://www.smujournal.cn/ch/reader/view_news.aspx?id=20131008022622001

个有声音、动态的页面比静态的、只有文字和图片的页面更能引起大众的注意力。多媒体作品可以与网页结合,直接访问互联网网站,充分发挥多媒体的作用。

图 2-27 所示是上海海事大学图书馆系统。电子图书馆系统解决了学校现有图书资源短缺,图书阅读受时间和地点限制等不足等问题,为学校提供了强大的数字图书资源库,让学生在课外能更好地在虚拟校园中自主学习,让老师更方便地查找辅助教学的课外资料。

图 2-27 电子图书馆①

2.5.2 多媒体作品的设计方法

1. 多媒体作品的结构设计

多媒体作品的结构根据媒体的呈现和管理方式,可分为以下 6 种模式。

(1) 幻灯呈现模式:即顺序组织结构。把媒体素材按照一定的逻辑顺序组织在类似幻灯片的界面中,观看的效果也是像放映幻灯片一样,逐个呈现。

(2) 层次组织模式:按功能模块分层次地组织和管理媒体素材,可实现有选择地呈现作品的某一部分。

(3) 书页组织模式:把媒体素材按照一定的逻辑顺序组织在类似书页的界面中,属于顺序组织结构,但通过导航,观看的效果像看书一样,既可以逐页浏览,也可以直接跳转到某一页,还可以查询其中某些页面的内容。

(4) 窗口组织模式:用户界面沿用常见的窗口模式,把媒体素材按照一定的逻辑顺序组织在窗口界面中,其中可以包含一些如输入、拖动、选择等交互元素。

(5) 时基模式:把媒体素材按照一定的逻辑顺序布局在时间轴上,媒体之间存在严格的同步关系,控制播放起始点按照某种逻辑顺序播放。

(6) 网络组织模式:媒体素材存放在远程服务器上,通过网页来组织和管理媒体素材,通过脚本语言实现基本的交互功能。

2. 媒体作品的界面设计

(1) 界面设计原则。根据人类美感的共同性,多媒体作品的界面设计应遵循多个方面的

① http://www.library.shmtu.edu.cn/resource/databases.htm

美学原则，即连续、渐变、对称、对比、比例、平衡、调和、律动、统一和完整。多数作品的版面设计常遵循的原则有对比原则、平衡原则、乐趣原则以及调和原则等。它们用来加强版面的气氛、增加吸引力、突出重心、提升美感。这里给出的9项原则是多媒体作品的界面设计需要参考的基本准则。

① 面向用户原则：不显示与用户需要无关的信息，以免增加用户记忆负担；反馈信息应该能够被用户正确阅读、理解和使用；使用用户熟悉的术语来解释程序，帮助用户尽快适应和熟悉作品的环境；处理过程要有提示信息，尽量把主动权让给用户。

② 一致性原则：指任务和信息的表达、界面的控制操作等应该与用户理解熟悉的模式尽量保持一致。如在显示相同类型的信息时，那么在作品运行的不同阶段应该在显示风格、界面布局、排列位置、所用颜色等方面保持一致。

③ 简洁性原则：做到准确和简洁，准确就是要求表达意思明确，不使用意义含糊、有歧义的词汇或句子；简洁就是使用用户习惯的词汇，用尽可能少的文字表达必需的信息。

④ 适当性原则：屏幕显示和布局应美观、清楚、合理，改善反馈信息的可阅读性、可理解性，并使用户能够快速查找到有用信息。显示内容尽量恰当，不过多、不过快、不使屏幕过分拥挤；提供必要的空白，利于阅读和寻找方便。

⑤ 顺序性原则：合理安排信息在屏幕上的显示顺序。可选择按照使用顺序、习惯用法顺序、信息重要性顺序、信息的使用频度、信息的一般性和专用性、字母顺序或时间顺序等方式显示。

⑥ 结构性原则：多媒体作品的界面设计应该是结构化的，以减少其复杂度，结构化应该与用户知识结构相兼容。

⑦ 文本和图形选择原则：对于多媒体应用系统运行结果的输出信息而言，若重点是要对其值作详细分析或获取准确数据，则应使用字符、数字方式显示；若重点是要了解数据总特性或变化趋势，则使用图形方式更有效。

⑧ 输出显示原则：充分利用计算机系统的软硬件资源，采用图形和多窗口显示，可以在交互输出中改善人机界面的输出显示能力。

⑨ 色彩使用原则：合理使用色彩显示，可以美化人机界面外观、改善人的视觉印象，同时加快有用信息的查找速度，并减少错误。

(2) 界面设计过程。包括界面设计分析和确定界面类型。

① 界面设计分析。即收集到有关用户及其应用环境信息之后，进行用户任务分析及用户特性分析等。用户任务分析旨在按照界面规范说明设计界面，选择界面设计类型，并确定设计的主要组成部分。用户特性分析旨在弄清楚使用该界面的用户类型，要了解用户使用系统的频率、用途，并对用户综合知识和技能进行测试。

② 确定界面类型。目前有多种界面设计类型，如问答型、菜单按钮型、图标型、表格填写型、命令语言型，自然语言型等。选择类型时，要从用户状况出发，决定对话应提供的支持级别和复杂程度，要匹配界面任务和系统需要，对交互形式进行分类。

(3) 媒体作品的媒体设计。不同媒体在应用系统中各具特点，具体表现如下：

① 文字。文字是叙述性可视的媒体，可以用显示方式、旁白方式或者两者并用表示。文字适合描述概念和内容，旁白则适合于演说和解释。

② 图形。图形既可以表达主题，也用来规划分割界面。图形可以是写实的，也可以是象征的。

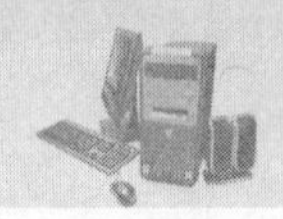

③ 静态照片。照片可以传递影像和信息，增加视觉的丰富程度，吸引观众的注意力。

④ 图表。图表可以让信息一目了然，便于用户作比较式的阅读。图表的种类和样式繁多，可以组合出一主题元素。

⑤ 影像和动画。影像和动画具有高度的真实感、描述性和娱乐性。使用影像可以通过以时间为基础的方式来传达信息。

⑥ 配音和音乐。在提供视觉表现的同时增加配音，具有强调重点和增加娱乐的作用，容易接近用户。音乐赋予作品情绪和情调，唤起用户的感觉，具有高度的娱乐性。音乐是所有媒体中最富有隐喻性的。音乐的运用可以产生特殊的效果，选择得当，可以避免平淡无味。

3. 多媒体作品的交互设计

人机界面是指用户与计算机系统的接口，它是联系用户和计算机硬件、软件的一个综合环境。在多媒体作品中，通过用户界面设置交互方式来实现交互控制。

在用户界面上放置的类型可以是文本输入区域、按钮、下拉菜单、热区域、热对象、拖动的目标区域等。一般地，交互方式是通过键盘和鼠标进行的，可按键盘上指定的键或任意键，单击、双击或拖动鼠标来激活交互信息的显示。

通过程序设计，能对条件判断、限定时间和限定输入次数等进行控制，实现对反馈信息的激活显示。超文本和超媒体链接也常用到交互设计中。

2.5.3 多媒体作品的创作工具

1. 多媒体作品的创作工具概述

(1) 多媒体创作工具的特征。一般地，多媒体创作工具都具有以下特征。

① 创作环境：用于创作的整套硬件、固化软件和软件。

② 创作系统：环境中所有专门用于创作的软件程序。

③ 创作工具：环境中一个专门用于创作的软件程序，它可完成一项或多项创作任务。

④ 集成工具：用于安排多媒体对象、处理其时空关系使之集成为一个作品或应用软件的工具。

因此，使用多媒体创作工具能简化多媒体的创作，使创作者可以不必关心多媒体程序的各个细节，而只要创作多媒体的一些对象、一个系列或者整个应用程序。

(2) 多媒体创作工具的种类。每一种多媒体创作工具都提供了不同的应用开发环境，并具有各自的功能和特点，适用于不同的应用范围，根据多媒体创作工具的创作方法和特点的不同，可将其划分如下几类：

① 以时间为基础的多媒体创作工具。以时间为基础的多媒体创作工具所制作出来的节目最像电影或卡通片，它们是以可视化的时间轴来决定事件的顺序和对象显示上演的时段，这种时间轴包括许多行道或频道，以便安排多种对象同时呈现，它还可以用来编辑控制转向一个序列中的任何位置的节目，从而增加了导航和交互控制，通常该类多媒体创作工具中都会有一个控制播放的面板，它与一般录音机的控制面板类似。在这些创作系统中，各种成分和事件按时间路线组织，这种控制方式的优点是操作简便，形象直观，在一个时间段内，可任意调整多媒体素材的属性。缺点是要对每一素材的呈现时间作精确的安排，调试工作量大，这类多媒体创作工具的典型产品有 Director 和 Flash 等[1]。

---

① https://baike.baidu.com/item/%E5%A4%9A%E5%AA%92%E4%BD%93%E4%BD%9C%E5%93%81/2169903?fr=aladdin

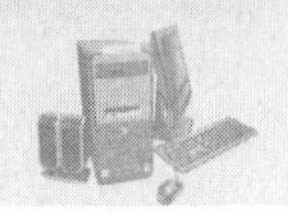

② 以图标为基础的多媒体创作工具。在这些创作工具中，多媒体成分和交互队列(事件)按结构化框架或过程图标为对象，它使项目的组织方式简化，而且多数情况下是显示沿各分支路径上各种活动的流程图。创作多媒体作品时，创作工具提供一条流程线(Line)，供放置不同类型的图标使用，使用流程图隐语去“构造”程序，多媒体素材的呈现是以流程为依据的，在流程图上可以对任意图标进行编辑。优点是调试方便，在复杂的结构中，这个流程图对开发过程特别有用。缺点是当多媒体应用软件制作很大时，图标与分支很多，这类创作工具有Authorware等。

③ 以页式或卡片为基础的多媒体创作工具。以页式或卡片为基础的多媒体创作工具都是提供一种可以将对象链接页面或卡片的工作环境。一页或一张卡片便是数据结构中的一个节点，它类似于教科书中的一页或数据袋内的一张卡面，只是这种页面或卡片的数据比教科书上的一页或数据包内一张卡片的数据多样化罢了。在多媒体创作工具中，可以将这些页面或卡片连接成有序的序列。

这类多媒体创作工具是以面向对象的方式来处理多媒体元素，这些元素用属性来定义，用剧本来规范，允许播放声音元素以及动画和数字化视频，在结构化的导航模型中，可以根据命令跳转到所需的任何一页，形成多媒体作品。优点是便于组织和管理多媒体素材。缺点是在要处理的内容非常多时，卡片或页面数量过大，不利于维护与修改。这类创作工具主要有Tool Book及微软公司的PowerPoint等。

④ 以传统程序语言为基础的创作工具。需要大量编程，可重用性差，不便于组织和管理多媒体素材，且调试困难，如Visual C++，Visual Basic等。其他如综合类多媒体节目编制系统则存在着通用性差和操作不规范等缺点。

2. 典型多媒体作品创作工具

(1) Authorware简介。Authorware是一种解释型、基于流程的图形编程语言。Authorware被用于创建互动的程序，其中整合了声音、文本、图形、简单动画，以及数字电影。

它是一个图标导向式的多媒体制作工具，使非专业人员快速开发多媒体软件成为现实，其强大的功能令人惊叹不已。Authorware无须传统的计算机语言编程，只通过对图标的调用来编辑一些控制程序走向的活动流程图，将文字、图形、声音、动画、视频等各种多媒体项目数据汇在一起，就可达到多媒体软件制作的目的。Authorware这种通过图标的调用来编辑流程图用以替代传统的计算机语言编程的设计思想，是它的主要特点。

MacromediaDirector的电影业可以整合到Authorware项目中。Xtras，或add-ins，也可以用于Authorware功能的扩展，这类似于HyperCard的XCMD。通过变量、函数以及各种表达式，Authorware的力量可以进一步地被开启。

(2) PowerPoint简介。Microsoft Office PowerPoint是微软公司的演示文稿软件。用户可以在投影仪或者计算机上进行演示，也可以将演示文稿打印出来，制作成胶片，以便应用到更广泛的领域中。利用Microsoft Office PowerPoint不仅可以创建演示文稿，还可以在互联网上召开面对面会议、远程会议或在网上给观众展示演示文稿。Microsoft Office PowerPoint做出来的东西叫演示文稿，其格式后缀名为：ppt、pptx；或者也可以保存为：pdf、图片格式等。2010及以上版本中可保存为视频格式。演示文稿中的每一页就叫幻灯片，每张幻灯片都是演示文稿中既相互独立又相互联系的内容。PowerPoint具有以下几个主要特点。

① 强大的制作功能。文字编辑功能强、段落格式丰富、文件格式多样、绘图手段齐全、色彩表现力强等。

② 通用性强，易学易用。PowerPoint 是在 Windows 操作系统下运行的专门用于制作演示文稿的软件，其界面与 Windows 界面相似，与 Word 和 Excel 的使用方法大部分相同，提供有多种幻灯版面布局，多种模板及详细的帮助系统。

③ 强大的多媒体展示功能。PowerPoint 演示的内容可以是文本、图形、图表、图片或有声图像，并具有较好的交互功能和演示效果。

④ 较好的 Web 支持功能。利用工具的超级链接功能，可指向任何一个新对象，也可发送到互联网上。

⑤ 一定的程序设计功能。提供了 VBA 功能（包含 VB 编辑器 VBE）可以融合 VB 进行开发。

(3) Adobe Flash 简介。Flash 和 Director 同是美国的 MACROMEDIA 公司推出的优秀软件。它是一种交互式动画设计工具，用它可以将音乐，声效，动画以及富有新意的界面融合在一起，以制作出高品质的动态效果。

Flash 使用矢量图形和流式播放技术。与位图图形不同的是，矢量图形可以任意缩放尺寸而不影响图形的质量；流式播放技术使得动画可以边播放边下载，从而缓解了网页浏览者焦急等待的情绪，使所出作品最大程度支持网络传输。

Flash 通过使用关键帧和图符使得所生成的动画(. swf)文件非常小，几千字节的动画文件已经可以实现许多令人心动的动画效果，用在课件设计上不仅可以使课件更加生动，而且小巧玲珑，上传、下载迅速，使得课件便于网上交流。Flash 把音乐，动画，声效，交互方式融合在一起，越来越多的人已经把 Flash 作为课件动画设计的主要工具，并且创作出了许多令人叹为观止的动画课件（电影）效果，而且在 Flash4. 0 的版本中已经可以支持 MP3 的音乐格式，这使得加入音乐的动画文件也能保持小巧的“身材”。

Flash 强大的动画编辑功能使得设计者可以随心所欲地设计出高品质的动画，通过 ACTION 和 FS COMMAND 可以实现交互性，使 Flash 具有更大的设计自由度，另外，它与当今最流行的课件设计工具 Director 配合默契，可以制作出优秀的幼儿多媒体课件。

(4) Adobe Animate CC 2017 简介。Animate 由原 Flash 更名得来，维持原有 Flash 开发工具支持外新增 HTML 5 创作工具，为网页开发者提供更适应现有网页应用的音频、图片、视频、动画等创作支持。Animate CC 将拥有大量的新特性，特别是在继续支持 Flash SWF、AIR 格式的同时，还会支持 HTML5 Canvas、WebGL，并能通过可扩展架构去支持包括 SVG 在内的几乎任何动画格式。

Animate 是 Adobe 最新开发的新型 html 动画编辑软件，新版支持简体中文，并引入了一些令人激动的全新的功能，不仅支持摄像头、创建和管理画笔、支持画笔压力和斜度，还拥有舞台增强功能、对 HTML5 Canvas 和 WebGL 等多种输出提供原生支持，并可以进行扩展以支持 SnapSVG 等自定义格式。

第3章
多媒体图像处理

3.1 Photoshop CC 2017 介绍

在数目众多的图像处理软件中，Adobe 公司推出的 Photoshop 以其强大的功能和突出的效果，成为这个领域中非常流行的软件之一。对于摄影师来说，Photoshop 提供了强大的图像后期处理，用户可以快速合成各种景物，创造出精美的图片。对于印刷行业人员来说，Photoshop 提供扫描、修改图像，设计彩色印刷品等，然后根据不同需要应用到产品的包装上。对于从事广告设计的人员来说，提供了无限的创造设计发展空间，把作品从一张白纸变为一个令人惊叹的图像广告。第 3 章即以 Photoshop CC 2017 版为例，由浅入深详细介绍 Photoshop 主要用途及操作方法。

3.1.1 主要功能和应用

Photoshop 的主要应用方向分为平面设计(见图 3－1)、摄影后期处理、Web 图像设计及处理、辅助网页设计、视觉 UI 设计(基础 3D 设计)。

在平面设计领域，Photoshop 已经完全渗透到了平面广告、包装、海报、书籍装帧、印刷制版等各个环节。

在数码摄影后期处理方面，Photoshop 可以完成从照片的扫描输入，到相机校准、图像修正，再到分色输出等一系列专业化的工作。无论是色彩与色调的调整，照片修复增强，还是图像创造性的合成，在 Photoshop 中都可以找到最佳最完备的解决方案(见图 3－2)。

图 3－1　Photoshop 平面设计

图 3－2　Photoshop 数码摄影后期

此外，Photoshop 还可以用于设计和制作网页页面，借助于各类平面设计工具，完成网页各元素的设计，例如导航栏、菜单、按钮，页面背景等(见图 3－3)。同时可以将制作好的网页

原型，切图导入 Adobe Dreamweaver 等网页制作软件。

在视觉 UI、界面设计方面，Photoshop 依然是工业界的首选(见图 3-4)。从以往的桌面软件界面、游戏美工，再到如今各类手机 APP 界面、智能硬件 UI，Photoshop 无一不体现强大的设计感，利用各种渐变工具、图层样式和滤镜功能可以模拟出各种真实材料质感和光影特效。

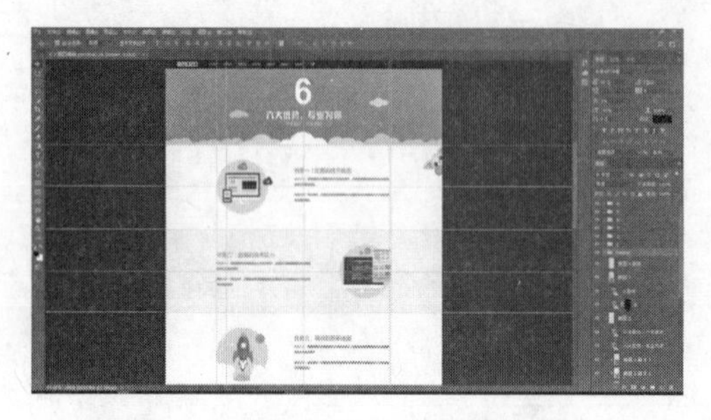

图 3-3 Photoshop 网页辅助设计

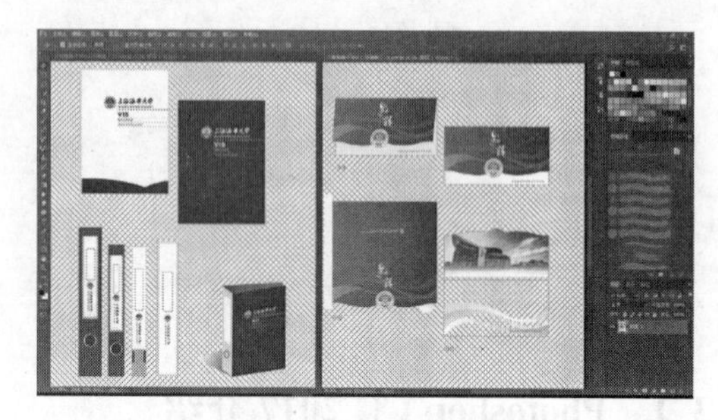

图 3-4 Photoshop UI 设计

3.1.2 工作界面

Photoshop 的工作界面主要由以下几个部分组成：菜单栏、工具箱、工具箱选项栏、标题栏、文档窗口、状态栏以及面板组件(见图 3-5)。

图 3-5 Photoshop 工作界面

菜单栏：菜单中包含可以执行的各种命令。单击菜单名即可打开相应下拉菜单，Photoshop 一级菜单为 11 项，【文件】【编辑】【图像】【图层】【文字】【选择】【滤镜】【3D】【视图】【窗口】【帮助】。

标题栏：显示当前编辑文档名称、文件格式、窗口缩放比例、色彩模型等信息。如果文档中包含多个图层，则标题栏还会显示当前工作图层的名称。

工具箱：包含用于执行各种操作的工具，如创建选区、画笔工具、文字工具、裁剪工具等。

工具箱选项栏：用来设置工具的各种选项，它会随所选工具的不同而改变选项内容。

面板组件：可以用来观察信息，选择颜色、管理图层、通道、路径和历史记录等，用户可自

定义各面板组件。此外，Photoshop在一级菜单【窗口】中【工作区】选项中也设定了几种默认面板配置方案，有的偏向于绘图、有的偏向于摄影后期、有的偏向于网页设计。

状态栏：可以显示文档大小、文档尺寸、当前工具和窗口缩放比例等信息。

文档窗口：文档窗口是显示和编辑图像的主区域。

3.1.3　工具箱按钮介绍

Photoshop的工具箱包含了用于创建和编辑图像、文字、段落、路径乃至页面元素的各种工具按钮，如图3-6所示。这些工具按钮按照用途可划分为【选择工具】【裁剪和切片工具】【测量工具】【修饰工具】【绘图和文字工具】和【导航工具】等7组。

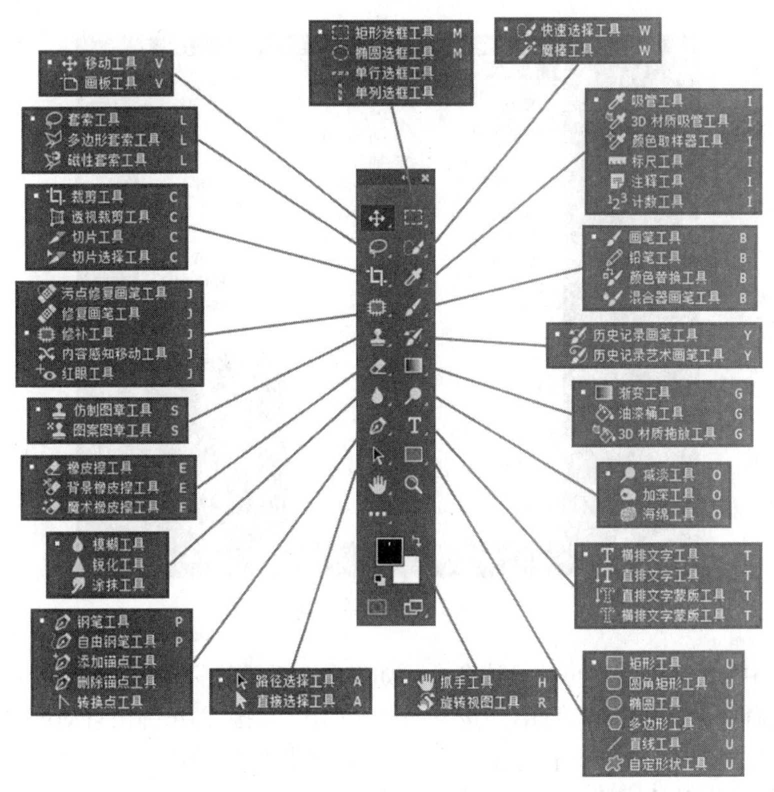

图3-6　Photoshop工具箱一览

默认情况下，工具箱停放在窗口左侧。将光标放在工具箱顶部“双箭头”位置，单击并向右拖动鼠标，可以将工具箱停放在窗口任意位置。

单击工具箱中的一个工具即可选择该工具，如图3-7所示。如果工具右下角带有三角形图标，则表示这是一个工具组，在这样的工具组上按住鼠标右键可以显示隐藏的工具，单击相应工具即可使用，工具组按钮旁的大写英文字母代表使用该工具的键盘快捷方式。

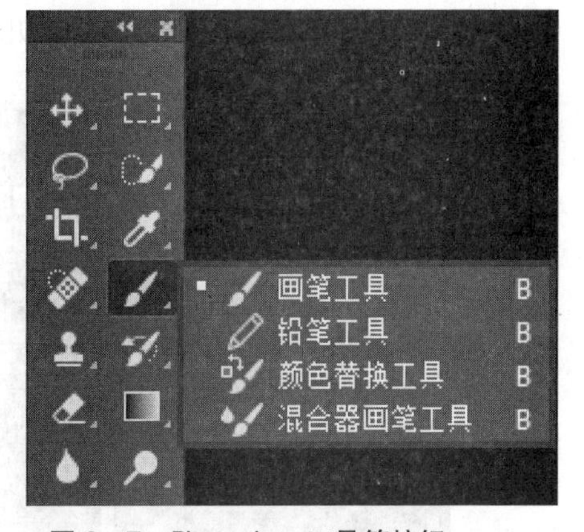

图3-7　Photoshop工具箱按钮

菜单栏下方的工具箱选项栏用来设置工具的选项，它会随着所选工具的不同而改变选项内容。如

图 3-7、图 3-8 所示，当选择画笔工具后，即可通过该工具栏设定画笔工具的模式、不透明度、流量等参数。

图 3-8　画笔工具设置选项

3.1.4　了解菜单及面板

Photoshop 中 11 个主菜单内都包含一系列命令。在各个菜单中，不同功能的命令之间采用分割线隔开。带有黑色三角标记的命令表示还包含三级子菜单，如图 3-9 所示。

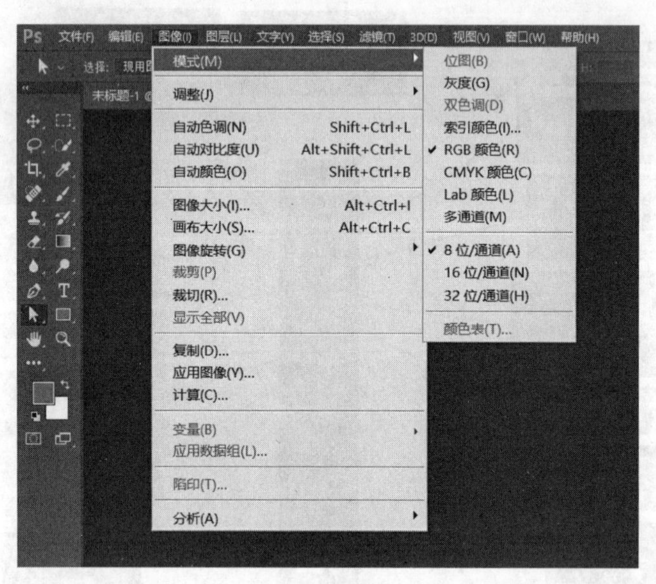

图 3-9　菜单选项

选择菜单中的一个命令即可执行该命令。如果命令后面还标注快捷键，则可通过键盘快捷键快速执行该命令。如图 3-9 所示，当按下 Shift+Ctrl+L 键，即可弹出自动色调操作对话框。

除了菜单之外，Photoshop 中包含 20 多种面板，面板主要是用于观察各类图像信息，快速选择图层，快捷选择颜色或调整命令。在一级菜单“窗口”中可以选择将需要的面板打开。默认情况下，面板以选项卡的形式成组出现，并停靠在窗口右侧。在面板选项卡中，单击一个面板的名称，即可显示面板中的选项，如图 3-10 所示。

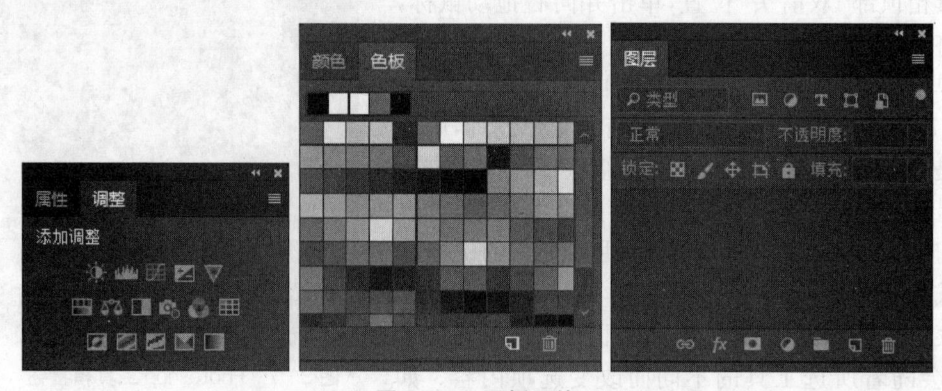

图 3-10　面板组件

3.2　图层及其操作

在 Photoshop 中，图层几乎承载了所有的编辑操作，因而图层是图像处理的核心基石之一，它涵盖的功能非常庞大，本节将详细介绍图层的基本原理和主要操作方法。

3.2.1　图层的原理

从管理图像的角度来看，图层类似保管图像的"文件夹"；从图像合成的角度来看，则图层就如同堆叠在一起的透明纸。每一张纸(图层)上都保存着不同的图像，我们可以透过上面图层的透明区域看到下层图像，如图 3-11 所示。

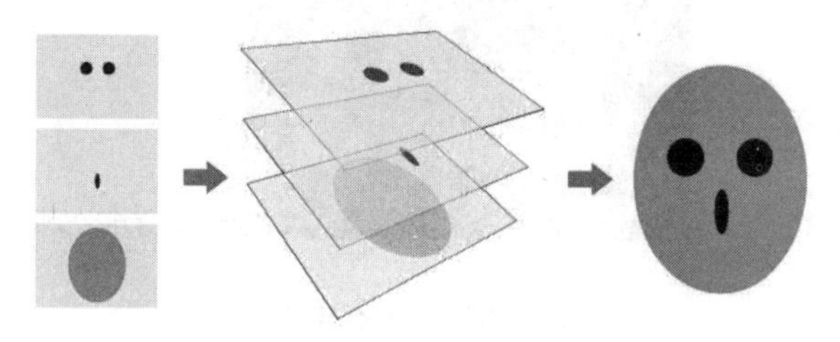

图 3-11　图层示意

各个图层中对象都可以单独处理，而不会影响其他图层中的内容，图层可以移动，也可以调整图层堆叠顺序。除"背景"图层外，其他图层都可以通过调整不透明度，让图像内容变得透明，还可以修改图层混合模型，让上下层的图像产生特殊的混合效果。不透明度和混合模型可以任意区间调节，并且不会对图像产生永久影响，即图像未损伤。通过各个图层旁"眼睛"图标可以切换图层的可视性。图 3-12 为 Photoshop 中的图层。

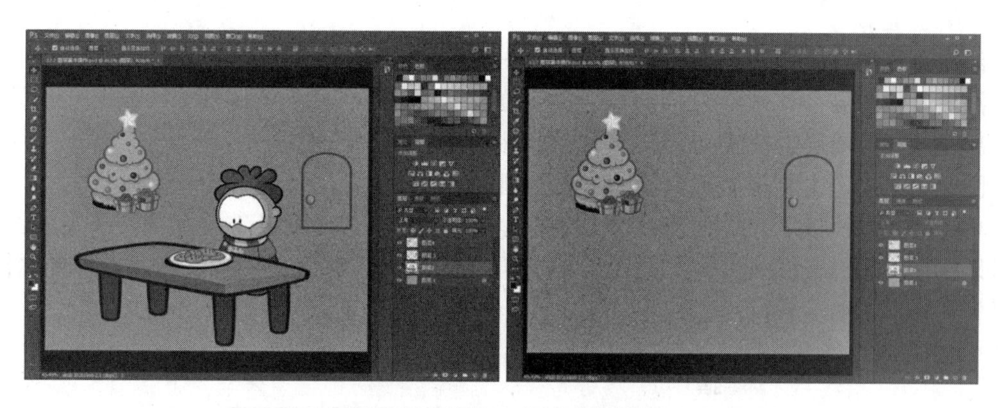

图 3-12　Photoshop 中的图层

3.2.2　图层面板及基本操作

图层面板用于创建、编辑和管理图层，以及为图层添加样式。面板中列出了文档中包含的所有的图层、图层组合图层效果，如图 3-13 所示。

图层类型：当图层数量较多时，可在该选项下拉列表中选择一种图层类型(包括名称、效果、模式、属性和颜色)，让图层面板只显示此类图层，隐藏其他类型的图层。

图层混合模式：用来设置当前图层的混合模式，使之与下一图层中的图像产生混合。

填充和不透明调整：前者用来设置当前填充不透明度，不影响图层效果；后者使图像呈现

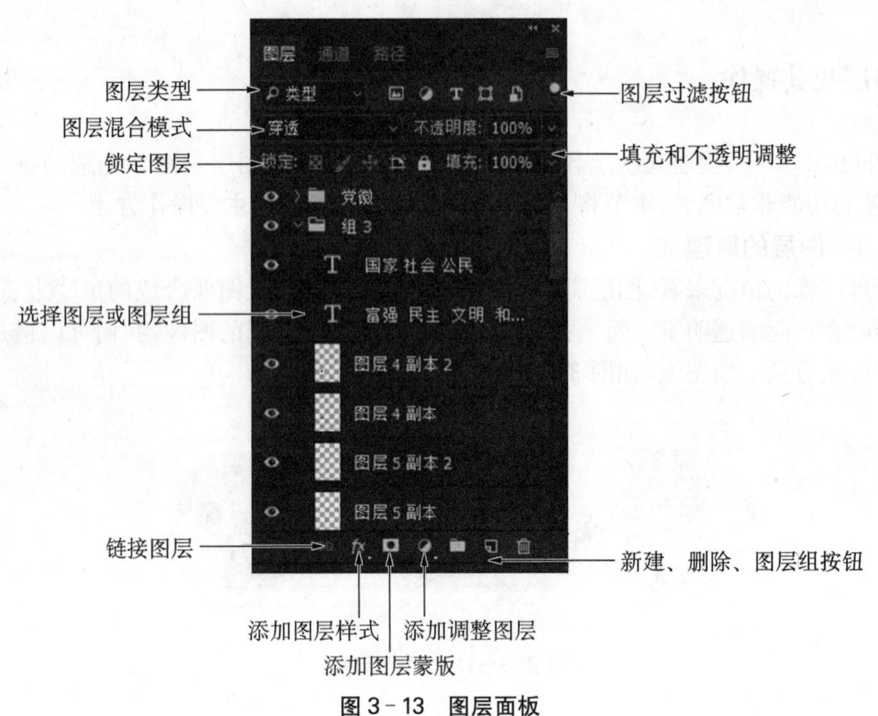

图 3-13 图层面板

透明状态,让下面图层中的图像内容显示出来。

锁定图层:用来锁定当前图层,使之不可编辑。

链接图层:用来链接当前选择的多个图层。

添加图层样式:单击该按钮,在打开的下拉菜单中选择一个效果,可以为当前图层添加样式。

添加图层蒙版:单击该按钮,可以为当前图层添加图层蒙版,用于遮盖图像。

添加调整图层:单击该按钮,在打开的下拉菜单中选择创建新的调整图层或填充图层。

新建、删除、图层组按钮:用于创建或删除图层以及图层组的创建。

图层基本操作主要涉及新建、复制、移动、删除、链接图层,下面逐一介绍:

单击【图层】面板下方的【创建新图层】按钮,在所选择的图层之上自动生成一个新的图层。也可以执行【图层】→【新建】→【图层】命令,打开【新建图层】对话框,可以对图层的【名称】【颜色】【模式】【不透明度】进行设置,单击【确定】按钮,完成图层创建(见图 3-14)。

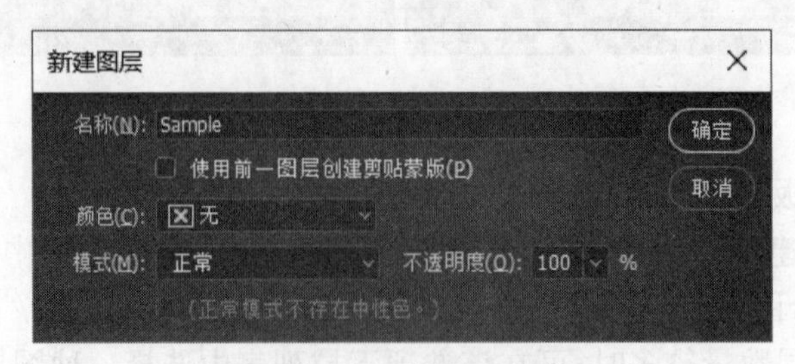

图 3-14 新建图层对话框

【通过拷贝的图层】命令新建图层,也是图层复制一种,通过执行【图层】→【通过拷贝的图层】命令,对选中的图层进行复制,在【图层】面板中生成一个图层(见图 3-15)。该命令是高

频操作之一，快捷键 Ctrl+J。

第三种新建图层方式，【通过剪切的图层】命令新建图层，首先要对图像进行选区创建，然后执行【图层】→【通过剪切的图层】命令，对选区内的图像进行剪切并在【图层】面板中新建一个图层，如图 3-16 所示。使用该命令完成了图中【饼干】剪切移动并专门为【饼干】建立了一个新图层。该命令同样是高频操作之一，请大家学习掌握用快捷键 Ctrl+Shift+J 操作。

图 3-15　图层复制

图 3-16　通过剪切的图层

在【图层】面板中单击【创建新组】按钮，即可创建一个图层组，也可以通过执行【图层】→【新建】→【组】命令创建图层组。新建图层组后，通过对图层的移动，可以将图层移入或移出图层组，选择需要移动的图层，拖动鼠标将图层进行移动至图层组内或外即可。

如果需要同时对几个图层进行移动或编辑，可以使用链接图层的方法链接两个或更多个图层或组，可以对链接后的图层进行一起拷贝、粘贴、对齐、合并、应用变换和创建剪贴组等操作，通过这种方式能够快捷地对图像进行处理(见图 3-17)。

图 3-17　图层链接

图 3-18　不透明度

3.2.3　图层混合模式

在学习“图层混合模式”之前首先介绍“不透明度”概念。“不透明度”用于控制图层、图层组中绘制的像素和形状的不透明度(见图 3-18)，如果对图层应用了图层样式，则图层样式的不透明度也会受到该值的影响。“填充”(填充不透明度)只影响图层中绘制的像素和形状的不透明度，不会影响图层样式的不透明度。“不透明度”和“填充”属于非破坏性编辑。

混合模式是 Photoshop 的核心功能之一，它如同不透明度调整，用于控制当前图层中的像素与它下面图层的像素如何混合，主要使用在图像合成、制作选区和特殊效果，该操作不会对图像造成任何实质性破坏(见图 3-19)。

在 Photoshop 中，混合模式分为 6 组，共 27 种，每一组的混合模式都可以产生相似的效果

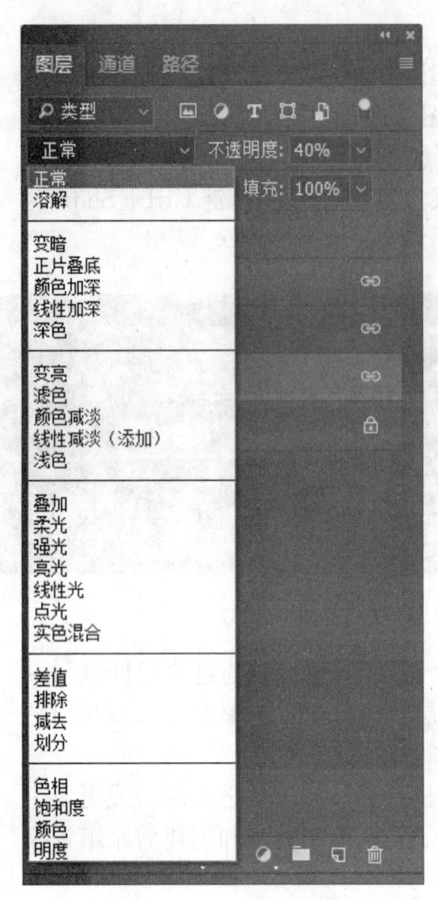

图 3－19　图层混合模式

或者有着相近的用途。

组合模式组中的混合模式需要降低图层的不透明度才能产生作用。

加深模式组中的混合模式可以使图像变暗，在混合过程中，当前图层中的白色将被底层较暗的像素替代。

减淡模式组与加深模式组产生的效果截然相反，它们可以使图像变亮。图像中的黑色会被较亮的像素替代，而任何比黑色亮的像素都可能加亮底层图像。

对比模式组的混合模式可以增强图像的反差。在混合时，50％的灰色会完全消失，任何亮度值高于50％灰色的像素都可能使底层的图像变亮，亮度值低于50％灰色的像素则可能使底层图像变暗。

比较模式组中的混合模式可以比较当前图像与底层图像，然后将相同的区域显示为黑色，不同的区域显示为灰度层次或彩色。如果当前图层中包含白色，白色的区域会使底层图像反相，而黑色不会对底层图像产生影响。

使用**色彩模式**组中的混合模式时，会将色彩分为3种成分（色相、饱和度和亮度），然后再将其中的一种或两种应用在混合后的图像中。

在阐述完相关核心概念后，我们选取混合模式中四个典型案例进行操作讲解：

组合模式中以【正常】混合模式为例，并结合本章一开始提到的“不透明度”，我们导入两张素材图片至Photoshop，分别建立图层【图书馆-外】和【图书馆-内】（见图3－20）。前者至于底层，后者置于顶层。选中顶层图层【图书馆-内】，混合模式选中【正常】，【不透明度】设置为40％，即可呈现两个图层若隐若现效果，下层图像混合至上层图像。读者可以通过调节上层图层【不透明度】来观察效果变化。

加深模式中选择【正片叠底】为例，该模式将当前图层中的像素与底层的白色混合时保持不变，与底层的黑色混合时则被其替换，混合结果通常会使图像变暗，使画面具有较强烈对比感。具体操作时，导入图片素材至Photoshop，选择【背景图层】，使用快捷键Ctrl＋J复制一个新的【背景图层】副本并选中该副本，在混合模式中选择【正片叠底】即可生效。如图3－21所示，左图为正常效果，右图为正片叠底效果。具体使用时，还可以调节【不透明度】来控制正片叠底的强烈程度。

减淡模式中则选择与【正片叠底】相反的【滤色】模式为例，该模式可以使图像产生漂白的效果，类似于多个摄影幻灯片在彼此之上投影。如图3－22所示。

色彩模式中选择日常使用较为频繁的【色相】混合模式进行说明，色相模式是将当前图层的色相应用到底层图像的亮度和饱和度中，可以改变底层图像的色相，但不会影响其亮度和饱和度。对于黑色、白色和灰色区域，该模式不起作用。如图3－23所示，在导入图片素材后，我

图3-20 正常混合

图3-21 正片叠底

图3-22 滤色

图 3-23 色相混合

纯色...
渐变...
图案...
亮度/对比度...
色阶...
曲线...
曝光度...
自然饱和度...
色相/饱和度...
色彩平衡...
黑白...
照片滤镜...
通道混合器...
颜色查找...
反相
色调分离...
阈值...
渐变映射...
可选颜色...

图 3-24 填充或调整图层选项

们在【背景图层】之上新建一个图层，并使用【渐变工具】完成当前图层的渐变填充，然后将这一图层的混合模式设为【色相】即完成了相应混合效果。通常在制作 PPT 渐变效果封面时经常用到此操作，用渐变层盖印图片层，并将底层图片【不透明度】降低。

3.2.4 调整与填充图层

单击图层面板【创建填充或调整图层】按钮会出现如图 3-24 所示的下拉框，前三项为填充图层选项，其余均为调整图层选项。本节将简要介绍这两种图层应用场景和基本操作方法。

调整图层是一种特殊的图层，它可以将颜色和色调调整应用于图像，但不会改变原图像的像素，因此，不会对图像产生实质性的破坏。在 Photoshop 中，图像色彩与色调的调整方式有两种：一种方式是执行【图像】→【调整】下拉菜单中的命令；另一种便是使用调整图层来操作。如图 3-25 所示，导入图片素材【灯塔】后，画面整体感觉亮度不足，颜色整体偏蓝，此时单击图层面板【创建填充或调整图层】按钮，依次调整两个图层【色彩平衡】以及【亮度/对比度】，通过相关滑块操作，对图像进行简单的修复。由于应用了调整图层，两项操作调整仅存储在调整图层中，并影响它下面的图层，不会修改原始图像数据，此外只要隐藏或删除调整图层，便可以将图像恢复为原来状态。如果对调整效果不满意，还可

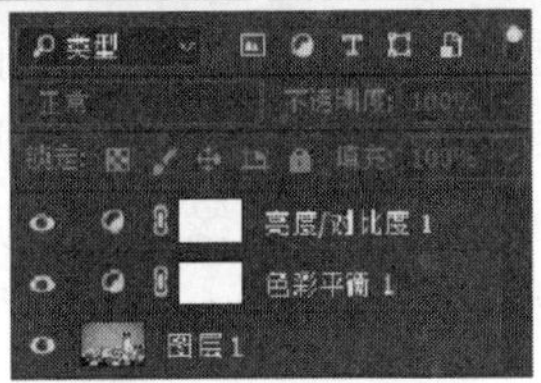

图 3-25　调整图层

以单击调整图层旁按钮，不断修正调整效果。

填充图层则是指在图层中填充纯色、渐变或图案而创建的特殊图层，为它设置不同的混合模式和不透明度后，可以修改其他图像的颜色或生成各种图像效果。其基本操作步骤和调整图层相近，3.2.3 节中关于【色相】混合模式操作，如果采用填充图层的方式其实可以更快完成后期效果，读者可以结合上一小节的知识点，利用填充图层完成如图 3-23 所示的操作。

3.2.5　图层样式

图层样式即图层效果，它可以为图层中的图像添加诸如投影、发光、浮雕和描边等效果，创建具有真实质感的水晶、玻璃、金属和纹理特效。图层样式可以随时修改、隐藏或删除，具有非常强的灵活性。此外，使用系统预设的样式，或者载入外部样式，可以快速将效果应用于图像。

如果要为图层添加样式，可以先选中这一图层，然后采用下面任意一种方法打开【图层样式】对话框，进行效果设定。

(1) 打开【图层】→【图层样式】下拉菜单，执行一个效果命令，并进入到相应效果的设置面板，如图 3-26 所示。

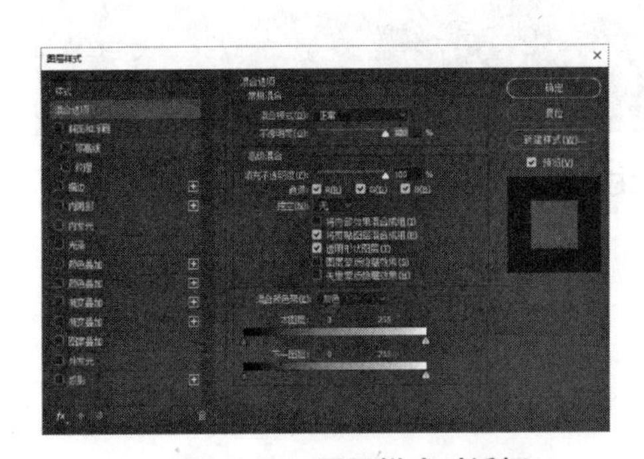

图 3-26　图层样式对话框

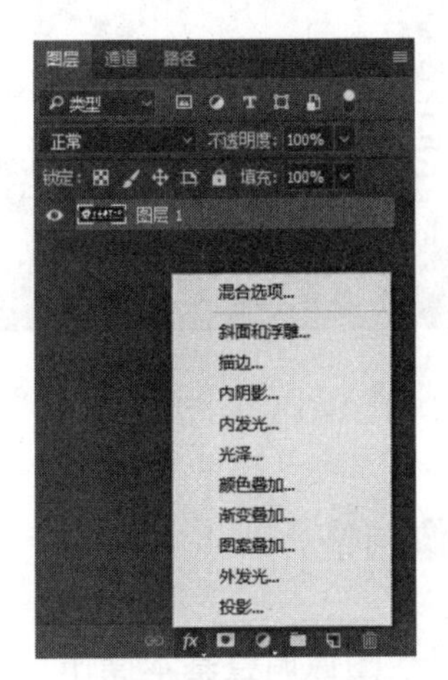

图 3-27　通过图层面板来添加图层样式

(2) 在【图层面板】中单击添加图层样式按钮，打开下拉菜单，并执行一个效果命令，同样可以打开【图层样式】对话框并进入到相应效果的设置面板，如图 3-27 所示。

（3）双击需要添加效果的图层，可以打开【图层样式】对话框，在对话框左侧选择要添加的效果，即可切换到效果的设置面板。

下面以一个具体的例子来说明添加图层样式的基本操作，导入图片素材【上海海事大学Logo】，选中Logo所在图层，双击进入【图层样式】对话框。本例以【斜面和浮雕】样式为例，【斜面和浮雕】效果可以对图层添加高光与阴影的各种组合，使图层内容呈现立体的浮雕效果。如图3-28所示，进入对话框后选择【斜面和浮雕】以及【纹理】选项，在具体样式方面则有更细化选择，选择【内斜面】选项可在图层内容的内侧边缘创建斜面，选择【外斜面】选项可在图层内容的外侧边缘创建斜面，选择【浮雕效果】选项可模拟使图层内容相对于下层图层呈现浮雕状效果，选择【枕状浮雕】选项可模拟图层内容的边缘压入下层图层中产生的效果，选择【描边浮雕】选项可将浮雕应用与图层描边效果的边界。

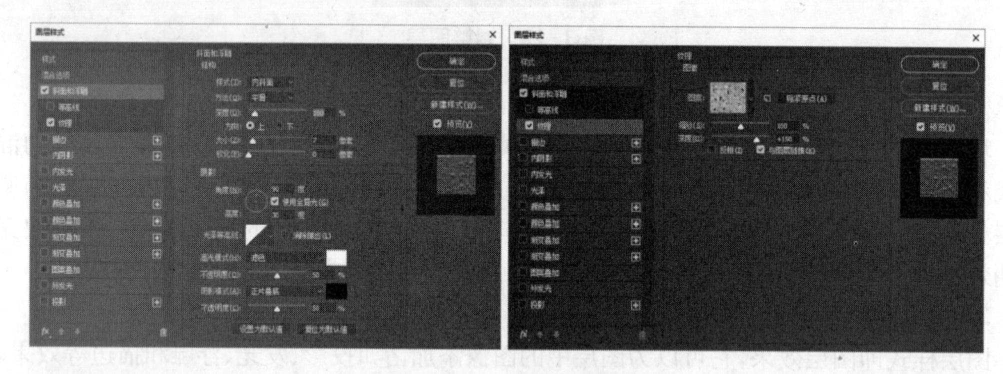

图3-28　斜面和浮雕效果

完成浮雕效果设置后，切换到【纹理】设置面板，单击图案右侧的按钮，可以在打开的下拉框中选择一个图案，并将其应用到斜面和浮雕上。这其中还有两个参数可以进行微调，【缩放】输入或拖拽滑块可以调整图案大小，【深度】用来设置图案的纹理应用程度（见图3-29）。

图3-29　图层样式应用效果对比

3.3　图像调整

3.3.1　图像调整基本操作

在Photoshop中，移动、旋转和缩放称为变换操作，扭曲和斜切称为变形操作，再加上裁剪操作，共同构成了图像调整的基本操作类型。此外，Photoshop可以对整个图层、多个图层、图层蒙版、选区、路径、矢量形状、矢量蒙版和Alpha通道进行变换和变形处理。

本节以旋转、缩放、斜切、扭曲和透视变换为例简要介绍图像调整的基本操作。导入图片素材后，将窗口比例降低，依次执行【编辑】→【自由变换】命令或使用快捷键 Ctrl＋T 显示出图像定界框。将光标放在定界框外靠近中间位置的控制点处，单击并拖动鼠标即可任意方向**旋转**图像，如图 3－30 所示。

将光标放在定界框四周的控制点上，按住 Shift 键单击并拖动鼠标即可等比例**缩放**图像(见图 3－31)，释放 Shift 键则可自由比例缩放。

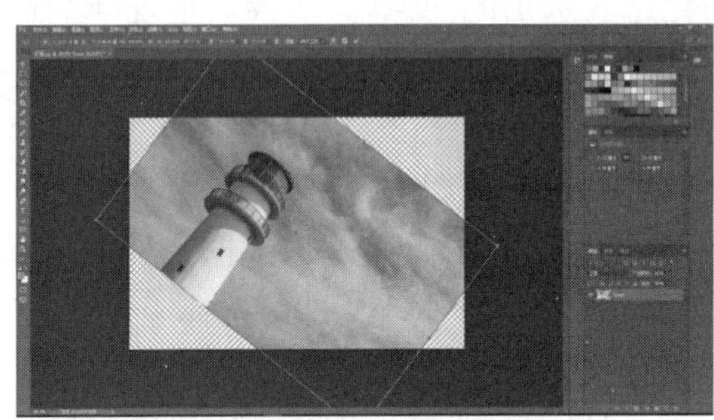

图 3－30　图像旋转

图 3－31　图像缩放

斜切操作与上述类似，在激活定界框后，将光标放在定界框外侧位于中间位置的控制点上，按住 Shift＋Ctrl 键，光标发生变化后，单击并拖动鼠标可以水平或垂直方向斜切对象，如图 3－32 所示。

图 3－32　水平和垂直斜切

扭曲和**透视变换**的操作与斜切类似，将光标放在定界框四周的控制点上，按住 Ctrl 键，单击并拖动为扭曲操作，按住 Shift＋Ctrl＋Alt 键，单击并拖动为透视变换操作(见图 3－33)。

图 3－33　扭曲和透视变换

3.3.2 选区的使用

在 Photoshop 中处理局部图像时，首先要指定编辑操作的有效区域，即创建选区。选区可以将编辑限定在一定的区域内，这样就可以处理局部图像而不会影响其他内容。如果没有创建选区，修改则会影响到整幅图像。选区还有一种用途，就是可以分离图像，例如最常见的人像抠图。

Photoshop 中可以创建普通选区和羽化选区两种类型的选区。普通选区具有明确的边界，使用它选出的图像边界清晰、准确，而使用羽化选区选出的图像，其边界会呈现渐变透明的效果，将对象与其他图像合成时，适当设置羽化可以使合成效果更加自然。

选区的创建工具有矩形选框工具、椭圆选框工具、单列选框工具、单行选框工具、套索工具、魔棒工具。本节我们选区几种常见的选区工具进行讲解。

使用**矩形选框工具**，可以在图像上创建一个矩形选区。该工具是区域选框工具中最基本且最常用的工具。单击工具箱中的【矩形选框工具】按钮，或者按下 M 键，即可选择矩形选框工具。创建**椭圆选区**类似矩形框，按住 Shift 键，在图像上拖动鼠标，还可以创建一个正圆形选区。

套索工具一般用于创建不规则的自由选区。在图像窗口中沿着图像的边缘进行拖动即能创建选区(见图 3-34)。选择套索工具后，在图像中单击并开始拖动，当终点与起点重合后，释放鼠标会闭合形成选区效果。

图 3-34 套索工具使用

多边形索套工具一般用于创建多边形选区。在图像中，沿需要选取的图像部分的边缘拖动，当终点与起点重合时，即可创建选区(见图 3-35)。

图 3-35 多边形套索工具使用

磁性套索工具一般用于快速选择与背景对比强烈且边缘复杂的对象，可沿着对象的边缘创建选区。

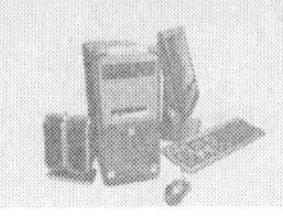

魔棒工具用于选择图像中颜色相似的不规则区域，在选项栏中可以根据图像的情况来设置参数，以便能够准确地选取需要的选区范围（见图3－36）。

图3－36 魔棒工具搭配调整边缘工具

创建选区以后，往往要对其进行加工和编辑才能使选区符合要求。【选择】菜单中包含用于编辑选区的各种命令，即平滑选区、扩展与收缩选区、羽化选区。

3.3.3 图像修饰工具应用

图像修饰工具分为四类：修复类工具、颜色修饰类工具、效果修饰工具以及擦除工具。其中：

修复类工具主要有污点修复工具（见图3－37）、修复画笔工具、修补工具、红眼工具、仿制图章工具、图案图章工具，通过这些工具，可以对图像中的瑕疵进行涂抹，还原图像完美效果。

图3－37 污点修复画笔工具

颜色修饰类工具包括加深工具、减淡工具、海绵工具，效果修饰工具涉及模糊工具、锐化工具、涂抹工具。

修复类工具中，常用的是修复画笔工具和修补工具，前者能够修复图像中的瑕疵，使瑕疵与周围的图像融合。利用该工具修复时，同样可以利用图像或图案中的样本像素进行绘画。后者与前者一样，能够将样本像素的纹理、光照和阴影等与源像素进行匹配；不同的是，前者用画笔对图像进行修复，而后者是通过选区进行修复。

颜色修饰类工具中，利用减淡工具能够表现图像中的高亮度效果，使用加深工具可以表现出图像中的阴影效果，而海绵工具主要用于精确地增加或减少图像的饱和度，在特定的区域内拖动，会根据不同图像的不同特点来改变图像的颜色饱和度和亮度。

效果修饰工具中，使用模糊工具对选定的图像区域进行模糊处理，能够让选定区域内的图像更为柔和（见图3－38），锐化工具用于在图像的指定范围内涂抹，以增加颜色的强度，使颜

图3－38 模糊工具

色柔和的线条更锐利，图像的对比度更明显，图像也变得更清晰，涂抹工具用于在指定区域中涂抹像素，以扭曲图像的边缘。

3.4 蒙版与通道

3.4.1 蒙版与通道概述

蒙版用来隔离和调节图像的特定部分，包括快速蒙版、图层蒙版，某种意义上说，通道也是一种蒙版。快速蒙版、图层蒙版和通道蒙版用黑色到白色（无彩色）进行编辑，纯白色涂抹过的地方将完全显示图像，纯黑色涂抹过的地方将完全隐藏图像，灰色为透明显示。在通常情况下使用蒙版隔离图像或创建特定的选区。

通道的主要作用是创建或存储选区，分复合通道、单色通道、Alpha 通道和专色通道四种。不同的图像模式，通道的数量也不一样。在通道中以纯白色显示的部分可以被载入，其他颜色部分不会被载入或不能被完全载入。通道常用来创建特定的选区，制作一些特殊效果的图像。

3.4.2 蒙版基本功能

蒙版是 Photoshop 中指定选择区域轮廓的最精确的方法，它实质上是一个独立的灰度图。任何绘图、编辑工具、滤镜、色彩校正、选项工具都可以用来编辑蒙版。当然，这些操作只作用于蒙版，也就是只改变选择区域的形状及边缘柔和度，图像本身保持未激活状态。

当一幅图像上有选定区域时，对图像所做的着色或编辑都只对不断闪烁的选定区域有效，其余部分好像是被保护起来了。但这种选定区域只是临时的，为了保存多个可以重复使用的选定区域以便之后编辑，就产生了蒙版。

当要给图像的某些区域运用颜色变化、滤镜和其他效果时，蒙版可以隔离和保护图像的其余区域。另外，蒙版可以把费时的选区储存为 Alpha 通道以便再次使用（Alpha 通道可以转换为选区，然后用于图像编辑）。由于蒙版是作为 8 位灰度通道存放的，所以可用所有绘画和编辑工具细调和编辑它们。在通道调板中选中一个蒙版通道后，前景色和背景色都以灰度显示。

蒙版与选取范围的功能基本相同，两者之间可以相互转换，但是又有所区别。选取范围是一个透明的虚框，而蒙版是一个半透明或不透明的有色形状遮盖，可以在蒙版状态下对被蒙版的区域进行修改、编辑甚至是滤镜、变形、转换等操作，然后转换为选区应用到图像中。

1. 快速蒙版

快速蒙版功能可以快速地将一个选区变成一个蒙版，并可以对这个蒙版进行编辑或处理，以精确选取范围，当在快速蒙版模式中工作时，【通道】调板中出现一个临时【快速蒙版】通道，其作用与将选取范围保存到通道中相同，当切换为标准模式后，快速蒙版就会马上消失，退出快速蒙版模式时，未被保护的区域就变成一个选区。

2. 图层蒙版

图层蒙版就是加在图层上的一个遮盖（见图 3－39），红色标注部分即为顶层图像的蒙版区域。可以使用图层蒙版遮蔽整个图层或图层组，或者只遮蔽其中的所选部分。也可以编辑图层蒙版，向蒙版区域中添加内容或从中删除内容。图层蒙版是灰度图像，所以在图层蒙版上用户只能用灰度值来进行操作，用黑色绘制的内容将会被隐藏，用白色绘制的内容将会被显示，而用灰色调绘制的内容将以各级透明度显示。

图3-39 蒙版示意

3.4.3 蒙版基本操作

蒙版实际上是一种灰度图像，因此用户可以像编辑其他图像那样编辑它们。对于蒙版，绘制为黑色的区域受到保护，绘制为白色的区域可进行编辑，而且蒙版可以将选区存储为Alpha通道并可重新调出使用它们，或者可以将存储的选区载入另一个图像中。

利用图层蒙版可以控制图层中的不同区域的显示或隐藏，通过更改图层蒙版，可以将大量特殊应用到图层，而不会影响该图层上的像素。建立图层蒙版的方法如下：

如果需要给整个图层添加蒙版，可以在【图层】调板中选择要添加蒙版的图层，然后执行下面操作之一。

创建显示整个图层的蒙版(见图3-40)。在【图层】调板中单击【添加图层蒙版】按钮或者执行【图层】菜单→【添加图层蒙版】→【显示全部】命令。

创建隐藏整个图层的蒙版。按住Alt键并在【图层】调板中单击【添加图层蒙版】按钮或者执行【图层】菜单→【添加图层蒙版】→【隐藏全部】命令。

如果需要给某个选区添加蒙版，先在图像中建立一个区域，在【图层】调板中单击【添加图层蒙版】按钮，或执行【图层】菜单→【添加图层蒙版】→【显示选区】命令。

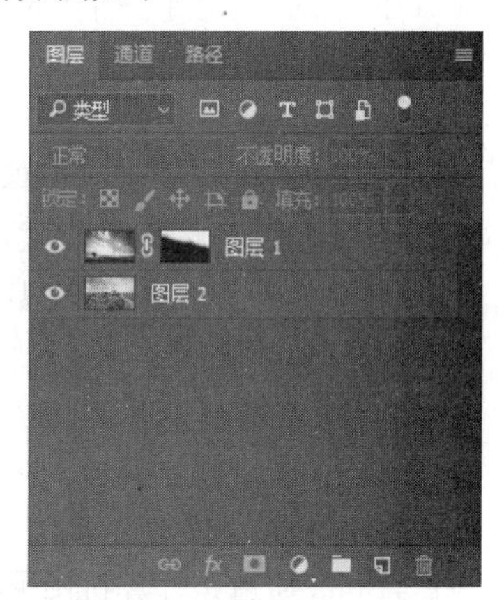

图3-40 创建图层蒙版

蒙版建立后，可以对其进行编辑和处理，以便达到满意效果。蒙版是一个独立的灰度图像，任何绘图、编辑工具、色彩校正、滤镜等都可以用来编辑蒙版。当蒙版编辑完成之后，可以移去图层蒙版、设置剪贴蒙版效果、停用图层蒙版等。

3.4.4 通道应用

通道(见图3-41)是Photoshop的一个主要元素，Photoshop中的每一幅图像都由若干通道来存储图像中的色彩信息，每个通道中都存储着关于图像中的颜色元素的信息。图像中的

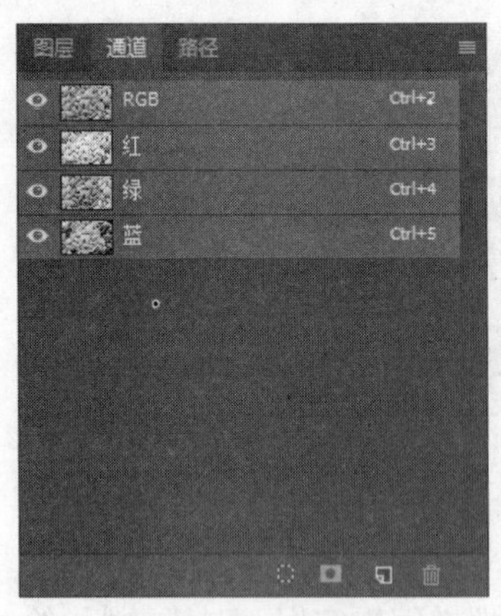

图 3-41 通道

默认颜色通道数取决于图像的颜色模式。例如在 RGB 模式下，每一个像素都是由不同比例的 RGB 三原色混合而成的，将这 3 种原色分离出来后，分别用红、绿、蓝 3 个通道来保存数据，当 3 个通道合成之后便等于原来的图像。除了默认的颜色通道外，还可以将 Alpha 通道的额外通道添加到图像中，Alpha 通道可以将选择区域作为遮罩来进行编辑和存放，另外还可以添加专色通道来为图像中的指定区域设置专色。

在 Photoshop 中涉及的通道主要有：

1. 复合通道

复合通道不包含任何信息，实际上它只是同时预览并编辑所有颜色通道的一个快捷方式。它通常被用来在单独编辑完一个或多个颜色通道后使通道调板返回到它的默认状态。对于不同模式的图像，其通道的数量是不一样的。在 Photoshop 之中，通道涉及 3 个模式。对于一个 RGB 图像，有 RGB、R、G、B 四个通道；对于一个 CMYK 图像，有 CMYK、C、M、Y、K 五个通道；对于一个 Lab、L、a、b 四个通道。

2. 颜色通道

在 Photoshop 中编辑图像时，实际上就是在编辑颜色通道。这些通道把图像分解成一个或多个色彩成分，图像的模式决定了颜色通道的数量，RGB 模式有 3 个颜色通道，CMYK 图像有 4 个颜色通道，灰度图只有 1 个颜色通道，它们包含了所有将被打印或显示的颜色。

3. 专色通道

专色通道是一种特殊的颜色通道，它可以使用除了青色、洋红、黄色、黑色以外的颜色来绘制图像。

4. Alpha 通道

Alpha 通道是计算机图形学中的术语，指的是特别的通道。有时，它特指透明信息，但通常的意思是"非彩色"通道。在 Photoshop 中制作出的各种特殊效果都离不开 Alpha 通道，它最基本的用处是保存选取范围，并不会影响图像的显示和印刷效果。当图像输出到视频，Alpha 通道也可以用来决定显示区域。

5. 单色通道

单色通道的产生比较特别，也可以说是非正常的。如果在通道调板中随便删除其中一个通道，就会发现所有通道都变成"黑白"的，原有彩色通道即使不删除也会变成灰度的了。

3.4.5 通道基本操作

对于通道，既可以在通道调板中查看其内容，在各种通道间进行切换，还可以进行复制、删除、分离和合并等操作。除了系统默认的通道外，也可以根据需要创建各种通道。在 Photoshop 通道使用中，最为常见的操作是利用通道来实现抠图（见图 3-42）以及将选区存储为通道蒙版以便后续的再编辑。前者通过观察红、绿、蓝三个通道，选区黑白对比度较高，边缘较明显的通道，执行【色彩范围】命令可以快速实现图像中物体与背景的分离。

图3-42　利用通道实现快速抠图

第4章 多媒体音频处理

Adobe Audition CC2017 是 Adobe 公司最新推出的一款优秀的音频编辑软件(以下简称为 Audition),是目前世界上最优秀的音频编辑软件之一。随着软件的不断升级,本章将从一个初学者的角度出发,循序渐进地讲解核心知识点。

4.1 Audition 界面介绍

Audition 工作界面提供了完善的音频与视频编辑功能,用户利用它可以全面控制音频的制作过程,还可以为采集的音频添加各种滤镜效果等。使用 Audition 的图形化界面,可以清晰而快速地完成音频编辑工作。Audition 工作界面主要包括标题栏、菜单栏、工具栏、面板以及编辑器等,如图 4-1 所示。

图 4-1 工作界面

1. 标题栏

位于整个窗口的顶端,显示了当前应用程序的名称,以及用于控制文件窗口显示大小的最小化按钮、最大化按钮和关闭按钮。

在标题栏左侧的图标Au上，单击鼠标左键，在弹出的菜单中，可执行还原、移动、大小、最小化、最大化以及关闭等操作，如图 4-2 所示。

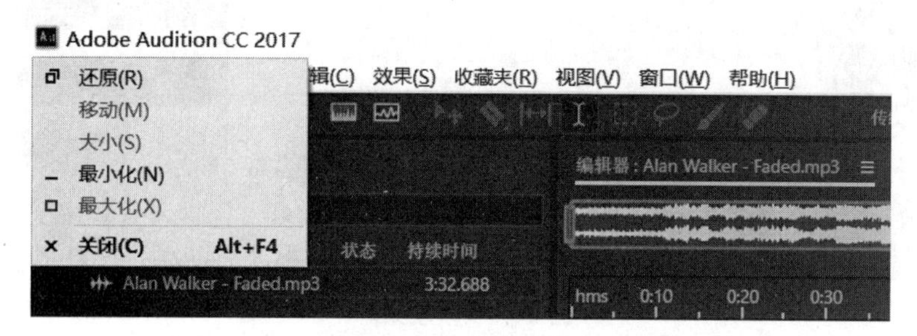

图 4-2　弹出菜单

2. 菜单栏

菜单栏位于标题栏的下方，由【文件】【编辑】【多轨】【剪辑】【效果】【收藏夹】【视图】【窗口】和【帮助】组成。

在菜单栏，各菜单的主要作用如下：

【文件】菜单：在该菜单中可以进行新建、打开和关闭文件等操作，如图 4-3 所示。

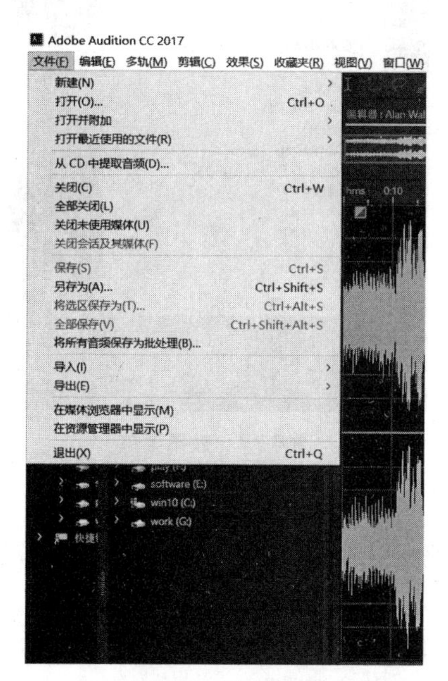

图 4-3　文件菜单

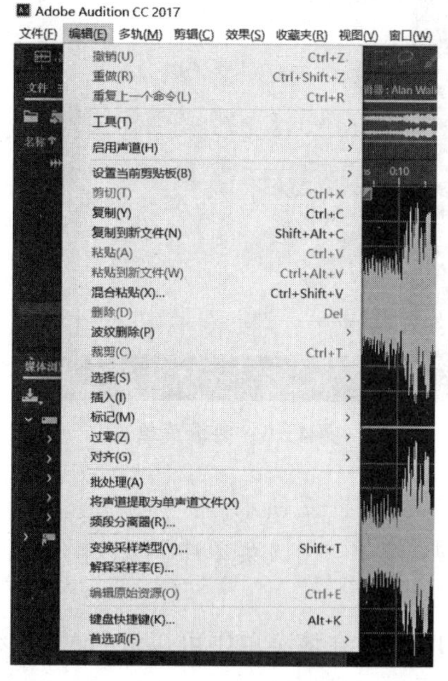

图 4-4　编辑菜单

【编辑】菜单：在改菜单中主要包含了撤销、重做、重复、剪切和复制等编辑命令，如图 4-4 所示。

【多轨】菜单：在该菜单中可以进行添加轨道、插入文件、设置节拍器等操作，如图 4-5 所示。

【剪辑】菜单：在该菜单中可以进行拆分、重命名、静音、分组、伸缩、淡入淡出等操作，如图 4-6 所示。

【效果】菜单：在该菜单中可以进行振幅与压限、延迟与回声、诊断、滤波与均衡、调制以及

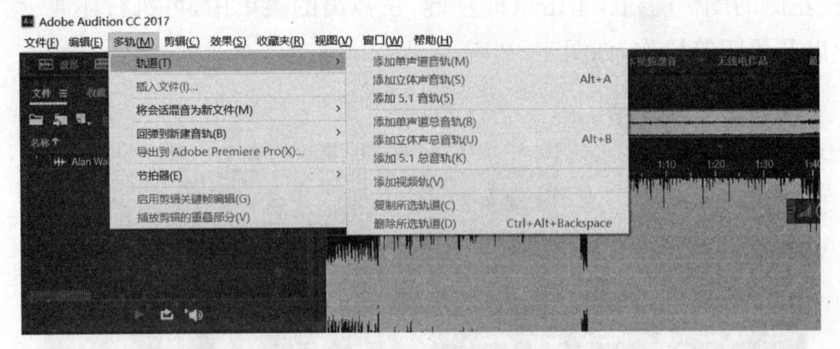

图 4-5　多轨菜单

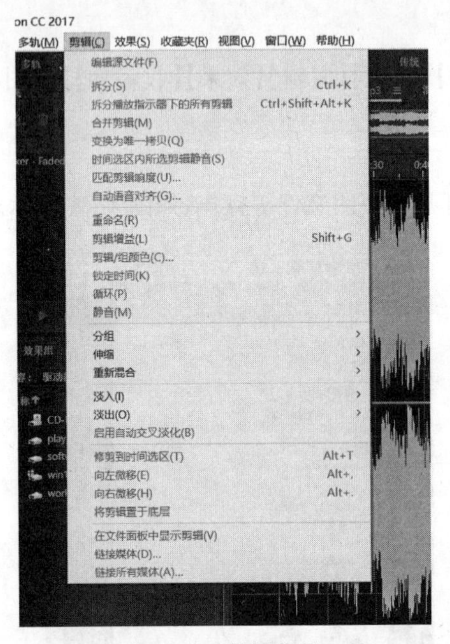

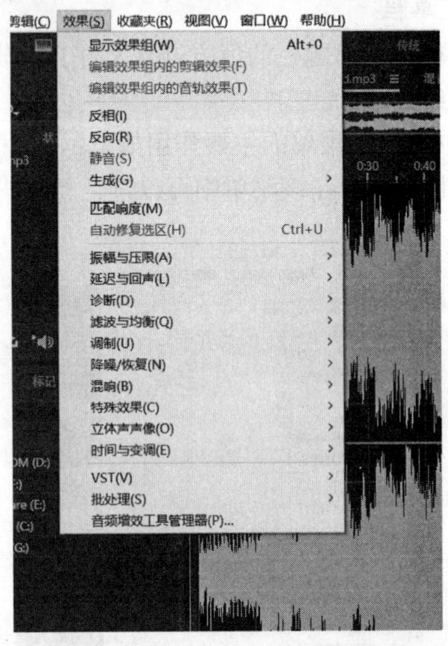

图 4-6　剪辑菜单　　　图 4-7　效果菜单

混响等操作，如图 4-7 所示。

【收藏夹】菜单：在该菜单中可以进行删除收藏、开始记录/停止记录等操作，如图 4-8 所示。

【视图】菜单：在该菜单中可以进行放大、缩小、缩放重设、全部缩小、时间显示、视频显示等操作，如图 4-9 所示。

【窗口】菜单：在该菜单中可以进行工作区的新建与删除操作，以及显示与隐藏【编辑器】【文件】【历史记录】等面板的操作，如图 4-10 所示。

【帮助】菜单：在该菜单中可以使用 Audition 的帮助信息、支持中心、用户论坛以及产品改进计划等，如图 4-11 所示。

3. 工具栏

工具栏位于菜单栏的下方，主要用于对音乐文件进行简单的编辑操作，它提供了控制音乐文件的相关工具，如图 4-12 所示。

图 4-8　收藏夹菜单

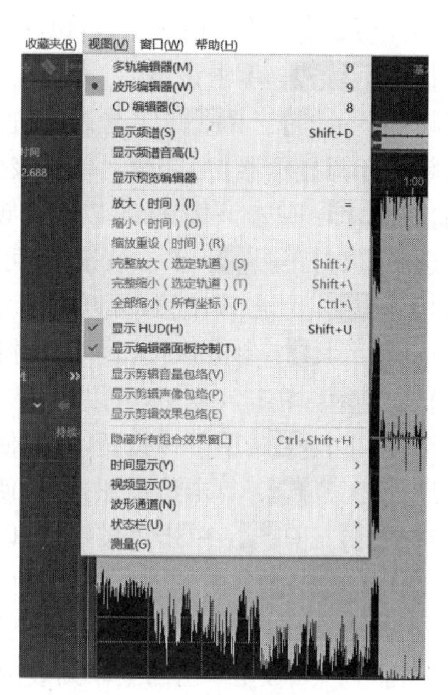

图 4-9　视图菜单

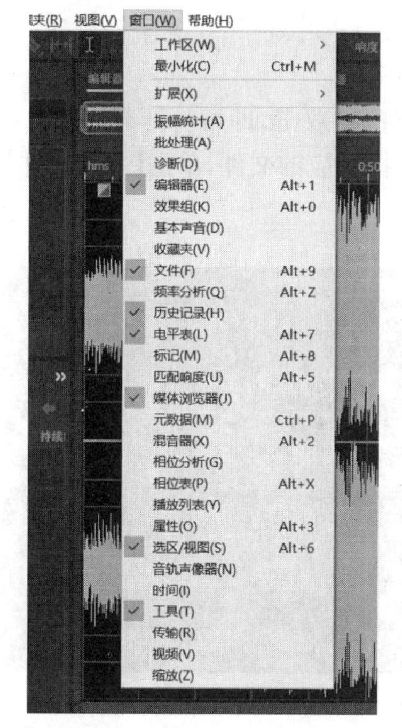

图 4-10　窗口菜单

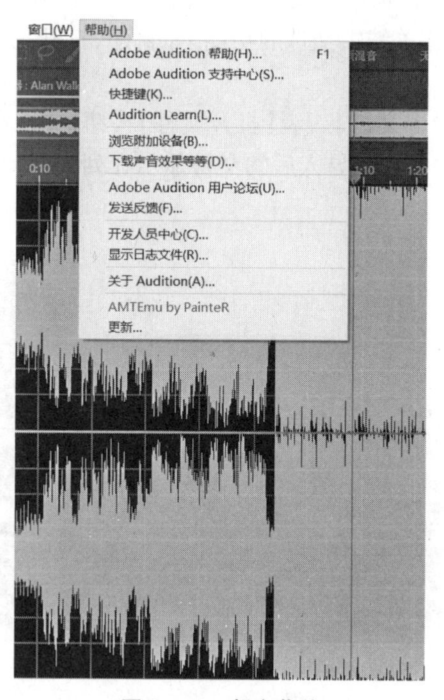

图 4-11　帮主菜单

图 4-12　工具栏

在工具栏中，各工具和按钮的主要作用如下：

【波形】按钮：单击该按钮，可以在“波形”状态下编辑单轨中的音频波形。

【多轨】按钮：单击该按钮，可以在“多轨”状态下编辑多轨中的音频对象。

【频谱频率显示器】工具：单击该按钮，可以显示音频素材的频谱频率。

【显示频谱音调显示器】工具：单击该按钮，可以显示音频素材的频谱音调。

【移动】工具：单击该按钮，可以对音频素材进行移动操作。

【切割选中素材】工具：单击该按钮，可以对音频素材进行分割操作。

【滑动】工具：单击该按钮，可以对音频素材进行滑动操作。

【时间选区】工具：单击该按钮，可以对音频素材进行部分选择操作。

【框选】工具：单击该按钮，可以对音频素材进行框选操作。

【套索选择】工具：单击该按钮，可以使用套索的方式对音频素材进行选择操作。

【笔刷选择】工具：单击该按钮，可以使用笔刷的方式对音频素材进行选择。

【污点修复刷】工具：单击该按钮，可以对素材进行污点修复操作。

4. 浮动面板

浮动面板位于工作界面的左侧和下方，它主要用于对当前的音频文件进行相应设置，选择菜单栏中的【窗口】菜单，在弹出的菜单列表中执行相应的命令，即可显示相应的浮动面板，主要有文件面板、媒体浏览器面板、效果夹面板、标记面板、属性面板、历史面板、视频面板。

(1) 文件面板用于显示单轨界面和多轨界面中打开的声音文件和项目文件，同时文件面板具有管理相关编辑文件的功能，如新建、打开、关闭、导入、删除和关闭等操作。如图 4 - 13 所示。

单击【导入文件】或者【打开文件】按钮，或在空白处双击，即可打开导入或打开文件对话框，选择文件导入。导入后的文件显示在列表中，选择相应的文件，单击【关闭文件】按钮，即可关闭文件。

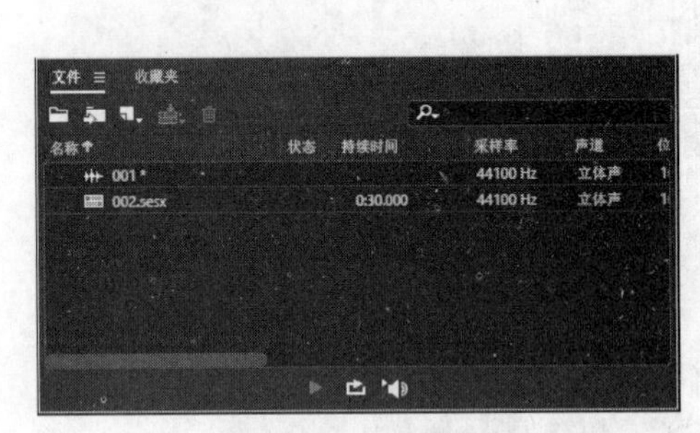

图 4 - 13　导入文件

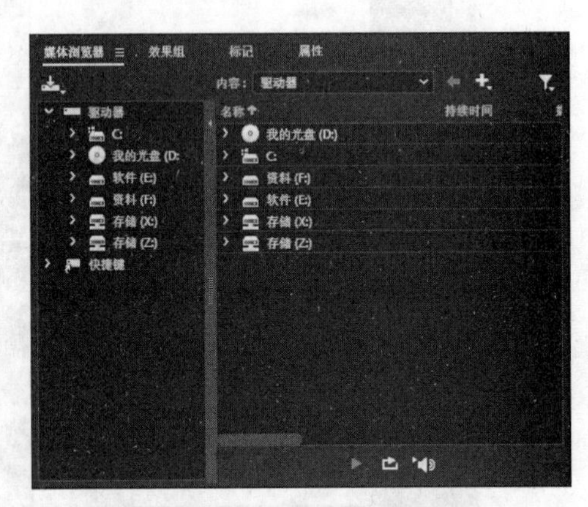

图 4 - 14　媒体浏览器面板

(2)【媒体浏览器】面板用于查找和监听磁盘中的音频文件，找到文件，可以双击文件，或者把文件拖到音轨上，即可在单轨界面打开文件，如图 4 - 14 所示。

(3)【效果组】面板用于在单轨或者多轨界面中为音频文件、素材或者轨道添加相应的效果。单轨界面的效果夹和多轨界面的略有不同。执行【窗口】→【效果夹】命令，打开效果夹面板，里面有很多效果。效果夹面板如图 4 - 15 所示。

(4)【标记】面板用于对波形进行添加、删除和合并等操作，如图 4 - 16 所示。

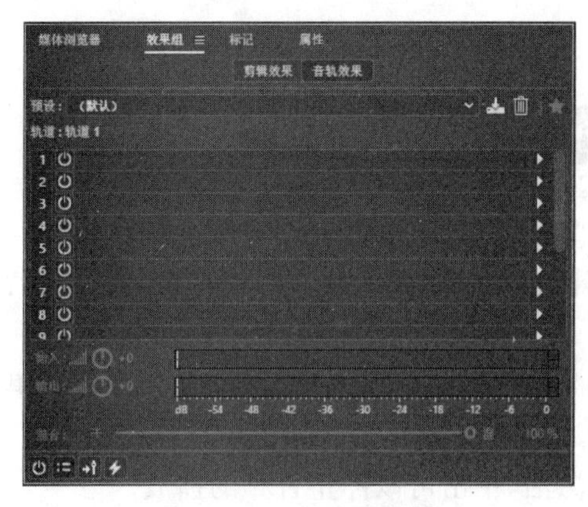

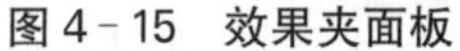
图4-15　效果夹面板

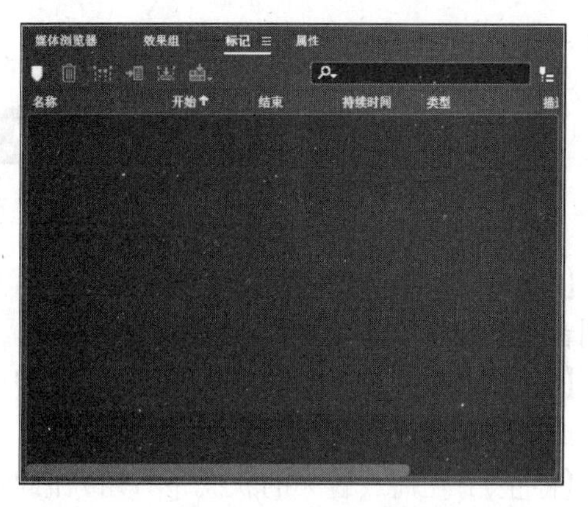

图4-16　标记面板

(5)【属性】面板用于显示声音文件或者项目文件的信息，如图4-17所示。

(6)【历史记录】面板用于记录用户的操作步骤，可以通过选择列表框中的步骤名称回复到该步骤，如图4-18所示。

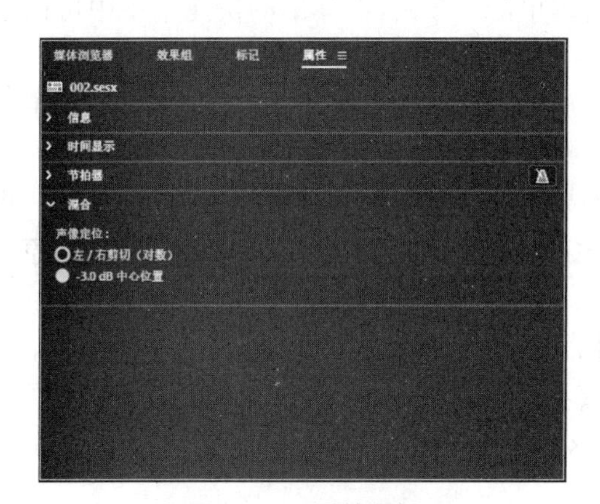

图4-17　属性面板

图4-18　历史面板

(7)【视频】面板用于监视多轨界面中插入的视频文件，主要用于配音中的画面监视，如图4-19所示。

图4-19　视频面板

(8)时间显示区：可以显示插入游标的当前位置、选择区域的起点位置或者播放线的位置。在主群组面板中的音频波形中单击插入游标，在时间面板上即可显示当前游标的位置。单击并拖动，可以选择区域内波形，如图4-20所示。

图4-20　时间显示区

(9)【走带控制】按钮：用来控制声音的播放与录制。从左到右的按钮依次是停止、播放、暂停、移动播放指示器到前一个、倒放、快进、移动播放指示器到下一点、录制、循环播放、跳过

选区，如图 4－21 所示。

图 4－21　走带控制按钮

【播放】：Audition 打开一个音频文件后，单击该按钮，可以从时间指示器位置播放音频，直到音频结束为止。

【暂停】：在播放音频的状态下，该按钮即可激活，单击可以暂停音频的播放。再次单击该按钮或“播放”按钮，就可以继续播放。

【停止】：在播放音频的状态下，该按钮即可激活，单击可以停止音频的播放。

【移动时间指示器到前一个】：单击该按钮可以将时间指示器移动到上一个标记的位置，如果在没有标记的情况下单击该按钮，时间指示器将移动到音频的起点位置。

【移动时间指示器到下一个】：单击该按钮可以将时间指示器移动到下一个标记的位置，如果在没有标记的情况下单击该按钮，时间指示器将移动到音频的结束位置。

【倒放】：单击该按钮，音频将向后倒放。右键单击该按钮，在弹出的快捷菜单中可以选择倒放的速度。

【快进】：单击该按钮，音频将快速地向前播放。右键单击该按钮，在弹出的快捷菜单中可以选择快进的速度。

【录制】：单击该按钮即可开始录制音频，如果用户在新建的音频文件中单击该按钮，将直接开始创建麦克风捕捉的音频信号，如果用户在已经具有音频的文件中单击该按钮，则原来的音频文件将会被麦克风捕捉的音频覆盖。

【循环播放】：单击该按钮并播放音频时，播放到音频结束位置后，音频不会停止，而是再次播放。如果用户在音频中创建了选区，将反复播放选区内的音频。

【跳过选区】：如果用户在音频中创建了选区并单击激活了该按钮，播放音频时，Audition 不会在播放选中的区域。

(10)【波形缩放按钮】：可以对波形进行垂直和水平的缩放，以便更好地观察和编辑波形，如图 4－22 所示。

图 4－22　波形缩放按钮

(11)【选区/视图】面板：可以对音频或音轨的开始点、结束点和长度进行设置，进行精确地选择或查看，如图 4－23 所示。

图 4－23　选区/视图面板

5. 编辑器

Audition中的所有功能都可以在【编辑器】窗口中实现。打开或导入音乐文件后，音乐文件的音，即可显示在【编辑器】窗口中，此时所有操作将只针对该【编辑器】窗口；若想对其他音乐文件进行编辑，只需切换至其他音乐的【编辑器】窗口即可。

在Audition中，编辑器也分为两种类型，第一种为"波形"状态下的【编辑器】窗口；第二种为"多轨"状态下的【编辑器】窗口。两种【编辑器】窗口的显示和功能是不一样的。

工具栏中，单击【波形】按钮后，即可查看"波形"状态下的【编辑器】窗口，如图4-24所示。

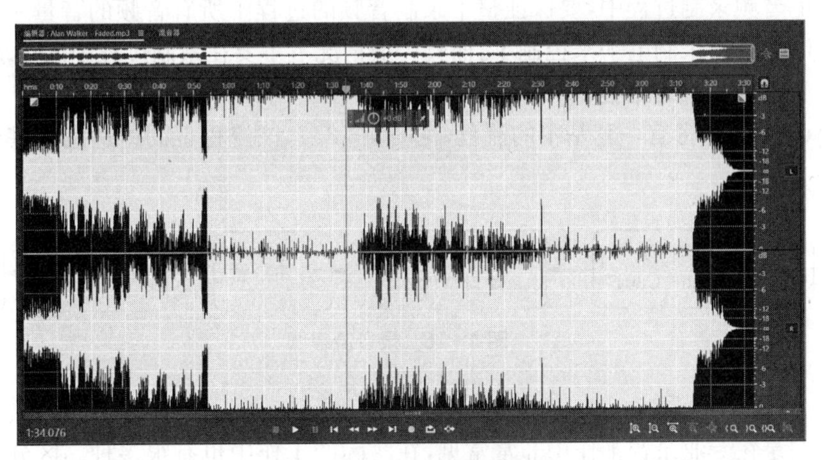

图4-24　波形编辑器界面

工具栏中，单击[多轨]按钮后，即可查看"多轨"状态下的[编辑器]窗口，如图4-25所示。

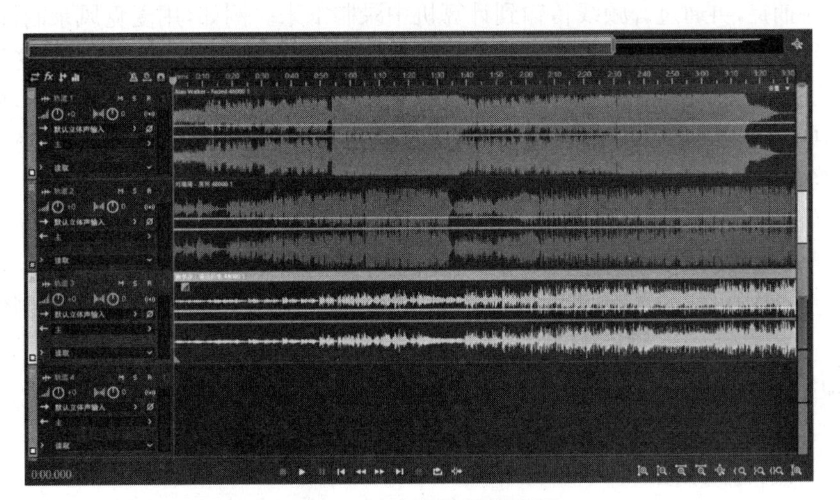

图4-25　多轨编辑器界面

4.2　录音技术

4.2.1　录音前的准备工作

在录制工作开始前要做好以下工作：首先要检查所有的硬件设备，包括扬声器、麦克风和

电源等是否工作正常，并保证连线准确无误；保证录音软件运行无误，安装好所有可能用到的插件和工具；确定计算机有足够的硬盘空间；关闭门窗和可以能带来噪声的设备；认真了解录音内容，对录制内容的风格和要求要有足够的理解，做好了以上的准备后，就可以开始录制工作了。

话筒的放置决定了最初音源的质量。麦克风放得离声源越远，录音中就会出现越多的房间氛围、回声等。随着麦克风与声源距离的增大，麦克风输出的信号强度也会快速地按平方反比下降。由于计算机声卡的输入采用非对称连线，如果话筒的电缆长度超过 15 m 的话，就会产生电磁干扰，或者使声音减弱。所以，为了保证声音质量，麦克风的电缆线要尽可能短一些。

在实际的音频录制过程中，要保证整个录制音频的过程中所有音频的音量一致。这就要靠在录制的时候观察录制电平来控制了，而且一般情况下不要在录制过程中调整录音音量。

4.2.2 录制音频的流程

使用 Audition 录音有一套基本的流程(见图 4-26)，该流程也同样适用于其他的专业音频编辑软件。

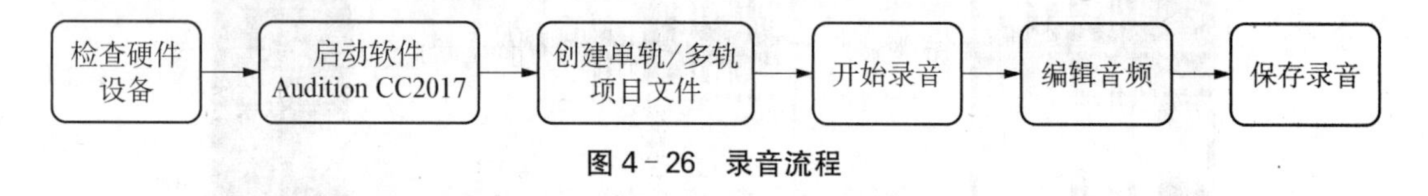

图 4-26 录音流程

4.2.3 外录和内录

外录和内录在专业录音工作中非常常见，在实际的工作中也有很多种。区分内录和外录的标准就是音频信号的传输途径。

外录是指从声源发出声音开始，到声音被录制的过程中，声音首先通过物理介质进行传播，然后被麦克风捕捉，再通过音频线传输到计算机中录制下来。例如，用麦克风录制说话声，人发出声音后，经过空气传播，被话筒拾取，之后通过音频线路和模拟电路进入计算机，这就是外录。

内录是指声音从发出到进入录音设备的整个过程中，没有经过物理介质传播，单纯依靠电子线路传播的录音方式。例如，使用计算机录制网页中电影播放的人物对白，整个录音过程中，声音始终是在音频线内传播的。这种录音方式就是所谓的内录。

内录和外录在录音工作中都非常重要，并且应用也相当的广泛。内录可以在录制过程中避免很多的噪声，因为内录接收的音频信号没有经过外部空间，而在外录过程中，为了提高音频质量，就要避免环境中可能的噪声，比如歌手在录制歌曲时往往在专业的录音棚进行制作等。

4.3 音频编辑技术

4.3.1 认识音频波形

(1) 启动 Audition 软件，在波形编辑器视图下导入一首歌曲文件。

(2) 在编辑面板中观察波形，可以知道声音是立体声，上面是左声道，下面是右声道，如图 4-27 所示。若录音文件只有一条波形的就是单声道，如图 4-28 所示。

(3) 使用缩放面板的水平放大和垂直放大工具，放大局部波形(可以使用鼠标滚轮滚动)，红色的水平线为零位线，如图 4-29 所示。

(4) 参照之前的方法放大音频波形，此时波形与 X 轴的交叉点就是零交叉点，如图 4-30 所示。

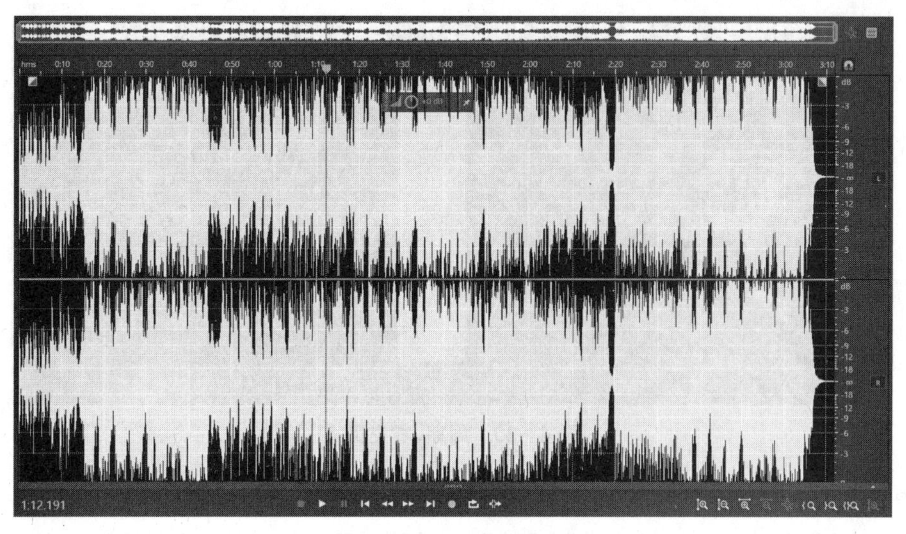

图 4－27　立体声波形

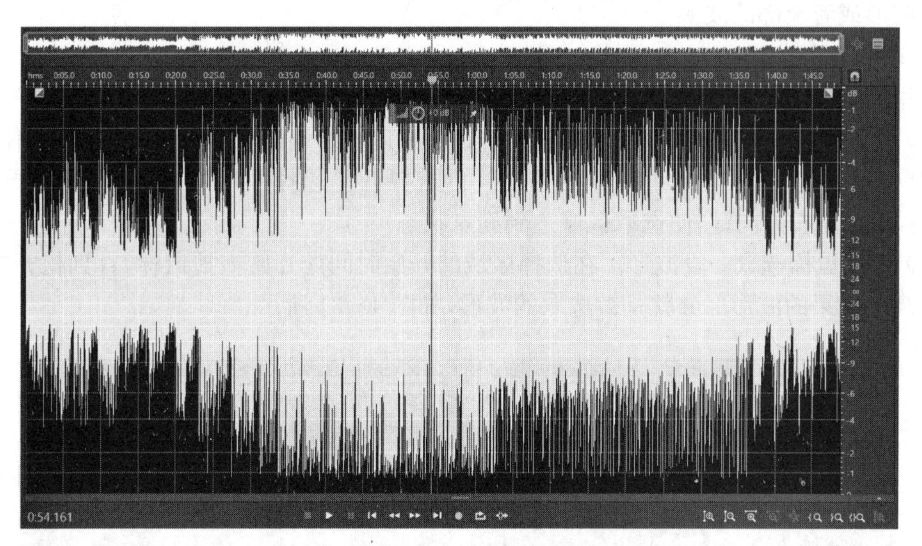

图 4－28　单声道波形

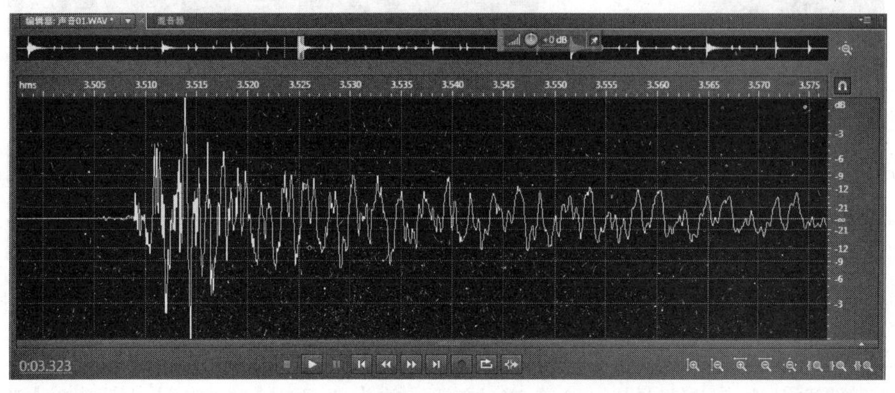

图 4－29　零位线

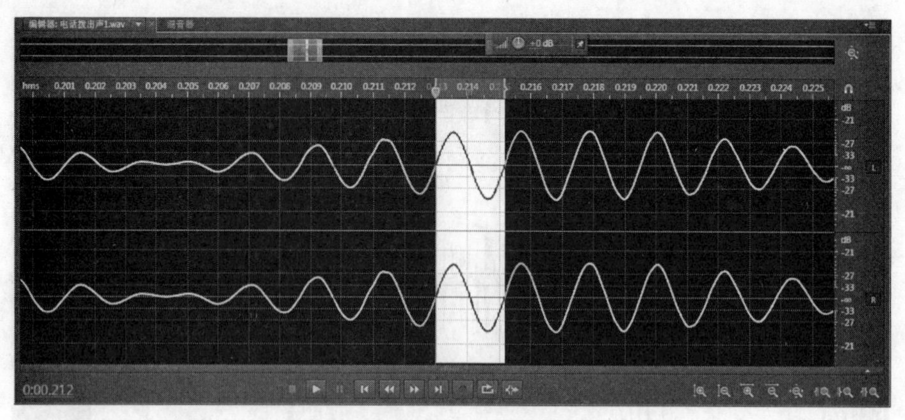

图 4－30　周期、零交叉点

4.3.2　选取波形

选取波形分为多种形式，在制作过程中可以选取一段音频中的部分波形，也可以选择一个声道的波形或者全部的波形。

1. 选择部分波形

常用的选择部分波形的方法如下：

(1) 使用键盘辅助取选一段波形。首先，在选择区域的开始时间处单击，然后按住键盘上的 Shift 键，在选择区域的结束时间处单击。再需要调整选择区域的边界时，可以再次按住 Shift 键，结合左右方向键，使选取区域达到满意状态。

(2) 使用鼠标选取一段波形。在选择区域的开始时间处开始拖拽鼠标，直到松开鼠标时，呈现出高亮效果的波形部分就是被选取的波形，如图 4－31 所示。

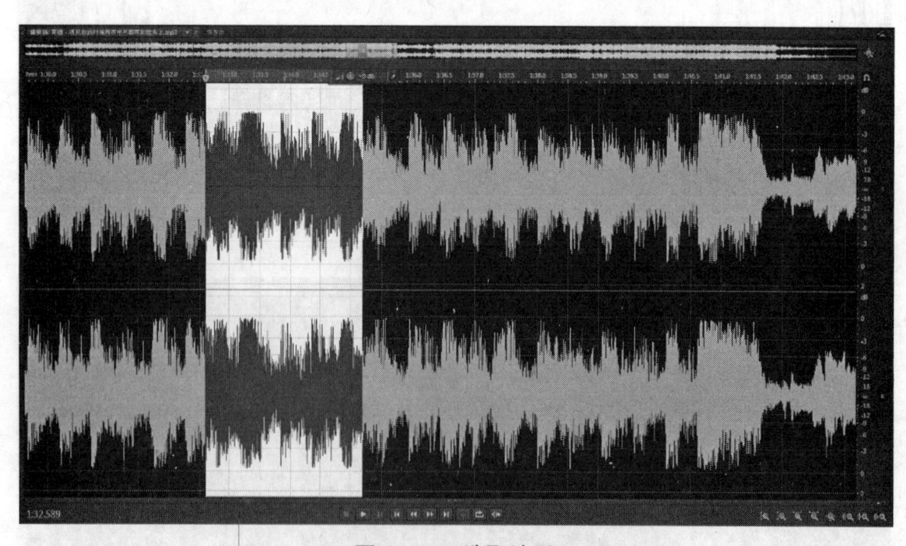

图 4－31　选取波形

2. 选择一个声道的波形

如果要选取立体声文件中某一个声道的波形，首先必须在【首选项】对话框的【常规】选项中选择【允许相关的声道编辑】复选框。如果要选取左声道的某段波形，在拖拽过程中鼠标的位置要保持在偏上方，此时鼠标处显示字母 L，并且只有左声道的选区区域呈现高亮效果，而右声道显示为灰色。选择右声道方法相反，如图 4－32 所示。

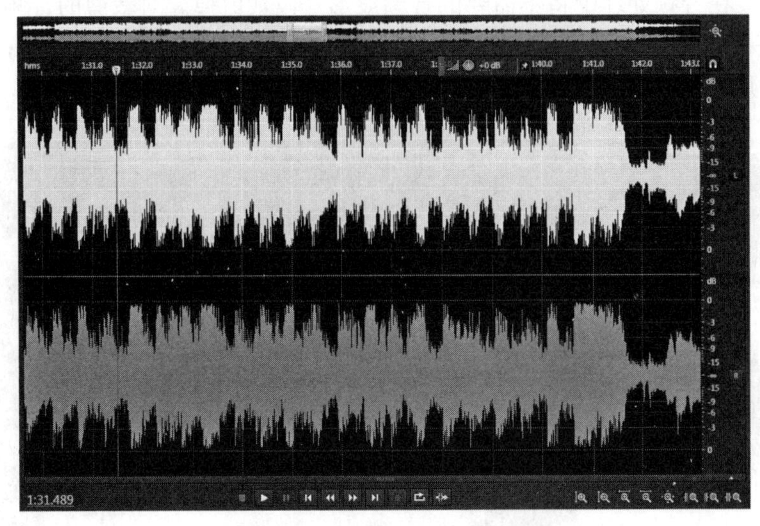

图 4－32　选取一个声道波形

3. 选择全部波形

选择全部波形文件时，可以采用多种方法，具体如下：

(1) 使用缩放工具，确保波形完全显示在单轨编辑界面中，按下鼠标左键从头至尾选取全部波形。

(2) 在音频文件的任意处双击，选取全部波形。

(3) 执行【编辑】→【选择】→【全选】命令，可以选取全部波形。

(4) 按 Ctrl＋A 组合键，也可以选取全部波形。

(5) 在波形的某处单击鼠标右键，在弹出的快捷菜单中执行【全选】命令，即全部波形被选取。

波形全部选中的效果如图 4－33 所示。

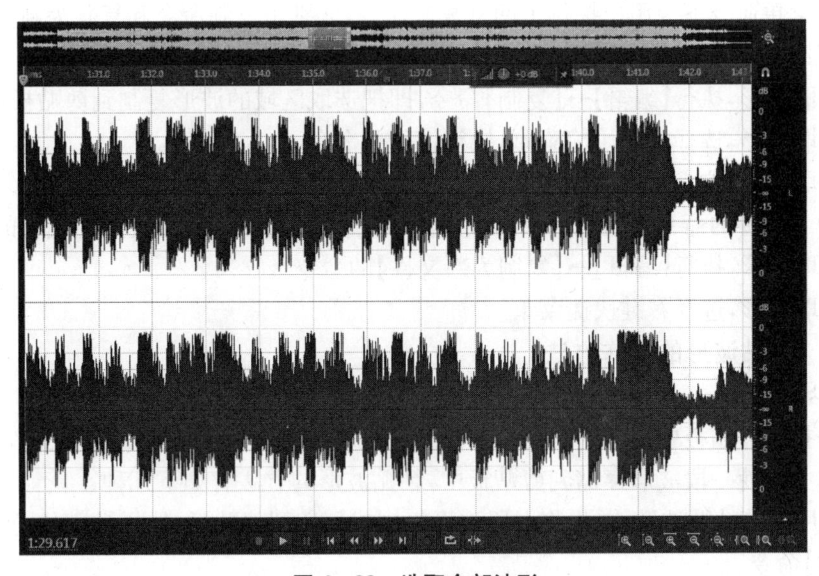

图 4－33　选取全部波形

4.3.3 裁剪音频波形片段

用户常常要在音频处理中将不需要的音频波形片段裁剪掉。对裁剪的音频波形片段有两种处理方式：一种是删除所需裁剪的片段，前后的音频波形会自动合并到一起；另一种是将裁剪的音频波形片段变成静音，从而空留出这段时间，如图 4－34 所示。

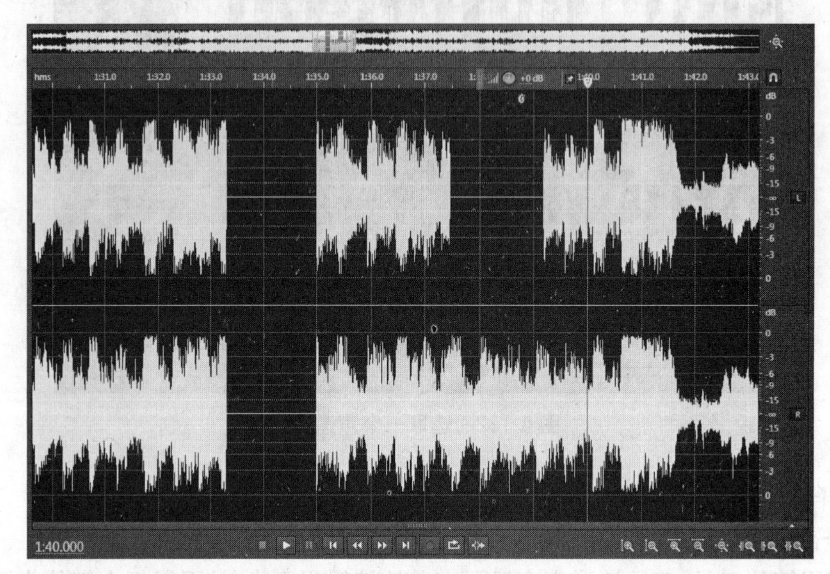

图 4－34 裁剪音频

(1) 选择波形，执行【编辑】→【删除】命令，所选波形被删除，前后波形自动合并到一起。

(2) 选择音频波形片段，执行【效果】→【静音】命令，或者单击右键选择静音，静音的部分变为一条直线。

(3) 使用时间选择工具，选择左声道音频波形片段，然后直接按 delete 键删除波形，所选的音频波形自动变成静音的直线。

4.3.4 复制音频波形片段

在编辑菜单命令下为用户提供了两种复制命令，分别是复制命令和复制为新文件的命令。复制命令可以将所选的音频波形复制到剪贴板中。

(1) 选取波形，执行【编辑】→【复制】命令，即把选取区域的波形复制到剪贴板中。

(2) 选取波形，选择右键快捷菜单，执行【复制】命令。

(3) 选取波形，按 Ctrl+C 的组合键。

复制为新文件的命令是指把选取区域的波形复制，并将所复制的波形生成新的文件。

(1) 选取波形，执行【编辑】→【复制为新文件】的命令。

(2) 选取波形，选择右键快捷菜单。

4.3.5 粘贴波形的操作方法

1. 粘贴波形

粘贴是指把剪贴板中暂存的内容添加到新的区域，那么在执行粘贴操作之前，应先使用复制或剪切的方法使一段波形存储到剪贴板中，粘贴波形的方法有如下几种：

(1) 使用菜单粘贴波形，首先将一段波形复制或剪切到剪贴板，选择粘贴的位置，执行【编辑】→【粘贴】命令。

(2) 使用快捷菜单粘贴波形，首先将一段波形复制或剪切到剪贴板，选择粘贴的位置，单击鼠标右键，执行【粘贴】命令。

(3) 首先将一段波形复制或剪切到剪贴板，选择粘贴的位置，按 Ctrl＋V 组合键。

2. 粘贴到新文件

(1) 首先将一段波形复制或剪切到剪贴板，执行【编辑】→【粘贴为新文件】命令，一个新的文件就会建立。

(2) 首先将一段波形复制或剪切到剪贴板，按 Ctrl＋Alt＋V 组合键，一个新的文件会建立。

3. 混合式粘贴

混合式粘贴可以将剪贴板中波形的内容与新的播放头后的波形内容混合在一起，也可以将某个音频文件中的波形内容与新的播放头后的内容混合在一起。在进行混合粘贴操作时，弹出【混合式粘贴】对话框，如图 4－35 所示。在音量选项组中，上面是【复制的音频】音量设置，下面是【现有音频】音量设置，滑块向左滑动时，相应的音频音量会变小；相反，滑块向右滑动时，相应的音频音量会变大。在滚动条的右侧有数值栏，也可以直接输入数字，混合两个声音音量的比例，选择【淡化】复选框，表示被粘贴的文件开头和结尾分别带有淡入和淡出效果。

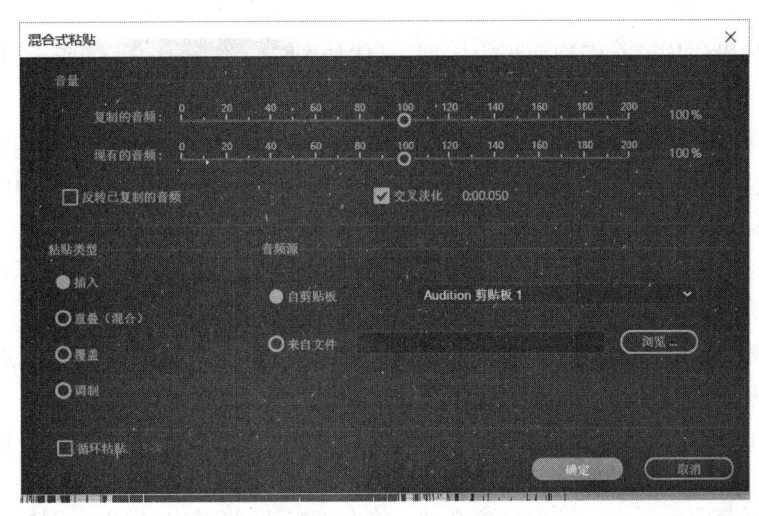

图 4－35　混合式粘贴

(1) 选择菜单，首先将一段波形复制或剪切到剪贴板，执行【编辑】→【混合式粘贴】命令。

(2) 使用快捷菜单，首先将一段波形复制或剪切到剪贴板，然后在新的文件中单击鼠标右键，在弹出的菜单中执行【混合式粘贴】命令。

(3) 按 Ctrl＋Shift＋V 组合键。首先将一段波形复制或剪切到剪贴板，然后在新的文件中，按 Ctrl＋Shift＋V 组合键。

4.3.6　删除波形

(1) 使用键盘删除一段波形。首先，选取一段要删除的声音波形，然后按 Delete 键，就删除了选取的波形。

(2) 使用菜单删除一段波形。首先，选取一段要删除的声音波形，然后执行【编辑】→【删除】命令，选取区域的波形就被删除了。

(3) 使用快捷菜单删除一段波形。首先，选取一段要删除的声音波形，然后单击鼠标右键，在弹出的菜单中执行【删除】命令，选取区域的波形就被删除了。

4.3.7 裁切波形

裁切波形是指将选取区域的波形保留，而其他未选取区域的波形删除。当要截取一个音频文件中的某一段波形时，可以使用裁切波形的功能，方法如下：

(1) 使用菜单裁切一段波形。首先，选取一段要截取的波形，然后执行【编辑】→【裁剪】命令，即完成了裁切操作。

(2) 使用快捷菜单裁切一段波形。首先，选取一段要截取的波形，然后单击鼠标右键，在弹出的菜单中执行【裁剪】命令，即完成了裁切操作。

(3) 按 Ctrl＋T 组合键。首先，选取一段要截取的波形，然后同时按 Ctrl＋T 组合键。

4.3.8 标记

标记并不是音频的数据，而是一种 Audition 为了方便用户剪辑音频文件，在波形编辑器中添加的时刻记号或者是时间范围记号。标记就像生活中我们使用的书签一样，它可以很精确地在音频波形上标记出你想要的位置。

标记效果可以分为“位置型标记”和“范围型标记”。“位置型标记”是指在某个时刻上做的记号。“范围型标记”是指为某个范围做的记号，一个范围标记包括两处记号，分别为范围的开始点和终止点。

标记的各种操作均可在标记面板中实现，具体如图所示，从左到右的功能介绍如下：

添加标记：用于添加一个新标记。在波形显示区域内将时间指示器移动到需要添加为标记的位置，单击“添加标记”按钮，即可添加一个新的标记，同时在“标记”面板中的列表内也会出现新添加的标记点的各项数据。

删除已选标记：用于删除标记。在列表中选中一个标记，单击“删除已选标记”按钮，即可删除所选中的标记。

合并所选标记：用于合并多个标记。按下键盘上的【Ctrl】键，再单击标记点选中多个标记，然后按“合并所选标记”按钮，即可将所选中的标记合并。

插入所选范围标记到播放列表：单击该按钮，即可将标记列表中的一个标记插入到音频的播放列表中。

导出已选择范围标记的音频为分离文件：单击该按钮，将弹出“导出范围标记”对话框，如图 3－25 所示。在该对话框中可以设置导出标记的名称、位置、格式等信息，单击“确定”按钮，即可完成音频的导出。

插入到多轨合成中：单击该按钮，可以将选中的范围标记内的音频波形插入到一个多轨合成项目文件中。

4.3.9 多轨音频操作

在多轨编辑器中，如果用户对某个音频片段的音频不满意，可以双击该音频或执行菜单栏中【剪辑】→【编辑源文件】命令，进入单轨编辑模式进行修改，待修改完成后进行保存，可以看到多轨编辑器中的音频片段已进行修改。

除此之外，多轨编辑中还有很多不同于单轨编辑的功能。

(1) 添加音轨，如图 4－37 所示。

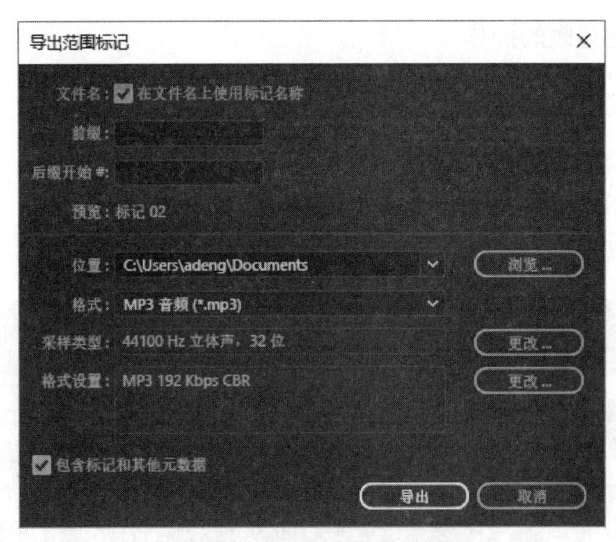

图 4-36　导出范围标记对话框

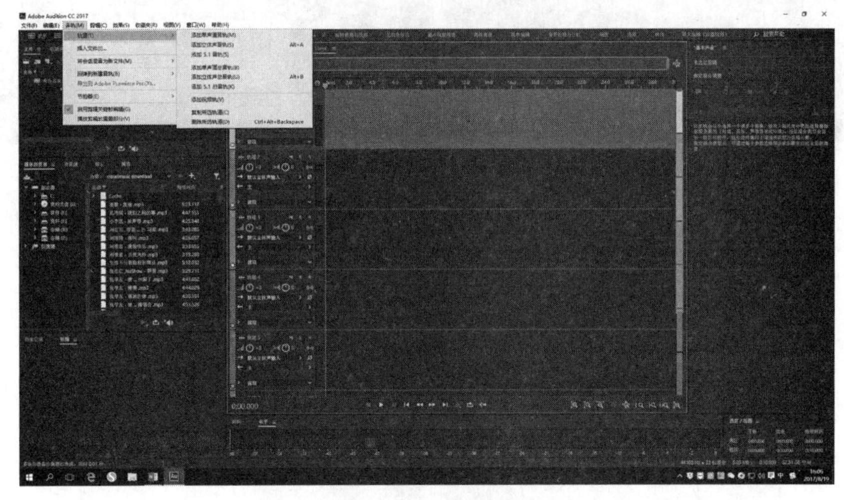

图 4-37　添加音轨

(2) 使轨道静音或单独播放，单击每个轨道右上方的【M】键，当其变为绿色时，即可将该轨道静音，单击【S】键，当其变为黄色时，可单独播放该轨道的声音，如图 4-38 所示。

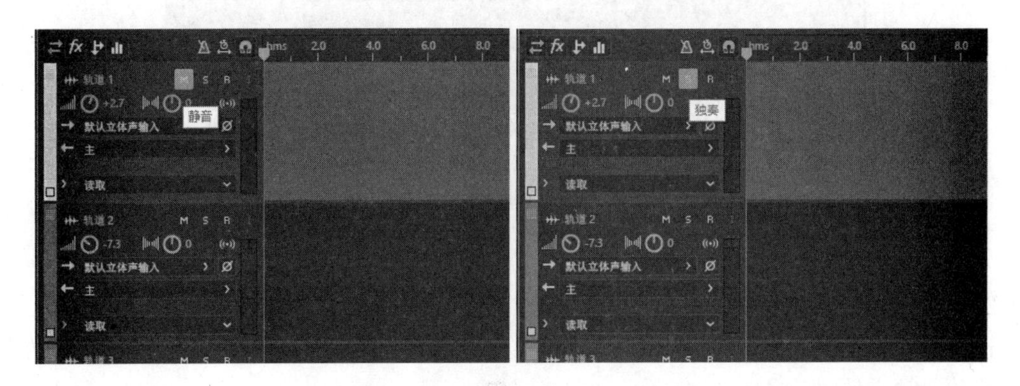

图 4-38　轨道静音/单独播放

4.3.10 视频与音频的操作

在 Audition 中，用户可以将视频文件插入到多轨编辑器的文件中，还可以对视频进行移动。

1. 在项目中插入视频

新建一个多轨项目之后，将所需要的视频导入，在文件夹面板中选择视频文件，并将其拖拽至多轨编辑器中，即可插入视频，如图 4－39 所示。

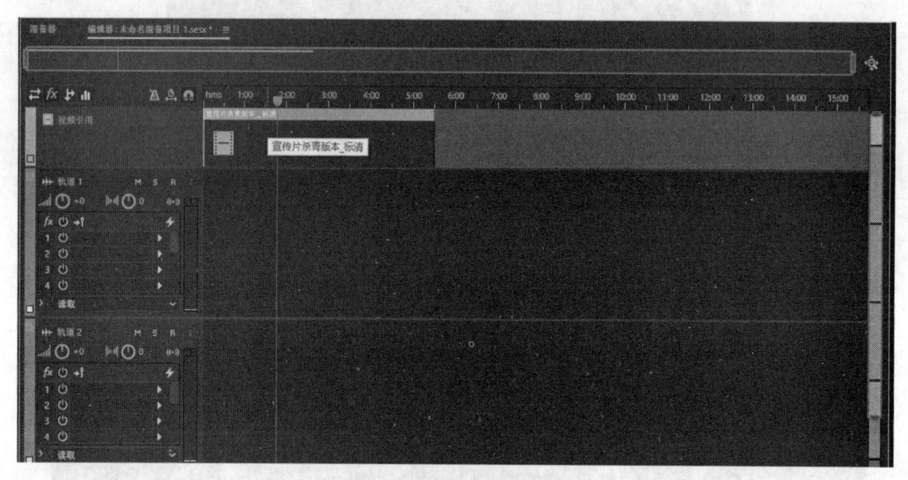

图 4－39　插入视频文件

在视频面板中，可以查看导入的视频画面内容，如图 4－40 所示。

图 4－40　视频画面

2. 移动视频素材

选择需要移动的视频文件，在视频文件上单击并向右拖拽，至合适位置后释放鼠标左键，即可移动视频文件，如图 4－41 所示。

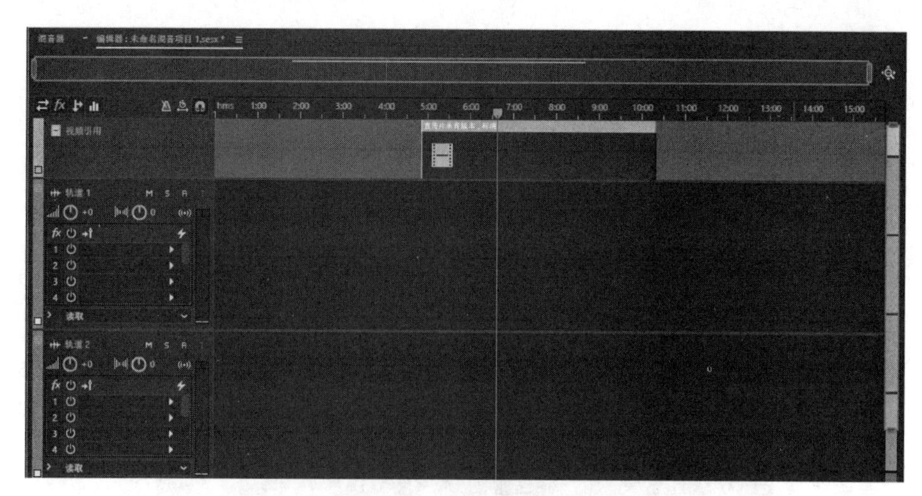

图 4 - 41　移动视频文件

4.4　效果器与混音

4.4.1　混音的基本概念

其实早在古典音乐时代，就已经有了混音的概念。交响乐团里的乐器都是经过长期实践精挑细选出来的，它们需要在音色上和数量上进行合理的搭配，以使合奏起来能够得到融合的音响效果。

混音(MIX)也就是混缩，通常是一种对由录音、采样或者合成等方式形成的多轨声音素材的一种处理、调整、加工、修饰，最终混合为多声道的成品。混音操作可以使得音频的整体效果更好，听起来更舒服，混音是对音乐的情感、创新理念和演奏进行的音响展现。

混音工作是所有前期录音都已经完成后的步骤。混音师必须将每一个音轨中录好的声音进行最恰当的分配，包括声音的位置、音质、效果、大小声。混音的好与坏对于音乐品质有很重要的影响，因为它既可以表现音乐的起伏，也可以带动听众的情绪，在某种程度上，混音师的角色就好比交响乐团的指挥，他的理解和演绎是对作品的再度创作。

4.4.2　声音的平衡

在混音中，对于听众来说最直接的影响是对音量的反应。所以音量的大小、噪声的大小和音乐中各元素的音量大小比例是用户在开始缩混操作前首先要考虑的问题。无论使用哪一种方法进行缩混，在混合过程中都需要时刻对各音轨的音量进行调整，突出主要的声音，如人声等，将音量过大的音轨进行衰减；将音量过小的音轨进行增益等操作。

利用调音台设置各轨道音量，使用每个轨道上的滑块来调节不同轨道声音的大小。如图 4 - 42所示，各音轨的电平表在“调音台”面板的最下端，从左到右依次排开，最右边的是总线电平表，每个电平表都标有刻度，能够快速准确地指示当前音轨的声压级，电平线所显示的声压级越大，也就表示该音轨的音量越大。

4.4.3　混缩的基本步骤

一般的混缩操作都有一定的步骤，按照这些步骤操作，可以轻松地完成混音的操作。这些操作步骤只是作为参考，在实际操作中，可以根据音频的实际情况适当调整。

(1) 首先将多个音频素材插入到不同的音轨中，然后记录下每个音轨的信息，方便后续混

图 4-42　调音台

音操作。

(2) 消除音频中的杂音，错音及其他类似的音符。

(3) 在音轨间建立相对的音量平衡，加入如压缩、限幅等动态处理器。

(4) 加入如混响、延迟或合唱等影响距离感和特殊效果的处理器。

(5) 设置最终的音量大小。

(6) 混音输出，测试混音效果。

(7) 根据测试结果修改音频，直至达到满意效果。

4.4.4　效果器的使用

为音频添加效果是进行多轨混音工作中非常重要的操作之一。

在“单轨波形编辑”模式下使用效果器对音频进行处理后，新的音频将会替代原音频。插入效果器就能做到在不破坏原轨道的前提下，将各种效果加入到音乐中。如果感觉添加的效果不合适，只需要单击就可以随时修改，如图 4-43 所示。

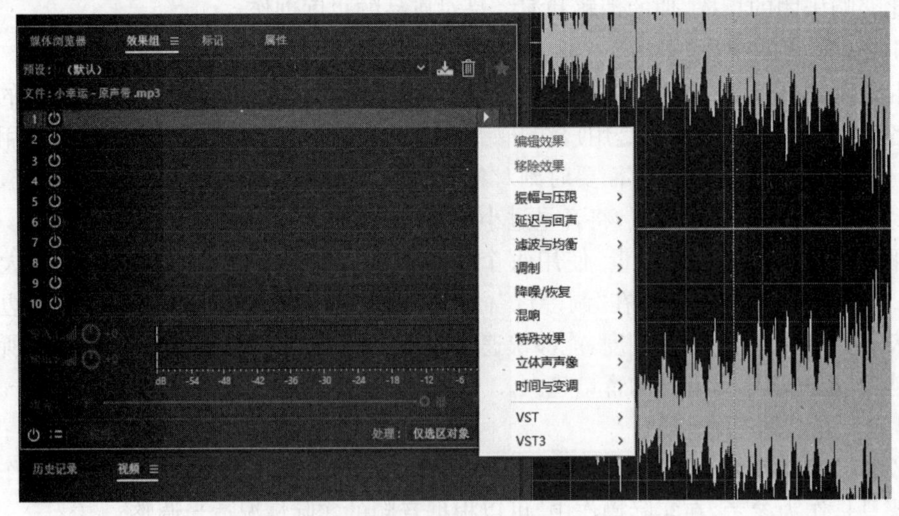

图 4-43　效果器

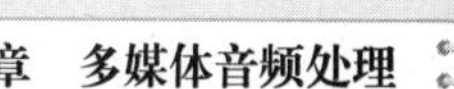

(1) 在“多轨合成”模式下插入效果器。单击【效果】按钮 fx ,此时【轨道属性】面板改变为【插入效果器】面板。

单击右侧的 ▶ 按钮,可以打开【效果器】列表。在弹出的快捷菜单中选择需要添加的效果,“效果器”将会自动把选中的效果添加到【效果器】列表栏中,如图 4-44 所示。

图 4-44　多轨插入效果器

(2) 使用调音台插入效果器。打开【调音台】面板(见图4-45),单击【效果】按钮,将【效果器】列表栏展开,即可选择需要添加的效果。

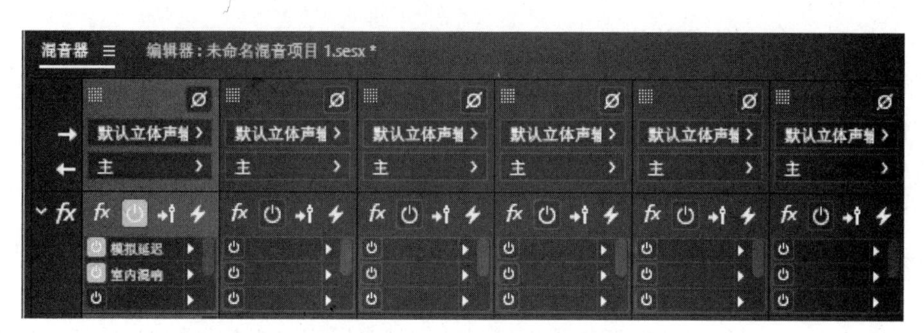

图 4-45　调音台插入效果器

第5章

多媒体视频处理

5.1 Adobe Premiere Pro CC 2017 工作界面

启动 Adobe Premiere Pro CC 2017 后，用户首先执行【窗口】→【工作区】→【Editing】命令，选择【Editing】工作区，然后执行【窗口】→【工作区】→【重置为保存的布局】命令，重置【Editing】工作区。本文关于 Adobe Premiere Pro CC 2017 的介绍都是基于默认的【Editing】工作界面进行的。

5.1.1 Premiere 的菜单栏

菜单栏主要包括文件、编辑、剪辑、序列、标记、字幕、窗口和帮助八个菜单。

【文件】菜单包含新建、打开项目，导入文件，保存、导出视频等操作。

【编辑】菜单包含对素材的复制、剪切、粘贴、查找等操作。

【剪辑】菜单包含对素材进行重命名、插入、覆盖、源设置等操作。

【序列】菜单包含序列设置、素材渲染、应用视频过渡、添加删除轨道等对时间轴上素材的操作。

【标记】菜单主要对【源】监视器面板中素材和【时间轴】窗口影片做标记，包括标记出入点、剪辑点等。

【字幕】菜单可以新建字幕，也可以对字幕的字体、大小、对齐方式、颜色、形状等进行设置。

【窗口】菜单可以重置或自定义工作区，也可以调用或隐藏不同的窗口面板。

【帮助】菜单包含软件使用帮助信息，也可以查看并更新软件版本。

5.1.2 Premiere 的窗口和面板

Premiere 工作区主要包含以下窗口面板内容：【项目】窗口、【源】监视器窗口、【节目】监视器窗口、【时间轴】窗口、【工具】面板等。本小节将对一些常用的窗口面板进行介绍。每一个窗口面板的名字都显示在面板的顶部，选中某一个面板之后，在该面板名字的右方有一个≡按钮，单击可以出现与该面板相关的菜单选项(见图 5-1)。

1. 监视器窗口

监视器窗口(见图 5-2)主要用于在创建作品时对作品进行预览，默认工作界面分左右两个监视器。

左侧是【源】监视器窗口，主要用于预览或剪裁【项目】窗口中选中的原始素材，可以使用

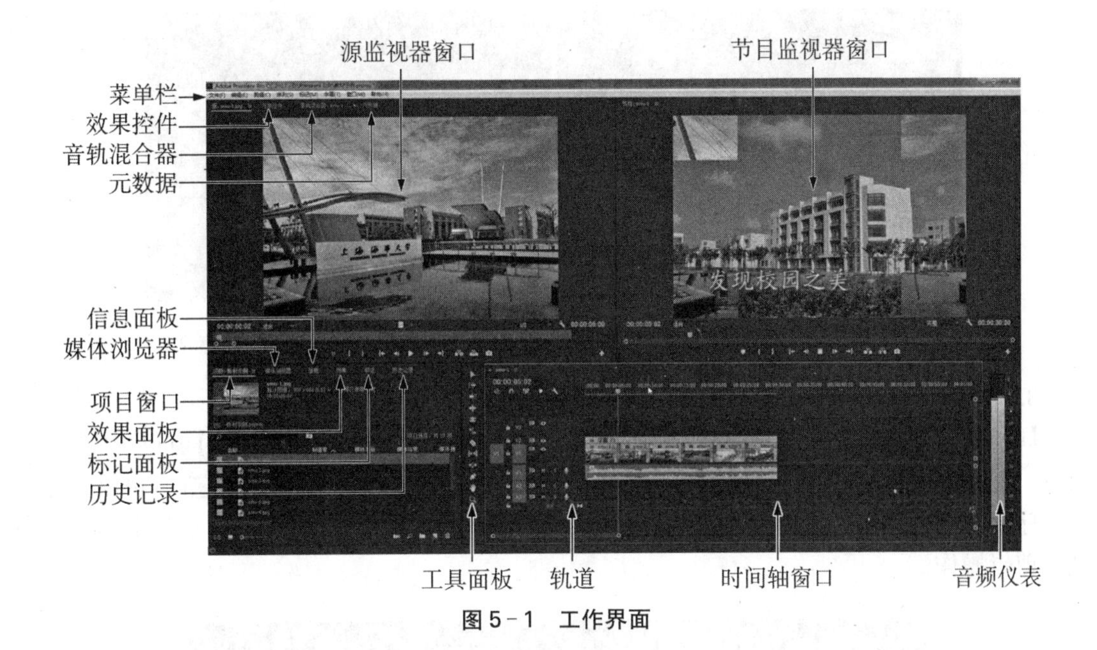

图5-1　工作界面

图5-2　监视器窗口

【源】监视器窗口设置素材的入点和出点。如果是音频素材，则可以在【源】监视器窗口中显示音频波形。

右侧是【节目】监视器窗口，主要用于预览【时间轴】窗口序列中已经编辑的素材（剪辑），也是最终输出视频效果的预览窗口。如果需要播放影片，可以单击窗口中的【播放-停止切换(Space)】按钮。

2. 项目窗口

【项目】窗口主要用于导入、存放和管理素材，并将其显示在面板中。编辑影片所用的全部素材应事先导入到【项目】窗口内，这里的素材包含视频剪辑、音频文件、图形、静态图像和序列等。

【项目】窗口主要包括上半部分的预览区域和下半部分的文件存放区域两大块（见图5-3）。预览区域可以根据用户需求，单击鼠标右键选择是否显示。文件存放区域的素材有列表和图标两种视图方式显示。如果所编辑视频项目素材内容较多，可以新建素材箱，将视频、音频素材和其他作品元素分门别类地存放，也可以在搜索框内快速搜索查询用户需要的素材。

图 5-3　项目窗口的不同视图方式

3. 时间轴窗口

【时间轴】窗口是视频编辑的基础，用户大部分的编辑工作都在【时间轴】窗口中完成（见图 5-4）。可以在【时间轴】窗口中查看并处理序列，序列的优点是可以嵌套它们，也就是指将一个序列设置放到另一个序列当中。【时间轴】窗口以轨道的方式对视频、音频和字幕等素材进行剪辑操作。

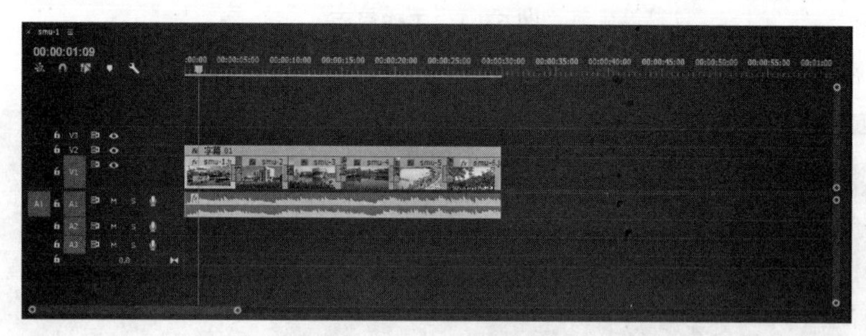

图 5-4　时间轴窗口

【时间轴】窗口分为上下两个区域，上方为时间显示区，下方为轨道区。其中，轨道区默认有三条视频轨道和三条音频轨道，用户可以根据需求随时添加或删除视音频轨道。需要注意的是，在时间轴上，位于顶部视频轨道上的视频和图像剪辑会覆盖其下面的内容。

4. 媒体浏览器面板

【媒体浏览器】面板（见图 5-5）可以查看或浏览用户电脑硬盘的内容。同时，可以在【源】监视器窗口中预览电脑中的素材文件。

图 5-5　媒体浏览器面板

5. 信息面板

【信息】面板(见图5-6)主要显示在【项目】窗口中所选中的素材或序列文件的相关信息。包括素材名称、类型、大小、开始以及结束点等信息。

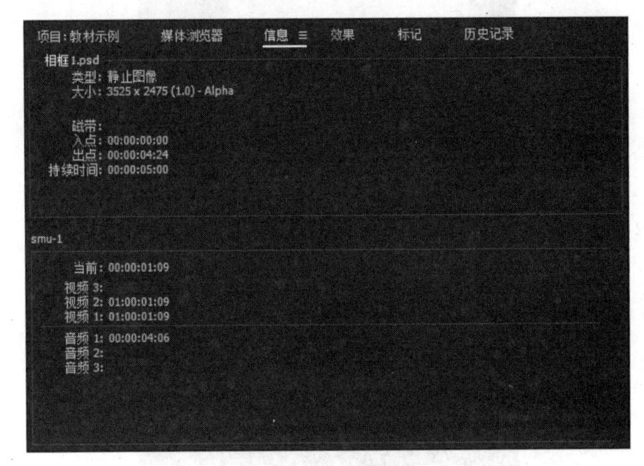

图5-6　信息面板

6. 效果面板

【效果】面板(见图5-7)里存放了Premiere自带的各种音频、视频效果,音频、视频过渡效果和预设效果。效果按类型分组,方便寻找。面板顶部有一个搜索框,也可以快速查询效果。

图5-7　效果面板

7. 标记面板

【时间轴】上的序列可以根据需要使用快捷键【M】做出标记并注释,做过标记的信息便存放在标记面板中(见图5-8)。双击标记内容,可以打开【标记】窗口(见图5-9),看到详细的标记信息。

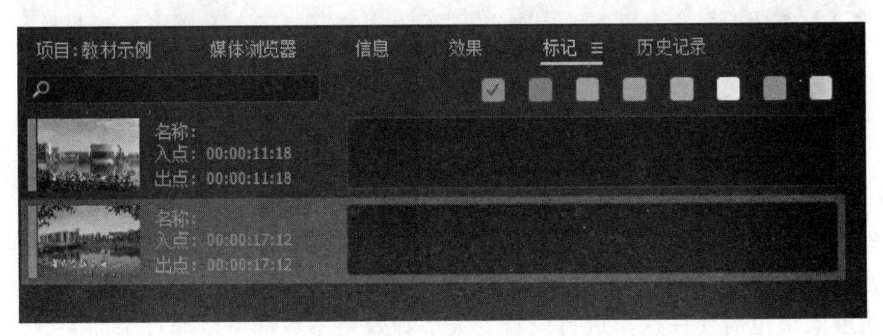

图5-8　标记面板

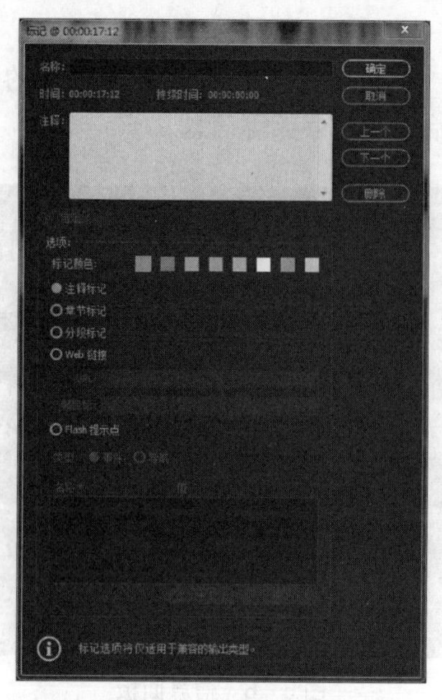

图 5-9　标记窗口

8. *历史记录面板*

【历史记录】面板(见图 5-10)会跟踪执行的步骤并可以轻松备份。它是一种可视的 Undo 列表,如果选择前一个步骤,那么这个步骤之后的所有操作步骤也将被撤销。

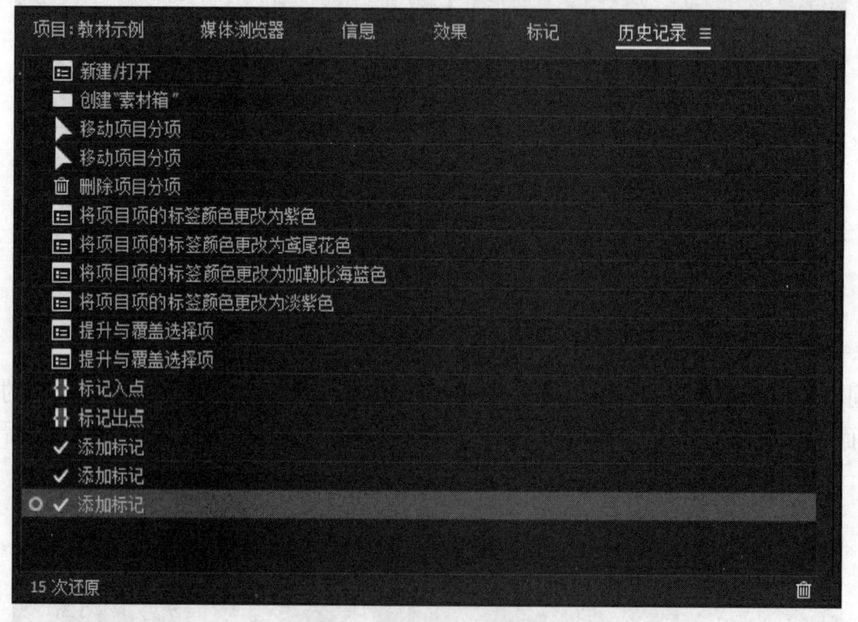

图 5-10　历史记录面板

9. *效果控件面板*

【效果控件】面板(见图 5-11)显示应用到一个剪辑上的任意效果的控件。当为某一段素材添加了音频、视频特效之后,还需要在【效果控件】面板中进行相应的参数设置。制作画面的运动或透明度效果也需要在这里进行设置。大多数效果参数都可以通过添加关键帧的方式随时间进行调整。

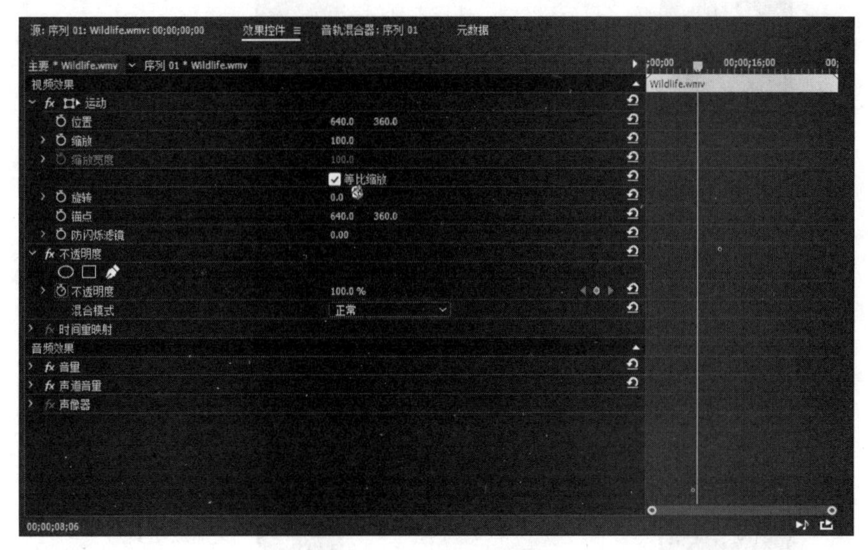

图 5－11　效果控件面板

10. 音轨混合器面板

【音轨混合器】面板(见图 5－12)主要用于完成对音频素材的各种加工和处理工作,如混合音频轨道、调整各声道音量平衡或录音等。

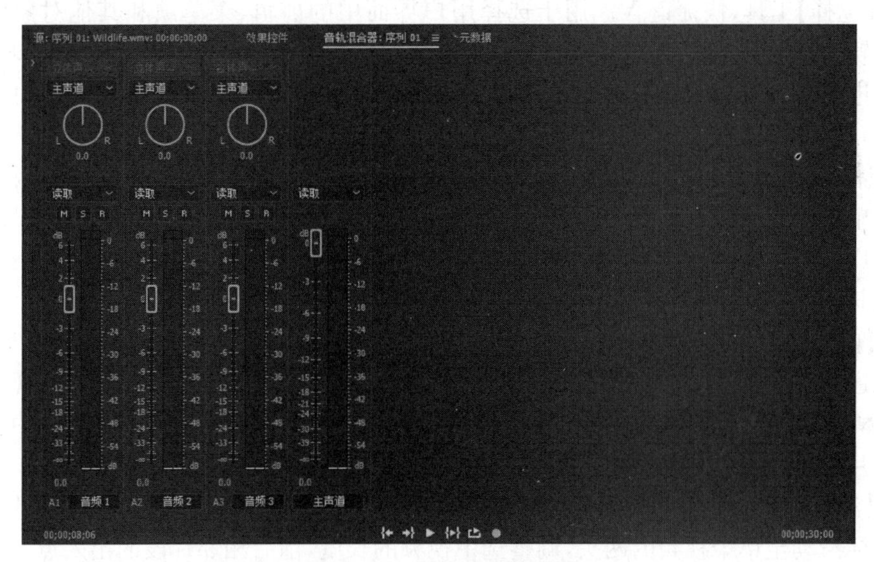

图 5－12　音轨混合器面板

11. 音频仪表面板

【音频仪表】面板(见图 5－13)是显示混合声道输出音量大小的面板。当音量超出安全范围时,在柱状顶端会显示红色警告,用户可以及时调整音频的增益,以免损伤音频设备。

12. 工具面板

【工具】面板中(见图 5－14)的每个图标都是一种工具,单击任何工具或按键盘上的快捷键就能激活相应的工具,激活后图标会从白色变成蓝色,即可在【时间轴】面板中进行使用。将

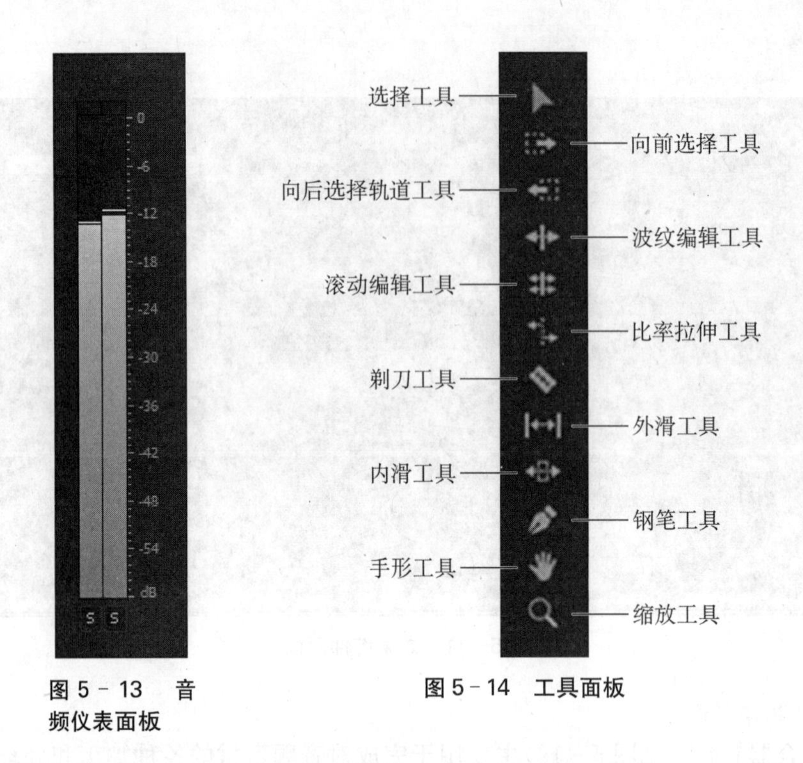

图 5－13　音频仪表面板

图 5－14　工具面板

光标置于某工具上即可查看其名称和键盘快捷键。

(1)【选择】工具，快捷键 V。用于选择用户界面中的剪辑、菜单项和其他对象的标准工具。单击轨道里的某个片段，这个片段就会被选中，可以将选中的文件拖拽至其他轨道、对选中的文件进行右键菜单管理等。按下 Shift 键的同时单击轨道里的多段视频片段可以实现多选。通常，在任何其他更专业的工具使用完毕之后，最好选择一下【选择】工具。

(2)【向前选择轨道】工具，快捷键 A。用【向前选择轨道】工具单击轨道里的片段，则所有轨道自被单击的片段以及其前面的片段全部被选中。该功能在轨道上的视频片段较多，需总体移动时比较方便。如果按下 Shift 键使用【向前选择轨道】工具，则只选中被单击的轨道内的片段以及其前面的片段。

(3)【向后选择轨道】工具，快捷键 Shift＋A。用【向后选择轨道】工具单击轨道里的片段，则所有轨道自被单击的片段以及其后面的片段全部被选中。该功能在轨道上的视频片段较多，需总体移动时比较方便。如果按下 Shift 键使用【向后选择轨道】工具，则只选中被单击的轨道内的片段以及其后面的片段。

(4)【波纹编辑】工具，快捷键 B。选择此工具时，可以修剪【时间轴】内某剪辑的入点或出点。当鼠标滑动至单个视频的两头，调整选中视频的长度，前后相邻片段的出入点并不发生变化，并且仍然保持相互吸合，片段之间不会出现空隙，影片总长度将相应改变。需要注意的是，修改的范围不能超出原视频的范围。

(5)【滚动编辑】工具，快捷键 N。与【波纹编辑】工具不同，用【滚动编辑】工具改变某片段的入点或出点，前后相邻片段的出入点也跟随发生变化，但保持影片的总长度不变。需要注意的是，使用该工具时，视频必须已经修改过长度，有足够剩余的时间长度来进行调整。

(6)【比率拉伸】工具，快捷键 R。用【比率拉伸】工具拖拉轨道里片段的首尾，可使该片段在出入点不变的情况下加快或减慢播放速度，从而缩短或增长时间长度，使得视频播放变成快

进或慢动作的效果。类似的方法也可以采用选中轨道里的某片段，单击鼠标右键，在弹出的快捷菜单里选择【速度】→【持续时间选项】，在弹出的【剪辑速度/持续时间】对话框里进行调节。

(7)【剃刀】工具，快捷键 C。用【剃刀】工具单击轨道里的片段，单击处被剪断，原本的一段片段被剪为两段。在未解除音视频链接的情况下，与视频对应的音频片段也会被剪断。

(8)【外滑】工具，快捷键 Y。择此工具时，可同时更改【时间轴】窗口内某剪辑的入点和出点，并保留入点和出点之间的时间间隔不变。

(9)【内滑】工具，快捷键 U。选择此工具时，可将【时间轴】轨道内的某个剪辑向左或向右移动，同时修剪其周围的两个剪辑。三个剪辑的组合持续时间以及该组在【时间轴】轨道内的位置将保持不变。

(10)【钢笔】工具，快捷键 P。选择【钢笔】工具时，可设置或选择关键帧，或调整【时间轴】轨道内的连接线。选择此工具，在【时间轴】窗口内的视频轨或音频轨上单击，可以在单击处创建关键帧。在关键帧的菱形点处单击鼠标右键，可以在弹出的快捷菜单中选择"淡入"和"淡出"等特效。

(11)【手形】工具，快捷键 H。选择【手形】工具时，可向左或向右移动【时间轴】轨道来查看区域。要注意的是，在查看区域内的任意位置向左或向右拖动，轨道里的片段本身不会发生任何改变。

(12)【缩放】工具，快捷键 Z。选择【缩放】工具时，可以放大或缩小【时间轴】窗口的查看区域。用【缩放】工具在【时间轴】窗口单击，时间标尺将放大；按住 Alt 键同时单击，时间标尺将缩小。要注意的是，此处仅将片段在【时间轴】窗口放大或缩小显示，轨道里的片段本身不会发生变化。

5.2 Premiere 项目文件操作

5.2.1 新建项目文件

新建项目文件可以使用以下两种方法：

(1) 启动 Premiere，显示【开始】界面。可以执行【新建项目】→【打开项目】→【新建团队项目】→【打开团队项目】命令，如果已经在 Premiere 中打开过项目文件，则在该界面中会按时间顺序显示最近编辑过的这些项目文件，如图 5-15 所示。

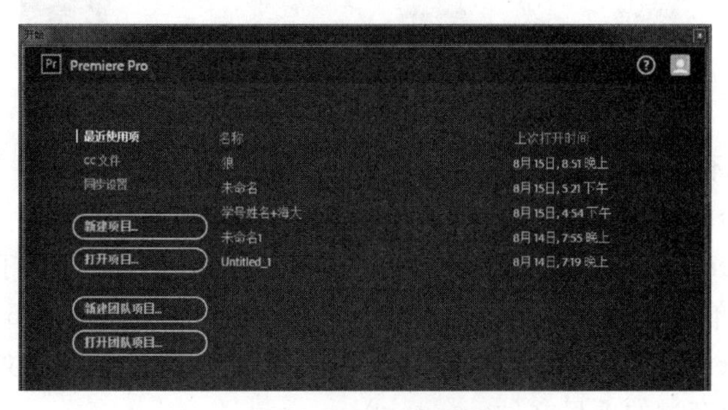

图 5-15　开始界面

单击【新建项目】按钮后，Premiere 会跳出【新建项目】对话框，在对话框上方的【名称】和

【位置】中设置该项目在磁盘的项目名称和存储位置，并对项目的常规属性进行设置，单击【确定】按钮，如图 5 - 16 所示。

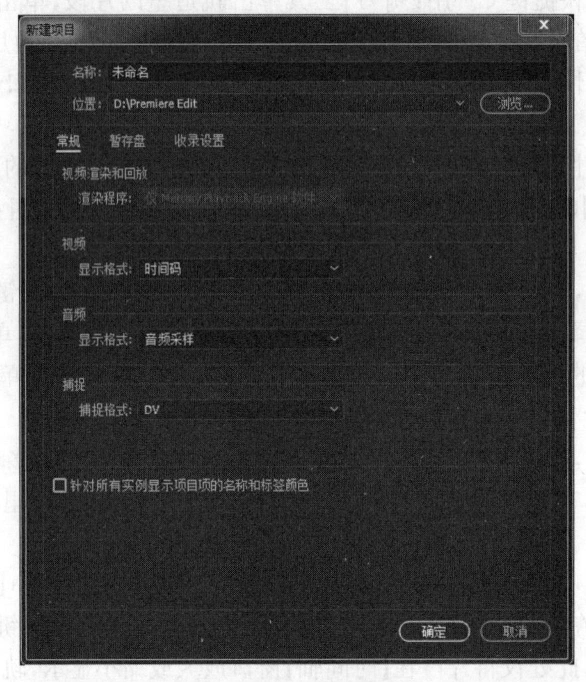

图 5 - 16　新建项目

(2) 在 Premiere 已经启动的情况下新建。执行【文件】→【新建】→【项目】命令(见图 5 - 17)，打开【新建项目】对话框。

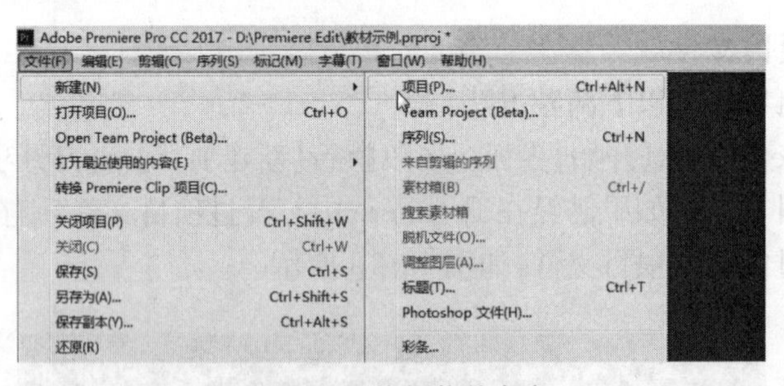

图 5 - 17　执行菜单命令

5.2.2　打开已有的项目文件

如果要打开一个已有的项目文件，可以使用以下几种方法：

(1) 启动 Premiere 后，在开始界面单击【打开项目】按钮，在弹出的【打开项目】对话框中选择需要打开的文件，单击【打开】按钮，即可打开已选择的项目文件(见图 5 - 18)。

(2) 启动 Premiere 后，在开始界面直接选择打开最近编辑过的项目文件(见图 5 - 19)，就可以直接打开最近保存过的项目文件。

(3) 执行菜单命令打开指定的项目文件(见图 5 - 20)。在 Premiere 已经启动的情况下，执行【文件】→【打开项目】命令或按快捷键 Ctrl＋O，打开【打开项目】对话框。

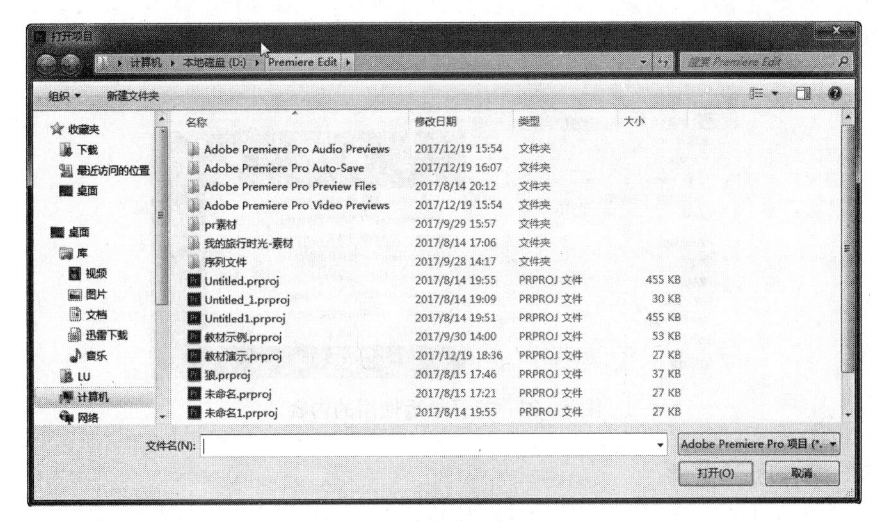

图 5－18　打开项目文件

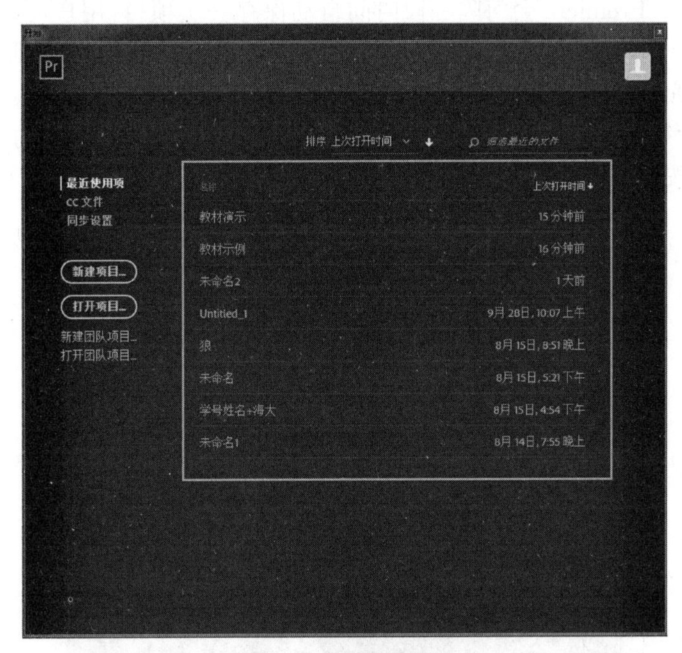

图 5－19　最近的文件

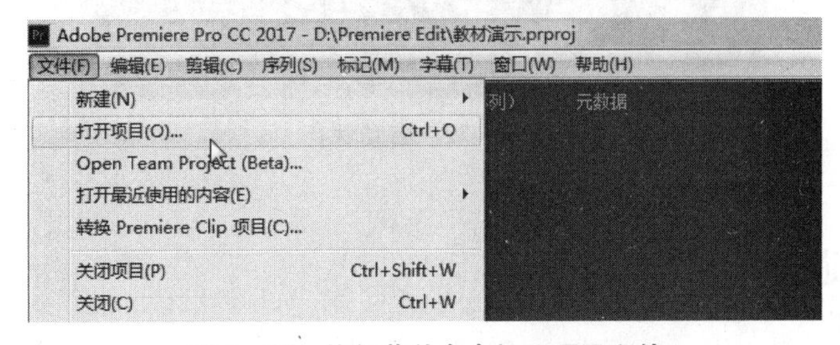

图 5－20　执行菜单命令打开项目文件

（4）执行菜单命令打开最近使用的项目文件，如图 5 - 21 所示。

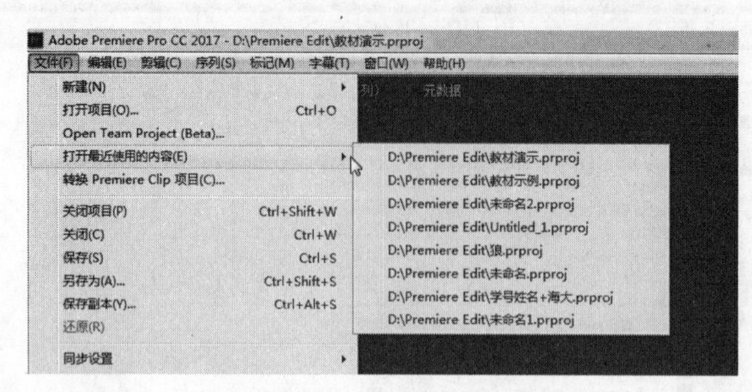

图 5 - 21 打开最近使用的内容

5.2.3 保存项目文件

（1）对于编辑过的项目，如果需要保存，执行【文件】→【保存】命令或按快捷键 Ctrl+S。

（2）也可以通过执行【文件】→【另存为】命令或【文件】→【保存副本】命令保存项目。

（3）自动保存。Premiere 会每隔一段时间自动保存一次项目，用户可以根据需求设置自动保存功能。执行【编辑】→【首选项】→【自动保存】命令，弹出【首选项】对话框，在对话框中设置【自动保存时间间隔】和【最大项目版本】。

图 5 - 22 表示每隔 15 min 将自动保存一次，系统将存储最后 20 次存盘的项目文件。设置完成后，单击【确定】按钮退出对话框。这样，用户就不必担心由于意外而造成工作数据的丢失。

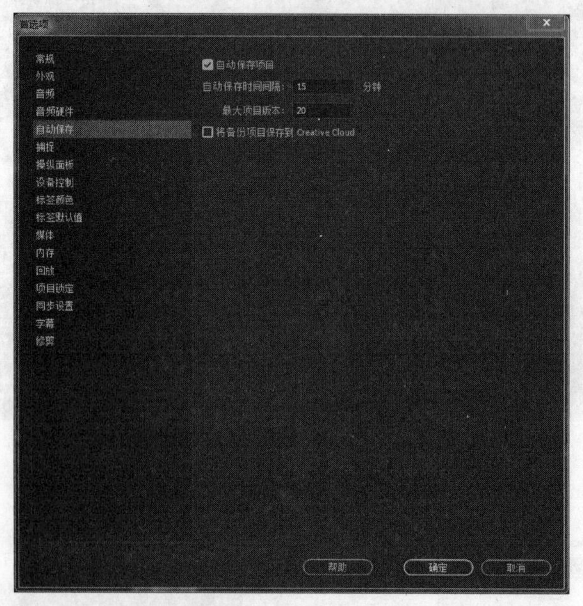

图 5 - 22 自动保存

5.3 序列和轨道的操作

5.3.1 新建序列

序列是项目文件的一部分，一个项目文件可以包含一个或多个序列，用户最终输出的影片

就来自于序列中的剪辑。【时间轴】窗口可以有多个序列面板，序列则由多个视音频轨道还有字幕轨道组成。序列的新建有以下几种方法。

(1) 在【项目】窗口的空白处单击鼠标右键，在弹出的快捷菜单中执行【新建项目】→【序列】命令，如图 5-23 所示。

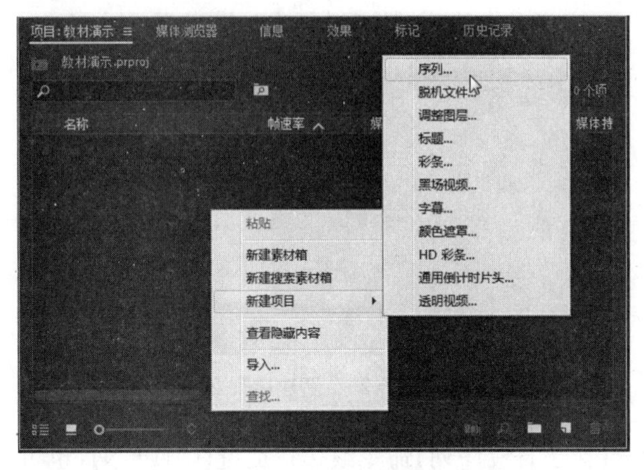

图 5-23　新建序列 1

在弹出的【新建序列】对话框中，根据视频素材的拍摄机器不同，选择不同的有效预设(见图 5-24)，如 DV 分类中有 DV-24p、DV-NTSC 和 DV-PAL 三种，不同的分类代表不同的制式。我们在第 2 章多媒体技术基础中介绍过，世界上主要使用的电视广播制式有 PAL、NTSC 和 SECAM 三种。其中，中国大部分地区，德国、英国以及绝大部分欧洲国家，南美洲和澳大利亚等国家采用 PAL 制式；美国、加拿大等大部分西半球国家，日本、韩国以及我国台湾省采用 NTSC 制式；俄罗斯、法国以及东欧等国则使用 SECAM 制式。因此，若视频拍摄机器是 DV，则应选用 DV-PAL 进行编辑。

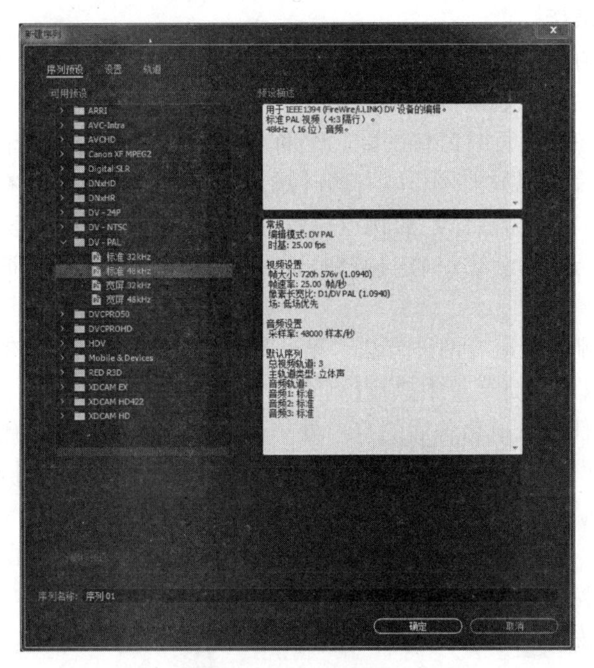

图 5-24　序列设置

这里，选择【DV－PAL】下的【标准 48 kHz】选项，然后单击【确定】按钮完成新建序列。进入 Premiere 工作界面，就可以进行编辑工作了。

(2) 单击【项目】窗口右下方的【新建项】图标，在弹出的菜单中执行【序列】命令，弹出【新建序列】对话框。

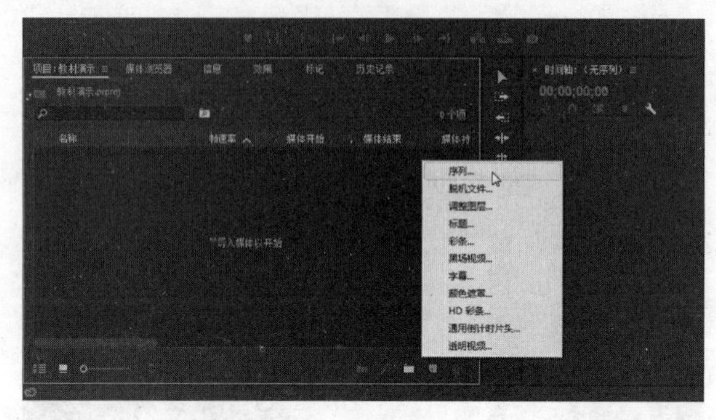

图 5－25　新建序列 2

(3) 执行【文件】→【新建】→【序列】命令或按快捷键【Ctrl＋N】，也可以打开【新建序列】对话框。

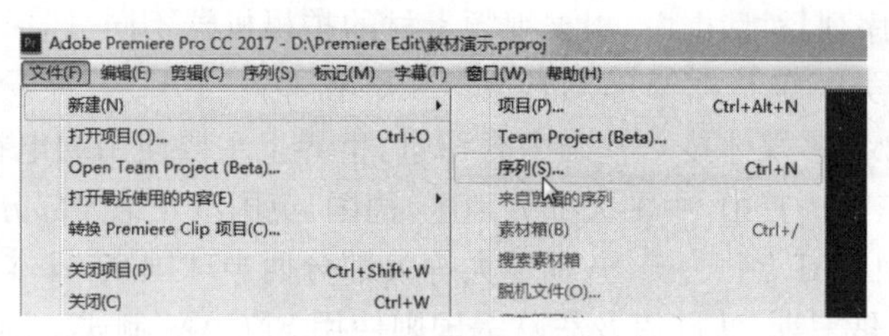

图 5－26　新建序列 3

5.3.2　轨道的操作

在序列中默认存在三个视频轨道、三个音频轨道和一个主音频轨道，在视频的剪辑过程中，可以根据需要随时添加或删除不同轨道。

(1) 添加轨道。在【时间轴】窗口的轨道名称后的空白处单击鼠标右键，在弹出的快捷菜单中执行【添加轨道】命令(见图 5－27)，打开【添加轨道】对话框，分别在【视频轨道】和【音频轨道】的添加数值框中输入需要添加的轨道数量，然后在【放置】下拉列表中选择希望放置的位置，如图 5－28 所示。最后，单击【确定】按钮，返回到 Premiere 工作界面，即可查看添加后的视频和音频轨道。

(2) 删除轨道。删除轨道有两种方法。第一种方法是在需要删除的轨道名称后的空白处单击鼠标右键，在弹出的快捷菜单中执行【删除单个轨道】命令，如图 5－29 所示。

第二种方法是在任意轨道名称后的空白处单击鼠标右键，在弹出的快捷菜单中选择【删除轨道】选项，打开【删除轨道】对话框，在里面设置需要删除的轨道(见图 5－30)，最后单击【确定】按钮就可以完成轨道的删除。

(3) 轨道的锁定。制作视频的时候，由于轨道间的剪辑都互有关系，为避免错误操作，可以将当前不需要进行操作的轨道进行锁定操作。单击需要锁定轨道前方的【切换轨道锁定】按钮，此时按钮变成蓝色状态，就表示这条轨道已经被锁定，无法进行任何操作。如果需

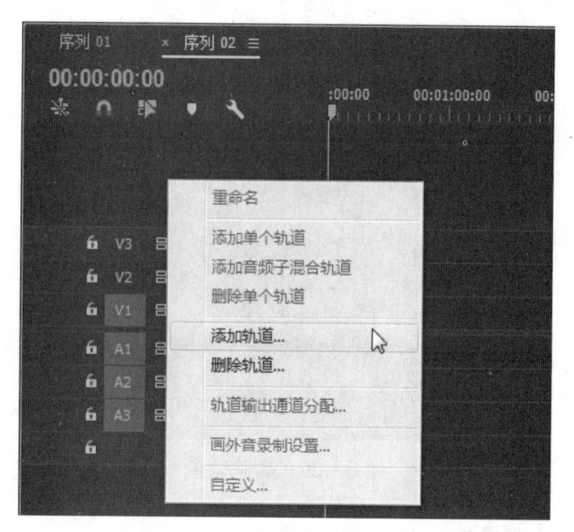

图 5－27　执行添加轨道命令

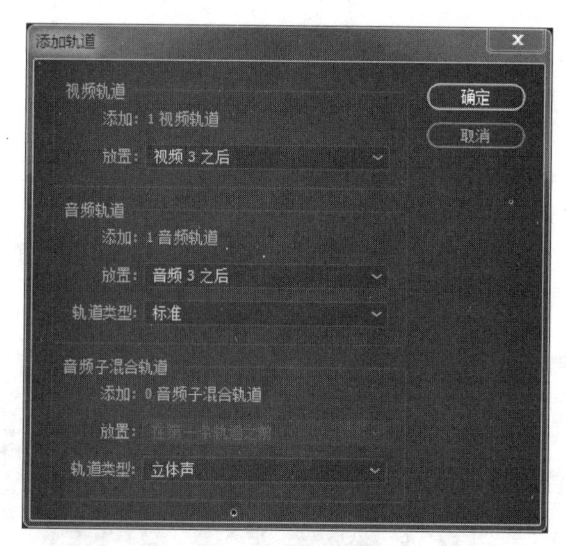

图 5－28　添加轨道

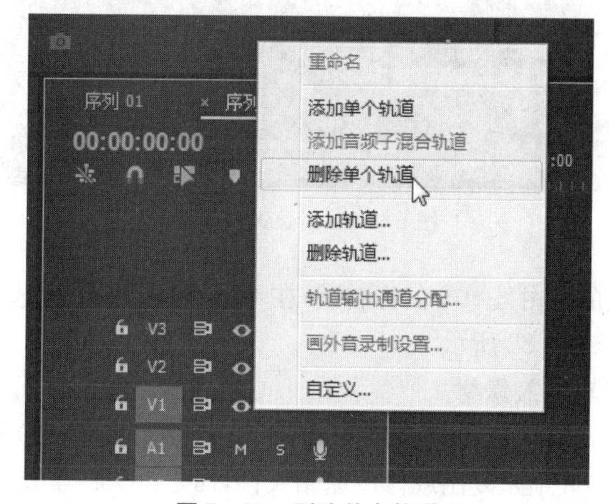

图 5－29　删除单个轨道

图 5-30 删除轨道

要解锁，只需要再次单击【切换轨道锁定】按钮即可。

5.4 素材的导入与管理

5.4.1 新建素材箱

如果项目文件很大、素材内容很多的时候，素材文件会不容易查找。有必要通过创建素材箱来将素材进行分类整理。素材箱的创建有以下两种方法。

(1) 单击【项目】窗口右下方的【新建素材箱】按钮，即可创建素材箱，并可以对素材箱重命名，如图 5-31 所示。

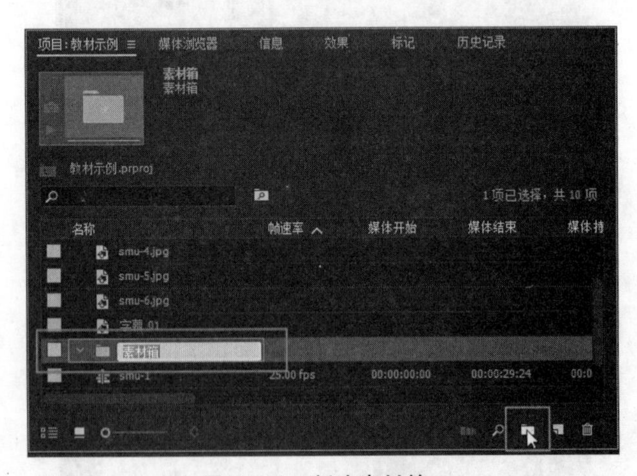

图 5-31 新建素材箱 1

(2) 在【项目】窗口的空白处单击鼠标右键，在弹出的快捷菜单中选择【新建素材箱】选项，也可以创建素材箱，如图 5-32 所示。

5.4.2 视频采集与导入素材

将素材导入到 Premiere 项目中时，就会创建一个从原始媒体到位于项目内指针的链接。这样在进行编辑的时候，并不是复制或修改原始文件，而是以一种非破坏性的方式从它当前的位置对原始媒体进行操作。Premiere Pro CC 2017 支持图像、视频、音频等多种类型和文件格

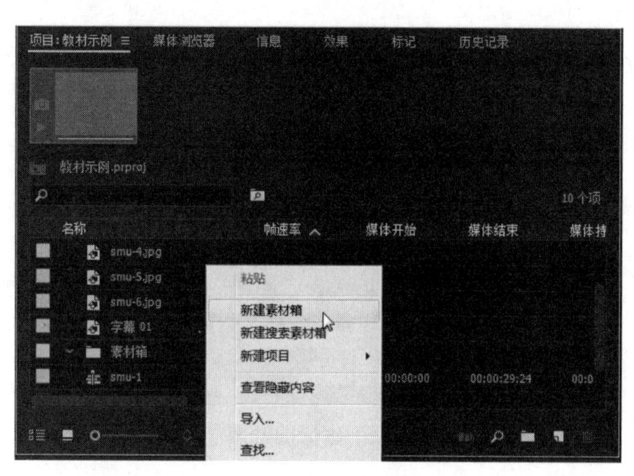

图5-32　新建素材箱2

式的素材导入，它们的导入方法基本相同。将准备好的素材导入到【项目】窗口中，可以通过多种操作方法来完成。

(1) 通过命令导入。执行【文件】→【导入】命令，或按快捷键Ctrl+I，或在【项目】窗口中的空白位置单击鼠标右键，在弹出的快捷菜单中选择【导入】命令(或双击直接打开【导入】对话框)，在弹出的【导入】对话框中展开素材的保存目录，选择需要导入的素材，然后单击【打开】按钮，即可将选择的素材导入到【项目】窗口中，如图5-33所示。

通过命令导入的方法适用于独立的资源，尤其是当知道这些资源在硬盘上的确切位置并能快速找到它们的时候。但是不适合基于文件的摄像机素材，摄像机素材就需要用到第二种方法。

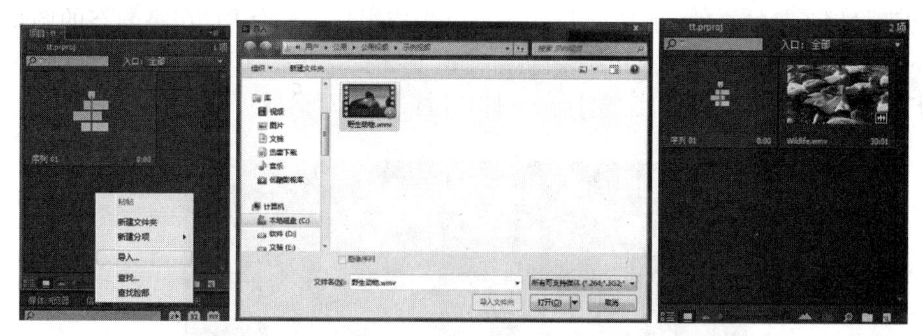

图5-33　导入素材文件

(2) 从媒体浏览器导入素材。媒体浏览器是一种查看媒体资源并将它们导入Premiere的强大工具。在媒体浏览器当中，不用处理复杂的摄像机文件夹结构，只要能够看到元数据包含的重要信息，如视频时长、录制日期、文件类型等，就能根据需要选择正确的剪辑，你也可以根据需要直接双击剪辑，在【源】监视器窗口查看剪辑。在【媒体浏览器】面板中展开素材文件夹，将需要导入的一个或多个文件选中，然后单击鼠标右键并执行【导入】命令，即可完成指定素材的导入，如图5-34所示。

Premiere的媒体浏览器几乎可以显示所有的文件格式，支持在同一个序列中混合不同剪辑格式，使得剪辑变得更为方便和顺利。

(3) 拖入外部素材。在文件夹中将需要导入的一个或多个文件选中，然后按住并拖动到

图 5-34　媒体浏览器面板

【项目】窗口中，即可快速完成指定素材的导入，如图 5-35 所示。

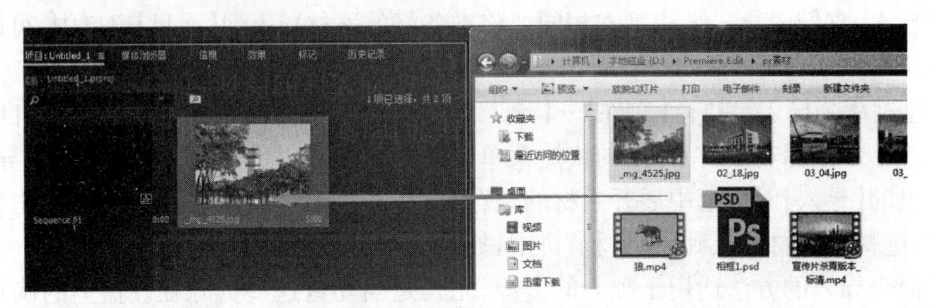

图 5-35　拖入素材文件

5.4.3　导入图像素材

图像素材属于静帧文件，在 Premiere 中可以当成视频剪辑使用，在将静态的图像文件加入到 Premiere 中时，应该先设置其默认持续时间，具体操作步骤如下：

执行【编辑】→【首选项】→【常规】命令，打开【首选项】对话框。

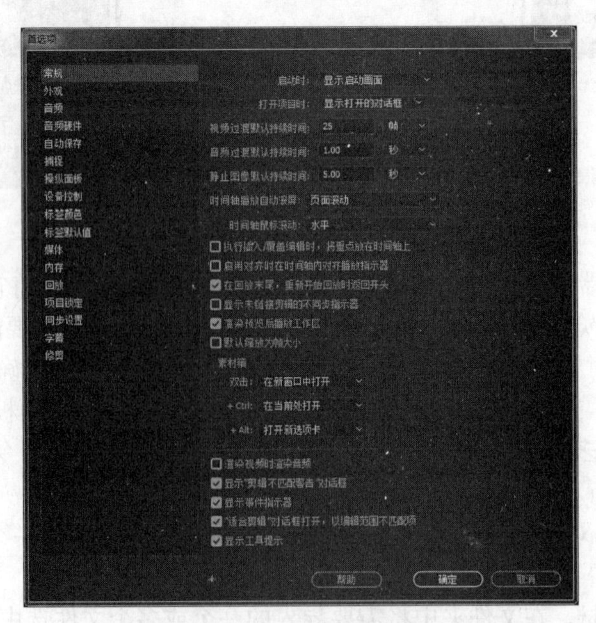

图 5-36　首选项对话框

在弹出的对话框中可以对静帧图像默认持续时间进行设置，默认为 125 帧（即 5 s，每秒 25 帧），设置好之后单击【确定】按钮。

双击【项目】面板【名称】选项卡空白处，在弹出的【导入】对话框中，选择需要导入的图片素材，然后单击【打开】按钮，这样就可以将选择的素材文件导入到【项目】面板中。

5.4.4　导入序列文件

序列文件是带有统一编号的图像文件。如果只是把序列图片中的某一张导入，它就是静态图像文件；如果将其按照序列全部导入，系统会自动将这个整体作为一个视频文件。

按下快捷键 Ctrl+I，在弹出的【导入】对话框中，打开所需序列文件夹，可以看到里面有多个名称命名是统一编号的图像文件，如图 5-37 所示。

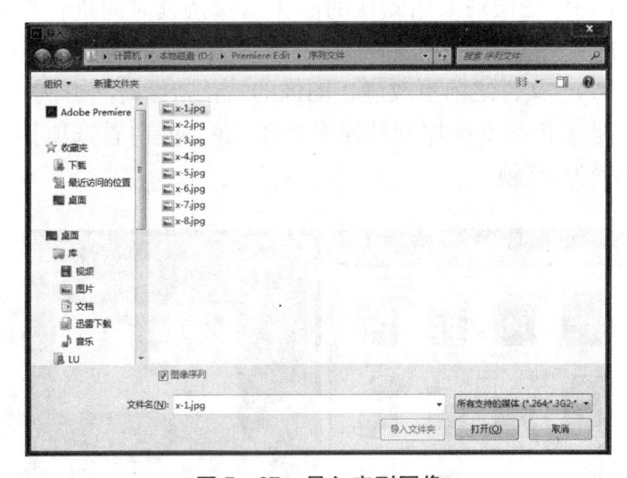

图 5-37　导入序列图像

选中序列图片中的第一张图片，勾选【图像序列】的复选框，然后单击【打开】按钮。

在【项目】窗口以列表方式显示素材，可以看到序列文件的图标与视频文件的图标是一样的，但是它的后缀名保持为【.jpg】（与图片后缀一样），双击该序列文件可以在【源】监视器窗口中进行播放预览，如图 5-38 所示。

图 5-38　序列图像显示

5.4.5　导入图层文件

图层文件也是静帧图像文件，但是与一般的图像文件不同的是，图层文件包含了多个相互

独立的图像图层。在 Premiere Pro CC 2017 中，可以将图层文件的所有图层作为一个整体导入，也可以单独导入其中的一个图层。

Premiere 会导入在原始文件中应用的属性，包括位置、不透明度、可见性、透明度（Alpha 通道）、图层蒙版、调整图层、普通图层效果、图层剪切路径、矢量蒙版以及剪切组。

通过导入分层的 Photoshop 文件功能，可方便地使用在 Photoshop 中创建的图形。当 Premiere 将 Photoshop 文件作为未合并的图层导入时，文件中的每个图层都将变成素材箱中的单个剪辑。每个剪辑的名称构成方式为：图层名称后接包含图层的文件的名称。每个图层将按照【首选项】中为静止图像选择的默认持续时间导入。

用户可以像导入任何其他 Photoshop 文件一样导入包含视频或动画的 Photoshop 文件（见图 5 - 39）。由于每个图层均采用默认的静止图像持续时间进行导入，因此导入的视频或动画的回放速度可能与 Photoshop 文件中的视频或动画源的回放速度不同。要实现一致的速度，请在导入 Photoshop 文件之前更改静止图像的默认持续时间。例如，如果 Photoshop 动画以 30 fps 的速率创建且 Premiere 序列帧速率为 30 fps，应在【首选项】中将 Premiere 的静止图像默认持续时间设置为 30 帧。

图 5 - 39　导入图层文件

在【导入分层文件】对话框中选择的选项决定了在向 Premiere 执行导入时如何解释视频或动画中的图层。

按下快捷键 Ctrl+I 打开【导入】对话框，选择所需要的图层文件，然后单击【打开】按钮，弹出【导入分层文件】对话框，其中【导入为】选项分为：

【合并所有图层】：合并所有图层，并将文件作为单个拼合 PSD 剪辑导入 Premiere。下面图层将全部以灰度表示，按照这种方式导入的图像文件，所有图层将合并为一个整体。

【合并的图层】：仅将选定的图层作为单一的拼合 PSD 剪辑导入 Premiere。下面图层处于激活状态，可以选择需要导入的图层，按照这种方式导入的图像文件，所选择的图层将合并为一个整体。

【各个图层】：仅将从列表中选择的图层导入素材箱中，其中每个源图层对应一个剪辑。下面图层将处于激活状态，可以选择需要导入的图层，按照这种方式导入的图像文件，所选择的图层将全部导入并且保持各图层的相互独立。

【序列】：仅导入选定的图层并将每个图层作为单个剪辑。下面图层将处于激活状态，可以选择需要导入的图层，按照这种方式导入的图像文件，所选择的图层将全部导入并且保持各图层的相互独立。

5.5　素材的基本操作

5.5.1　对素材进行编辑处理

对于导入到【项目】窗口中的素材，为符合影片制作要求，通常需要进行一些修改和编辑，比如，可以通过在【源】监视器窗口修改视频的入点和出点，使得得到的片段就是需要的部分，还可以调整视频素材的播放速度，或者修改视频、音频、图像素材的持续时间等。本小节将给大家介绍截取视频的两种方法。

(1) 在【项目】窗口中双击视频素材，视频显示在【源】监视器窗口中。在【源】监视器窗口中，根据需求选择视频素材的切入点，单击【标记入点】按钮，添加入点。同样的方法选择视频素材的出点，单击【标记出点】按钮，添加出点。被标记的时间段显示为浅灰色，将【源】监视器窗口中的素材拖至视频轨道(或单击【插入】按钮)，便可以将入点与出点之间的视频片段插入到【时间轴】轨道中，如图 5－40 所示。

图 5－40　截取视频

(2) 直接将【项目】窗口中的素材文件拖至【时间轴】窗口的视频轨道，在【工具】面板中选择【剃刀】工具，在轨道上相应的时间点进行切割，将视频分为几个独立的片段，使用【工具】面板中的【选择工具】选中前后两段不需要的部分，按 Delete 键删除(见图 5－41)。并将中间部分拖至【时间轴】起点。

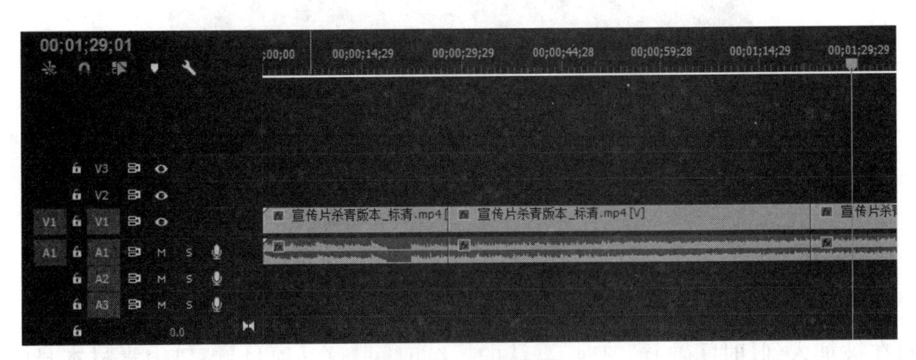

图 5－41　切割视频

5.5.2　在时间轴中编排素材

前面介绍过序列的创建方法，也介绍了素材的编辑处理。有了序列和素材之后，就可以开始进行合成序列的内容编辑了。将素材剪辑加入到【时间轴】轨道上，对它们在影片出现的时

间以及出现的位置开始进行编排。

在【项目】窗口中直接将素材拖动至视频轨道的开始位置，在释放鼠标后，即可将其入点对齐在(00:00:00:00)的位置，如图5-42所示。

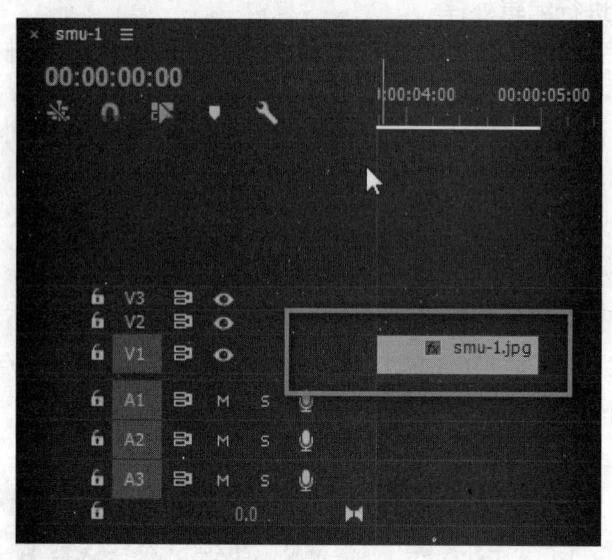

图5-42 加入素材

将鼠标移至素材上停留，会显示出素材的名称、开始、结束和持续时间等信息，如图5-43所示。要注意的是，素材在【时间轴】窗口中的持续时间是指在轨道中的入点(即开始位置)到出点(即结束位置)之间的长度，但它不完全等同于在【项目】窗口中素材本身的持续时间。

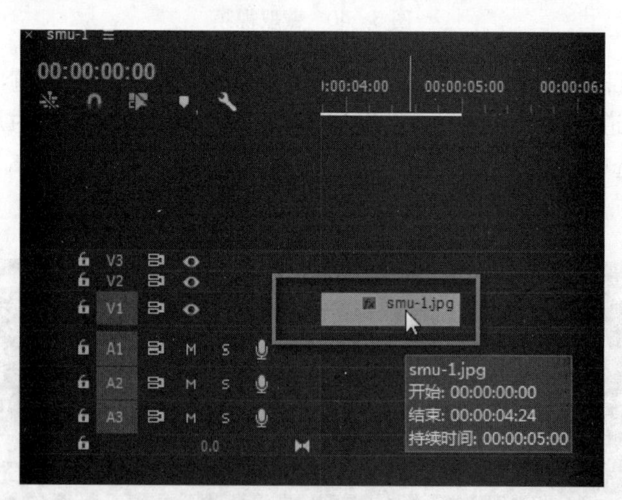

图5-43 素材信息

素材在被加入到【时间轴】窗口时，默认的持续时间与在【项目】窗口中素材本身的持续时间相同。在对【时间轴】窗口中的素材持续时间进行调整时，不会影响【项目】窗口中素材本身的持续时间。对【项目】窗口中素材的持续时间进行修改后，新加入到【时间轴】窗口中的该素材则应用新的持续时间，但是，在修改之前加入到【时间轴】窗口中的素材不受影响。

为了方便查看素材剪辑的内容与持续时间，可以将鼠标移动至视频轨道的轨道头上，向前

滑动鼠标的滚轮，增加轨道的显示高度，显示出素材剪辑的预览图像，如图5-44所示。拖动窗口下边的显示比例滑块头，或者按+-键，可以调整时间标尺的显示比例，以方便清楚地显示出详细的时间位置。

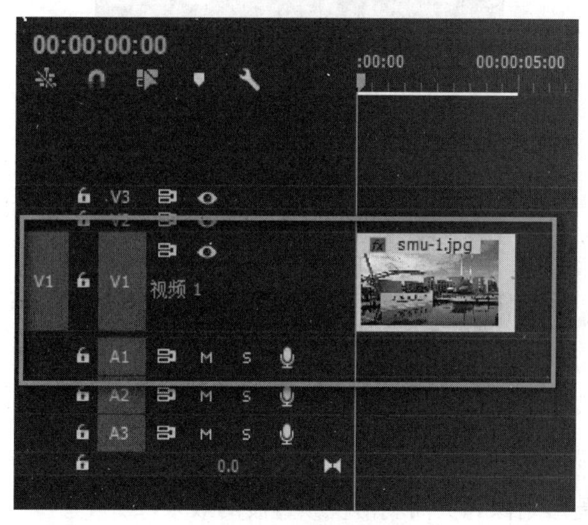

图5-44　素材查看

如果需要同时加入多个素材，可以按住Shift键，在【项目】窗口中依次选中需要的素材，然后将它们拖入至【时间轴】窗口的视频轨道上，如图5-45所示。

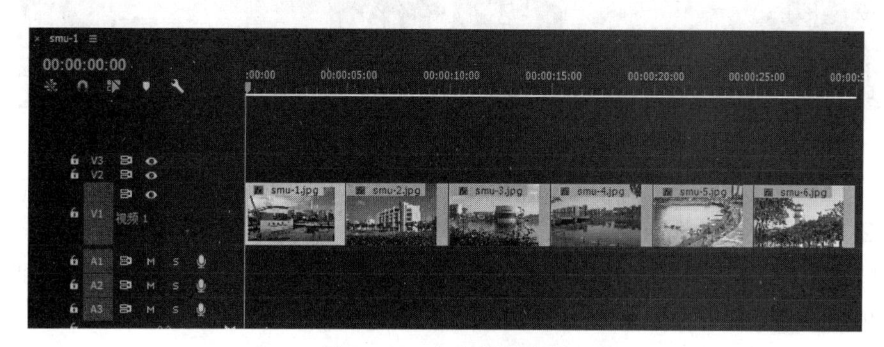

图5-45　加入所有素材

5.6　视频过渡

5.6.1　视频过渡简介

视频过渡就是将场景从一个镜头转移到下一个镜头。一般情况下，使用简单的剪切将视频作品中的一个镜头转移到另一个镜头就是一个视频过渡，但是很多时候用户会希望通过不同的方式，比如淡入淡出等方法在两个镜头之间过渡，以更好地展现影视媒体。Premiere提供了很多的过渡方法，比如说擦除、缩放和溶解等。过渡可以放在两个镜头之间的剪切线上，也可以放在剪辑的开头或结尾。

视频过渡位于【效果】面板的素材箱中。Premiere提供了许多视频过渡方法，在素材箱中按照类型放置(见图5-46)，分别包括以下几种类型：3D运动、划像、擦除、溶解、滑动、缩放、

页面剥落，每种类型下面还有很多不同的选项，选择不同的选项，分别可以实现两个素材场景不同的转换方式。

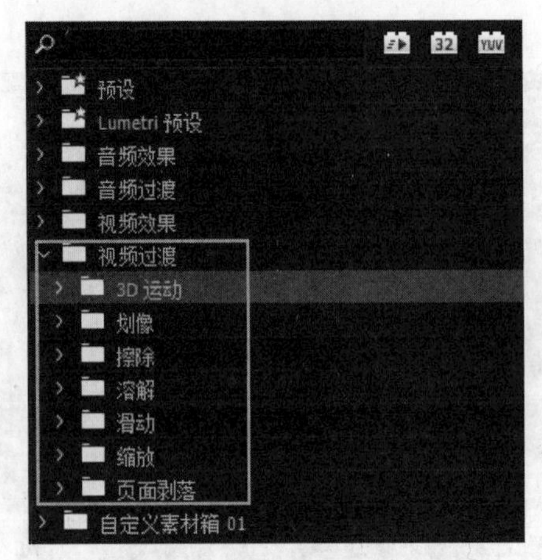

图 5-46 视频过渡包含的类型

图 5-47 为应用菱形划像和页面剥落视频过渡的效果。

图 5-47 视频过渡的效果

5.6.2 视频过渡的添加

执行【窗口】→【效果】命令或按快捷键 Shift+7 打开【效果】面板，单击【视频过渡】文件夹前面的三角按钮 >，展开列表，就会显示所有的视频过渡效果。

如果需要在素材之间添加视频过渡，必须保证这两段素材在同一轨道上，而且不存在间隙。将过渡效果拖到轨道中的两个素材之间即可，当然也可以是前一个素材的出点处或者是后一个素材的入点处，如图 5-48 所示。

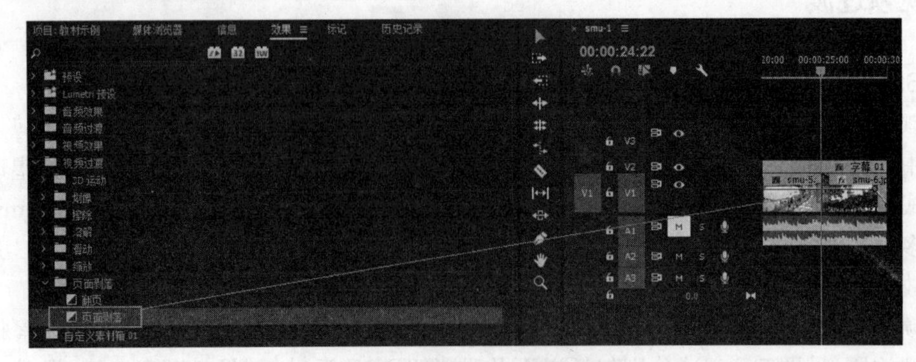

图 5-48 应用视频过渡效果

释放鼠标，两个素材之间就会出现视频过渡图标，鼠标移动至图标上停留，会显示视频过渡的名称。或者是按下快捷键+放大【时间轴】窗口中时间标尺的单位比例，也能看到两个素材之间的视频过渡名称。

在【节目】监视器窗口内单击【播放-停止切换按钮】或按快捷键 Space 可以播放影片，预览应用视频过渡的效果(见图 5－49)。

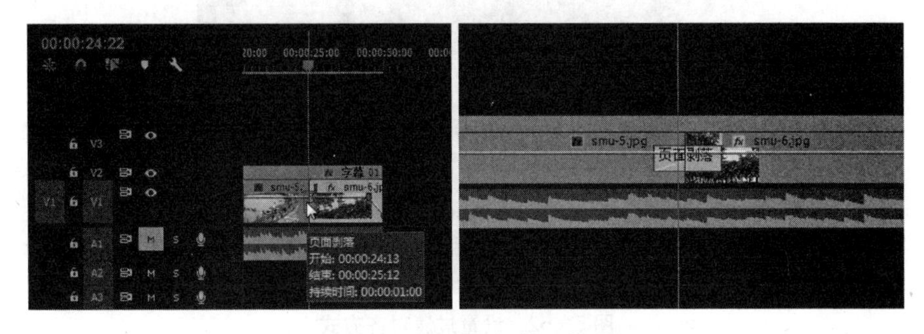

图 5－49　视频过渡信息显示

5.6.3　视频过渡的设置

添加视频过渡效果之后，用户可以根据需要进行一定范围内的设置和修改，包括过渡效果的持续时间、对齐方式、显示素材等。

1. 设置持续时间

(1) 执行【窗口】→【效果控件】命令或按快捷键 Shift+5，打开【效果控件】面板，单击【持续时间】右侧的数值，输入自定义时间值，就可以设置视频过渡的持续时间(见图 5－50)。

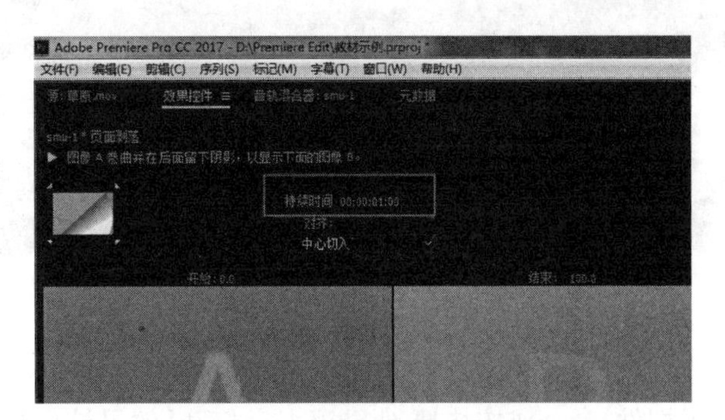

图 5－50　持续时间的设置 1

(2) 在过渡效果名称上单击鼠标右键，在弹出的快捷菜单中选择【设置过渡持续时间】选项，弹出【设置过渡持续时间】对话框，单击【持续时间】右侧的数值，输入自定义时间值，就可以设置视频过渡的持续时间(见图 5－51)。

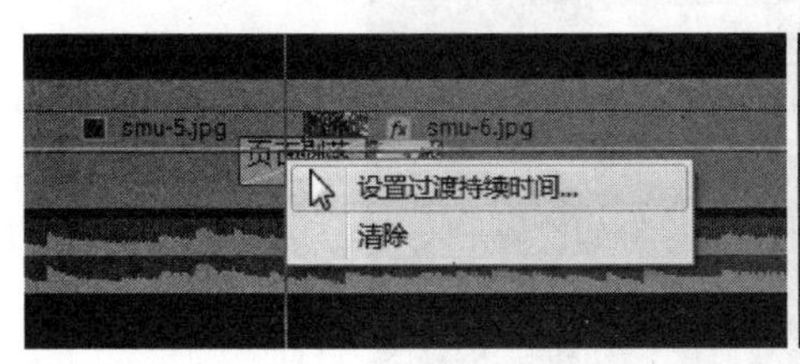

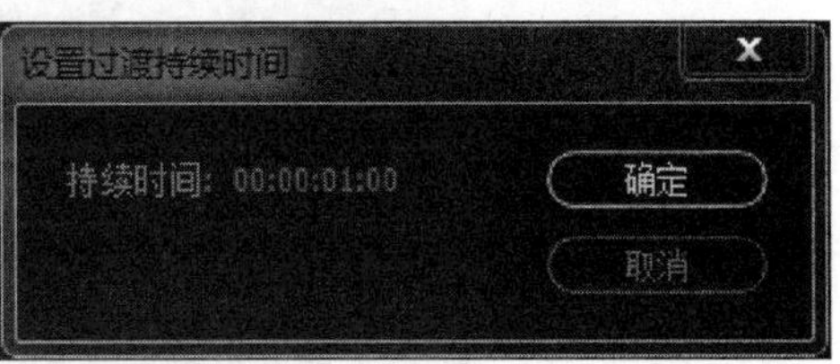

图 5－51　持续时间的设置 2

2. 设置对齐方式

执行【窗口】→【效果控件】命令或按快捷键 Shift+5，打开【效果控件】面板，根据用户需求选择过渡效果发生在素材之间的对齐方式，此处选择【中心切入】选项，如图 5-52 所示。

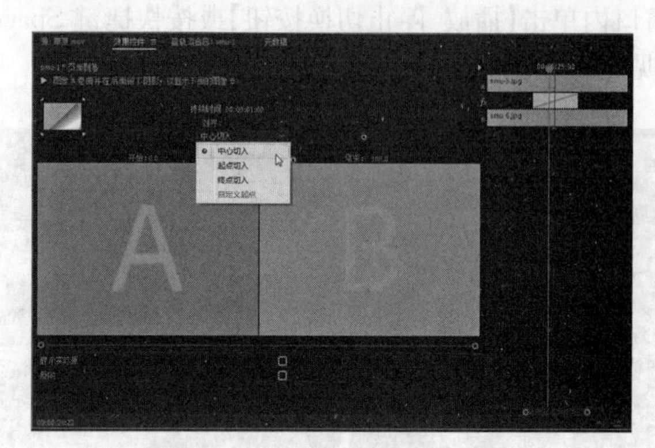

图 5-52 设置过渡对齐方式

注意：过渡效果对齐方式分别代表不同的含义。其中，【中心切入】对齐方式是指过渡动画的持续时间在两个素材之间各占一半。【起点切入】是指在前一素材中没有过渡效果，在后一素材的入点处开始。【终点切入】则是指过渡动画全部在前一素材的出点处。

在【效果控件】窗口右侧的【时间轴】上添加了过渡效果的位置拖动时间轴指针，即可在【节目】监视器窗口中查看到应用了过渡切换效果的画面，如图 5-53 所示。

图 5-53 预览过渡效果

3. 显示素材画面

执行【窗口】→【效果控件】命令或按快捷键 Shift+5，打开【效果控件】面板，选择【显示实际源】右侧的复选框，A、B 区域内的画面将分别显示视频过渡所连接的前后素材(见图 5-54)。

图 5-54 显示素材画面

5.6.4　视频过渡的替换和删除

在添加视频过渡并进行预览之后，如果发现添加的过渡并没有达到理想的预期效果，可以替换或删除这个不需要的视频过渡。

1. 视频过渡的替换

在【效果面板】中重新选择需要的过渡效果，将其拖到【时间轴】面板中需要被替换的效果上，就可以实现替换。

2. 视频过渡的删除

单击需要删除的过渡效果，按 Delete 键或者单击鼠标右键，在弹出的快捷菜单中执行【清除】命令，就可以实现过渡的删除。

5.7　视频效果

5.7.1　视频效果简介

Premiere 包括 100 多种视频效果，通过效果的应用可以增添特别的视觉特性。比如，可以通过效果改变素材的曝光度或颜色；也可以通过效果对素材进行扭曲图像或增添艺术效果；还可以通过效果来旋转和动画化剪辑；当然也可以在帧内调整剪辑的大小和位置。

视频效果位于【效果】面板的素材箱中。Premiere 提供了许多视频效果，在素材箱中按照类型放置(见图 5－55)，分别包括以下几种类型：Obsolete、变换、图像控制、实用程序、扭曲、时间、杂色与颗粒、模糊与锐化、生成、视频、调整、过时、过渡、透视、通道、键控、颜色校正、风格化，每种类型下面还有很多不同的选项，选择不同的选项，分别可以实现不同的效果。

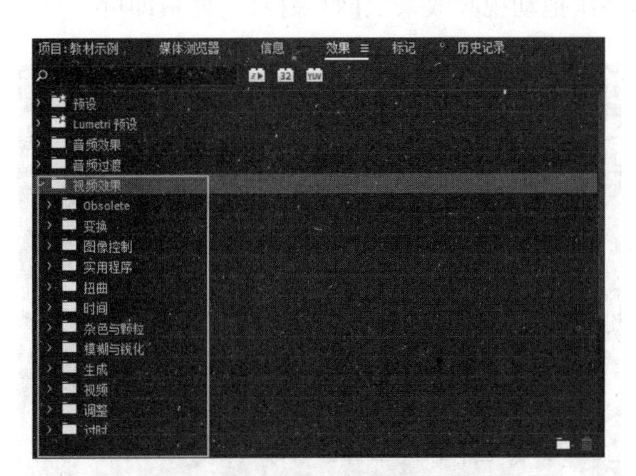

图 5－55　视频效果包含的类型

图 5－56 为应用扭曲分类下面的旋转效果的前后对比图。

图 5－56　旋转效果的应用

5.7.2 视频效果的添加

执行【窗口】→【效果】命令或按快捷键 Shift+7,打开【效果】面板,单击【视频效果】文件夹前面的三角按钮 › ,展开列表,就会显示所有的视频效果。

1. 单独一个素材添加视频效果

(1) 将选中的视频效果直接拖至轨道中的素材上,就可以为素材添加视频效果,如图 5-57 所示。

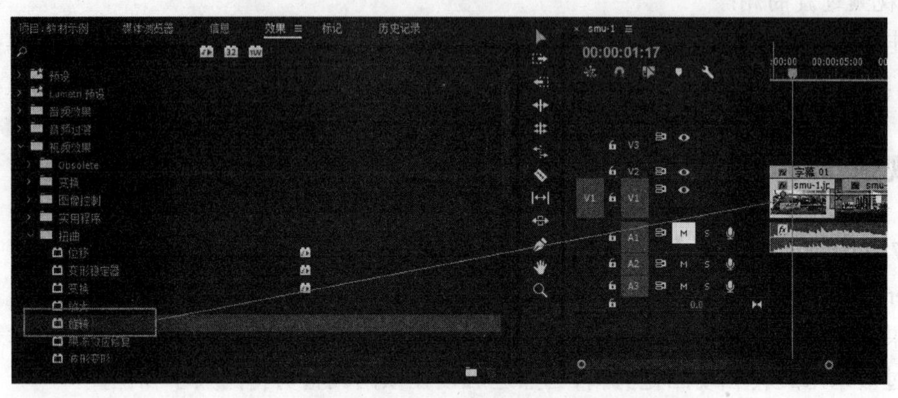

图 5-57 添加视频效果 1

(2) 首先选中轨道中需要添加效果的素材,然后将【效果】面板中需要添加的视频效果直接拖至【效果控件】面板中,如图 5-58 所示。如果用户需要为同一个素材添加多个视频效果,只要按照上面的方法,多次拖动视频效果至【效果控件】面板即可。

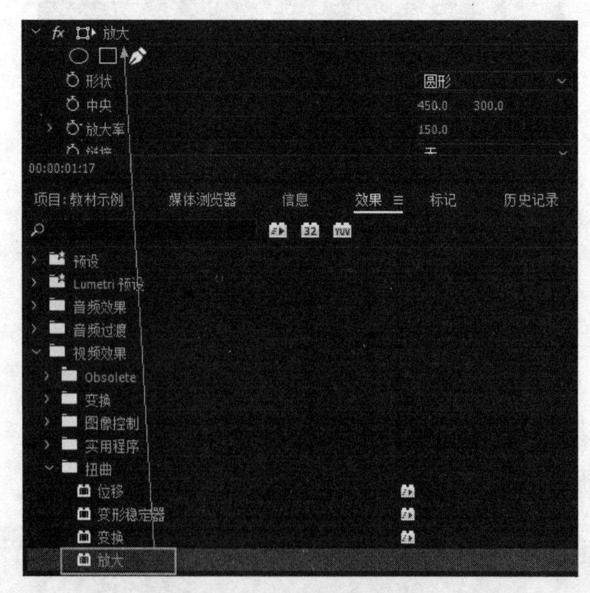

图 5-58 添加视频效果 2

2. 多个素材添加同一视频效果

当很多个剪辑都需要添加同一个视频效果时,特别是视频效果的参数经过修改的情况下,为了提高影片剪辑的速度,可以采用以下两种方法。

(1) 复制视频效果。首先单击影片剪辑设置好的视频效果，然后在【效果控件】面板内选中视频效果，单击鼠标右键，在弹出的快捷菜单中执行【复制】命令。然后，选择其他需要添加效果的剪辑，在【效果控件】面板的空白区域单击鼠标右键，在弹出的快捷菜单中执行【粘贴】命令。

(2) 保存设置好的视频效果。首先单击影片剪辑设置好的视频效果，然后在【效果控件】面板内选中视频效果，单击鼠标右键，在弹出的快捷菜单中执行【保存预设】命令，弹出【保存预设】对话框(见图5-59)，输入名称，单击【确定】按钮。

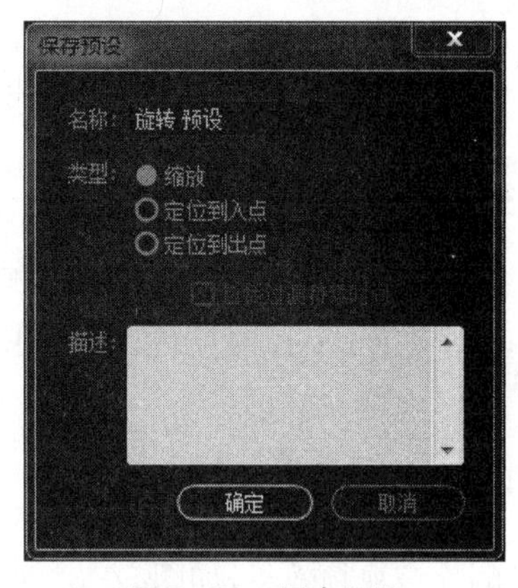

图5-59　保存预设

然后在【效果】面板中的【预设】下拉菜单中找到刚刚保存的视频效果，将视频效果添加给素材，添加方法与给单独一个素材添加视频效果相同。

(3) 创建调整图层。调整图层具有很强大的功能，就是向一系列剪辑同时应用效果或不透明调整。与 Adobe Photoshop 的调整图层功能相似，应用至调整图层的效果会影响图层堆叠顺序中位于其下的所有图层。既可以在单个调整图层上使用效果组合，也可使用多个调整图层控制更多效果。

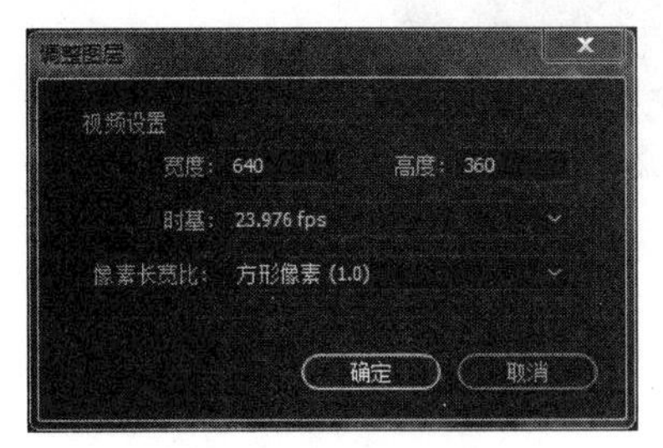

图5-60　调整图层

首先，创建调整图层。执行【文件】→【新建】→【调整图层】命令，弹出【调整图层】对话框(见图5-60)，根据需求修改调整图层的设置，然后单击【确定】按钮，完成创建。从【项目】窗口将调整图层拖至【时间轴】窗口中要添加视频效果的素材上方的视频轨道上(或覆盖在其上)，并将图层长度拖至与下方素材相等。然后，在调整图层上添加视频效果，添加方法与给单独一个素材添加视频效果相同。

在【节目】监视器窗口内单击【播放-停止切换按钮】或按快捷键 Space 可以播放影片，预览应用视频效果的效果。

5.7.3　视频效果的设置

添加视频效果之后，用户可以对视频效果的参数进行设置和修改。需要注意的是，Premiere 中的视频效果属性参数并不是一成不变的，而是会随着视频效果的改变而变化，但基本操作方法都是一样的。

在【效果控件】面板中，单击视频效果前面的三角按钮，即可展开对应效果的所有参数，如图5-61所示为放大效果的所有参数。可以通过拖动参数中的滑块，或是在参数文本框中

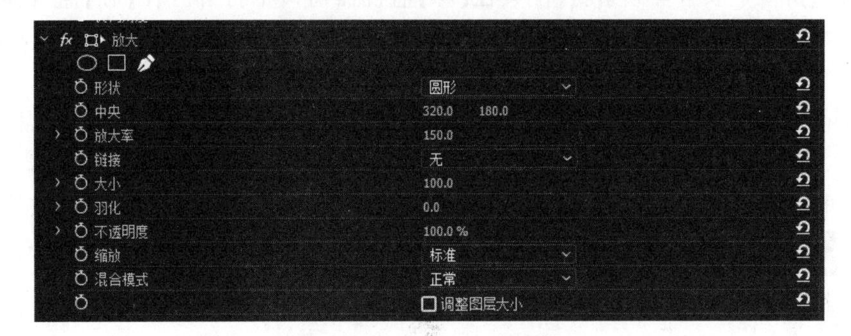

图5-61　放大效果的参数

输入参数值来调节参数，从而调整视频效果。

5.7.4 视频效果的隐藏和删除

1. 视频效果的隐藏

前面介绍了一个素材可以添加很多视频效果，根据项目需求不同，可能会用到不同的视频效果。此时，可以利用隐藏视频效果，将暂时不需要的效果隐藏起来，而非破坏性地删除。

在【效果控件】面板中，单击视频效果前面的【切换效果开关】按钮 fx ，图标变成 fx 状态，即可隐藏该效果。

2. 视频效果的删除

(1) 在【效果控件】面板中选中不需要的视频效果，单击鼠标右键，执行【清除】命令，即可删除该视频效果，如图 5-62 所示。

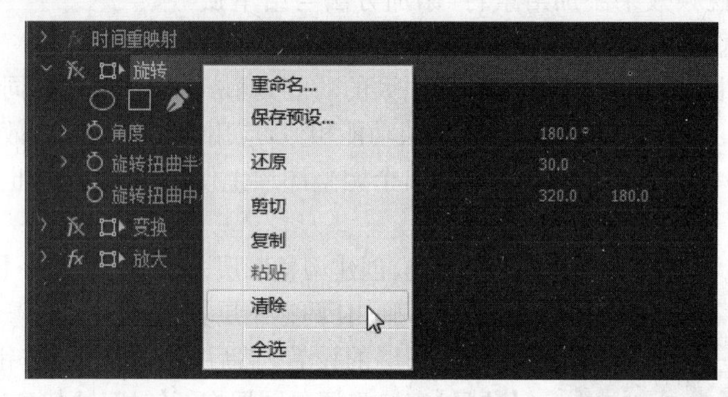

图 5-62 删除视频效果

(2) 在【效果控件】面板中选中不要的视频效果，按 Delete 键或 Backspace 键，也可以实现删除目的。

5.8 音频编辑

人类能够听到的所有声音都称为音频，包括噪音。在影视作品中，音频的编辑是不可或缺的。Premiere 为用户提供了强大的音频编辑功能，能在影片中添加并编辑音频，让影片的效果更丰富。音频编辑主要包括音频的导入和剪切、音量调整、使用时间轴合成音频、添加音频过渡和音频效果等。

5.8.1 音频的导入和剪切

在【项目】窗口中双击音频素材，使其在【源】监视器窗口中打开。在【源】监视器窗口中拖动时间指针，或单击播放控制栏中的【播放-停止切换】按钮，可以预览音频的内容，如图 5-63 所示。

用户在预览音频素材的时候，可以根据需求设置入点时间，如本例中前面几秒钟没有声音，可以将入点设置在音频开始前，如图 5-64 所示。

将【时间轴】窗口中的指针定位在开始的位置，然后单击【源】监视器窗口播放控制栏中的【覆盖】按钮 ，将其加入到【时间轴】窗口的音频轨道中，或者直接从【项目】窗口中将处理好了的音频素材拖至指定的音频轨道中，如图 5-65 所示。

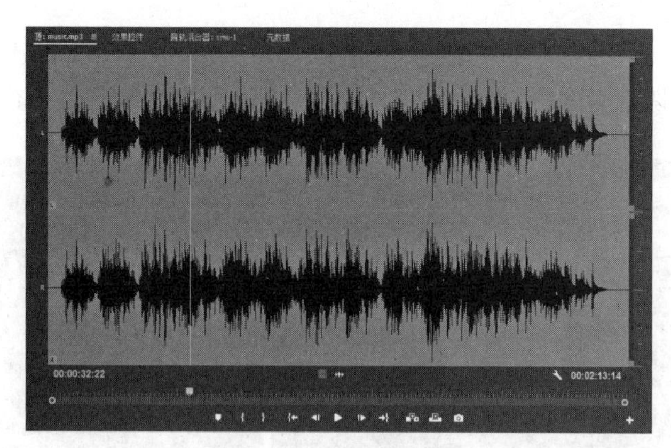

图 5 - 63　预览音频内容

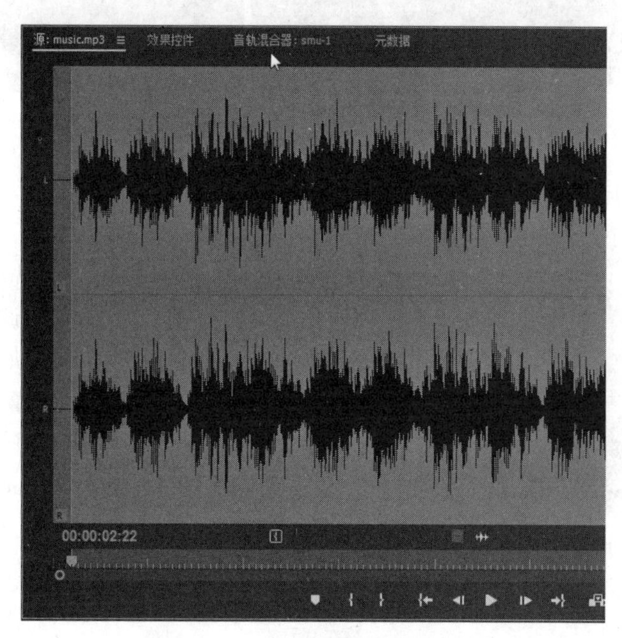

图 5 - 64　设置音频素材的入点

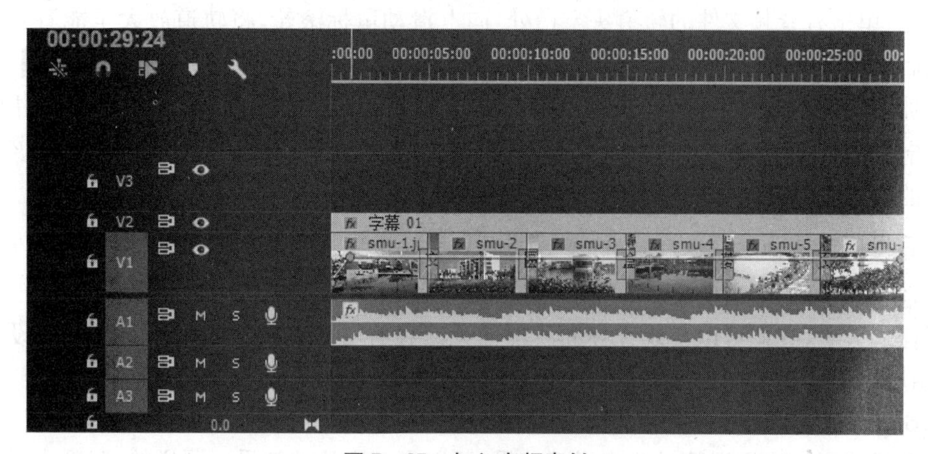

图 5 - 65　加入音频素材

在【工具】面板中选择【剃刀工具】，在音频轨道上对齐视频轨道中的结束位置，单击鼠标左键，将音频素材切割为两段，然后将后面的多余部分选择并删除，如图5-66所示。

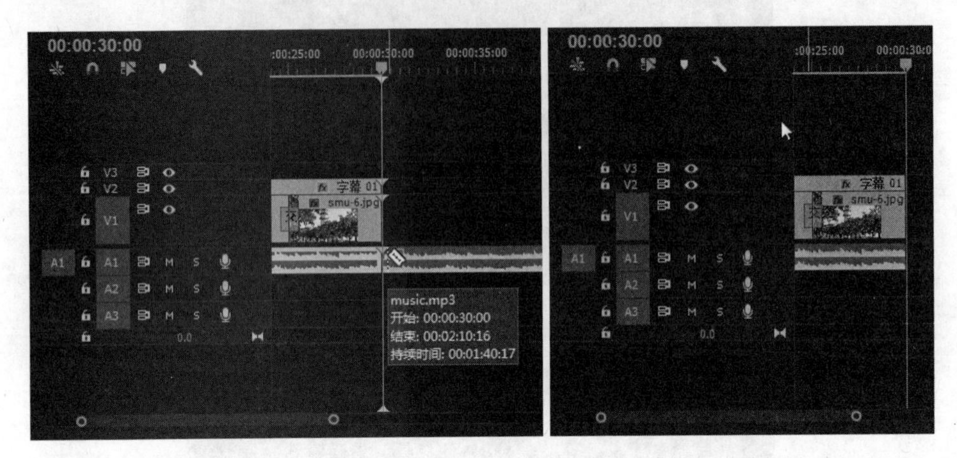

图5-66 剪除多余的音频部分

5.8.2 音频的音量调整

1. 调整音量大小

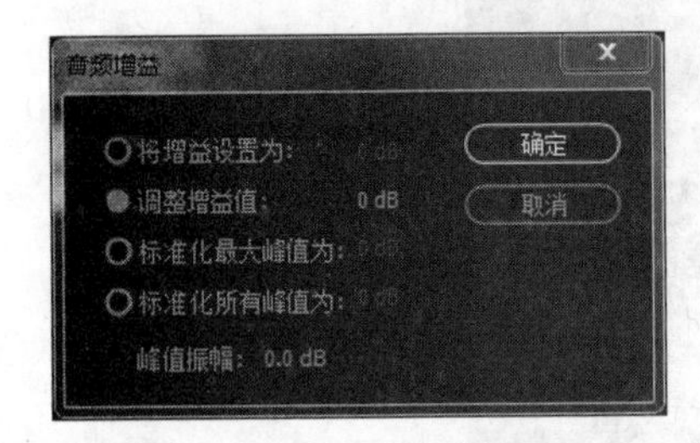

图5-67 音频增益

在视频的制作过程中，不同音频资源的音量可能不符合制作要求，音量太大或太小都需要调整。在音频轨道上单击鼠标右键，在弹出的快捷菜单中执行【音频增益】命令，弹出【音频增益】对话框，根据需求设置增益值，如图5-67所示。单击【确定】按钮返回，在【节目】监视器窗口内单击【播放-停止切换】按钮或按快捷键Space，试听效果。

2. 设置音频的淡入淡出效果

在看影片或者听音乐的时候，会发现很多音频的音量会逐渐变小、又逐渐变大，这就被称为音量的淡入淡出。在Premiere中可以通过关键帧来实现这个功能。

首先，单击有音频文件的轨道头空白处，向上滑动鼠标滚轮，将轨道放大至能看到左右声道。然后，将时间轴指针移动至起始点，单击音频轨道的【添加/移除关键帧】按钮，在当前位置添加一个关键帧，设置该关键帧为淡入的开始点。同样的方法，将时间轴指针往前移动5 s，单击音频轨道的【添加/移除关键帧】按钮，在当前位置添加一个关键帧，设置该关键帧为淡入的结束点，如图5-68所示。

然后将鼠标移动至淡入开始点的关键帧上，当光标变为形状的时候，按住鼠标左键并向下拖动，实现音频的淡入效果。

同样的方法，我们可以实现音频的淡出效果。在音频的结束前5 s处和结尾处设置关键帧，将结尾处的关键帧向下拖动，实现音频的淡出效果，如图5-70所示。

5.8.3 音频过渡和音频效果

为图像或影片应用视频过渡或视频效果，可以丰富影片的效果。同样的，音频素材也有音频过渡和音频效果，它们也集成在【效果面板】中。

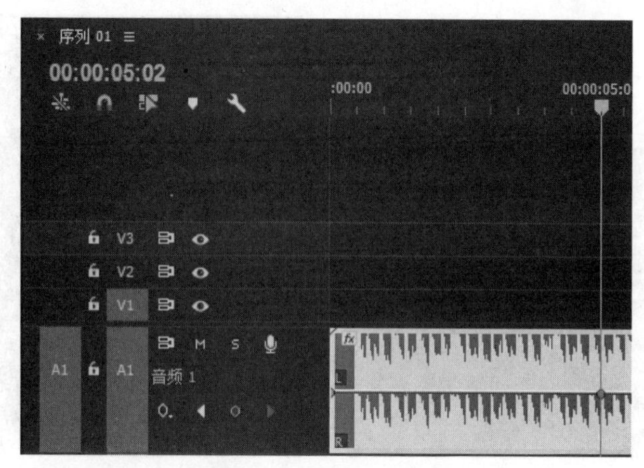

图5-68　添加关键帧

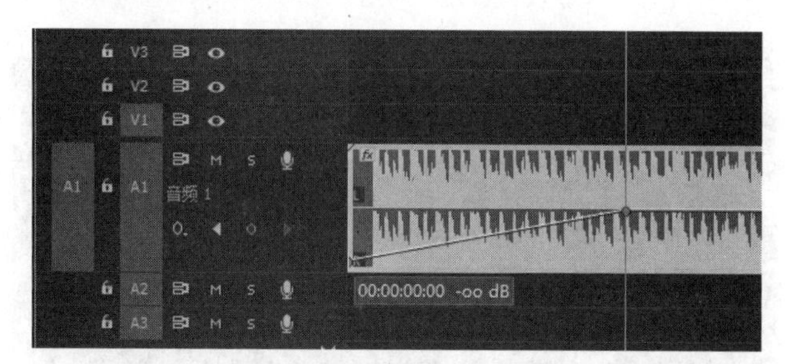

图5-69　音频的淡入效果

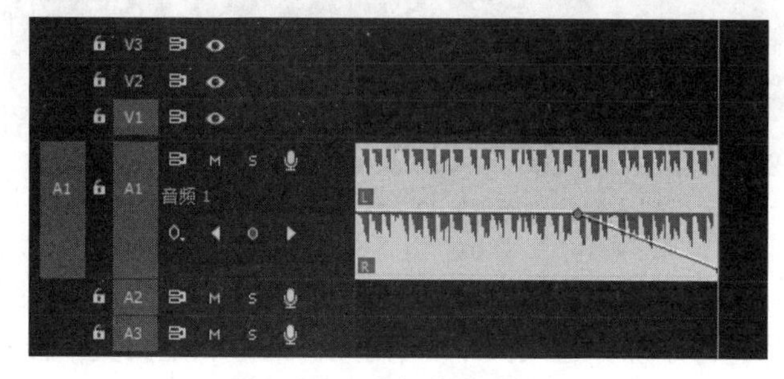

图5-70　音频的淡出效果

音频过渡中有3个不同的交叉淡化过渡，如图5-71所示。在使用音频过渡效果时，只需要将其拖到两个音频素材的连接点位置，然后在【效果控件】面板中设置参数即可。

音频效果中有四十多种音频特效，如图5-72所示。将这些特效直接拖至【时间轴】窗口中的音频素材上，就可以应用相应的特效。设置方法与视频效果的设置类似。

5.9　字幕设计

5.9.1　字幕概述

字幕是视频中不可或缺的一个元素，视频作品的标题、人物或场景的介绍等等都需要用到字幕，Premiere提供完整的字幕功能集，用于编辑字幕。【字幕】面板包括【字幕列表】【字幕工具】【字幕动作】【字幕样式】【字幕属性】五个部分，如图5-73所示。

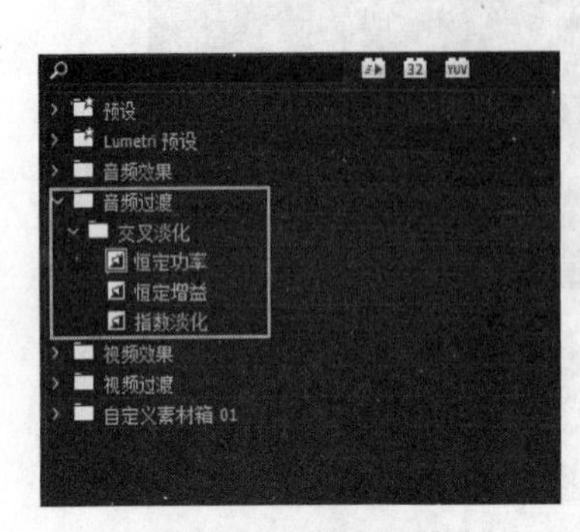

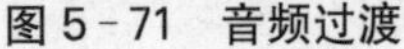
图 5-71 音频过渡

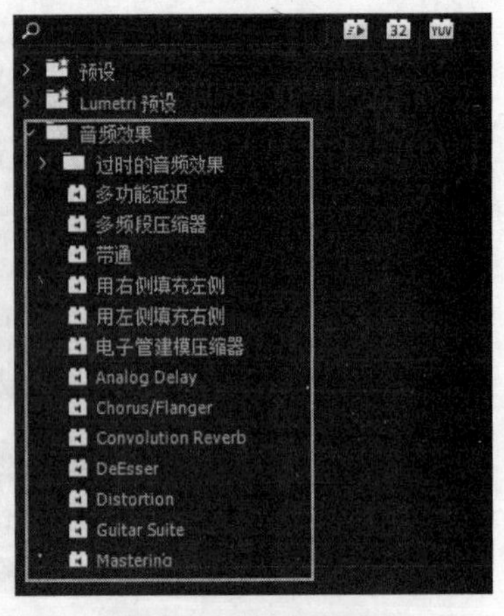

图 5-72 音频效果

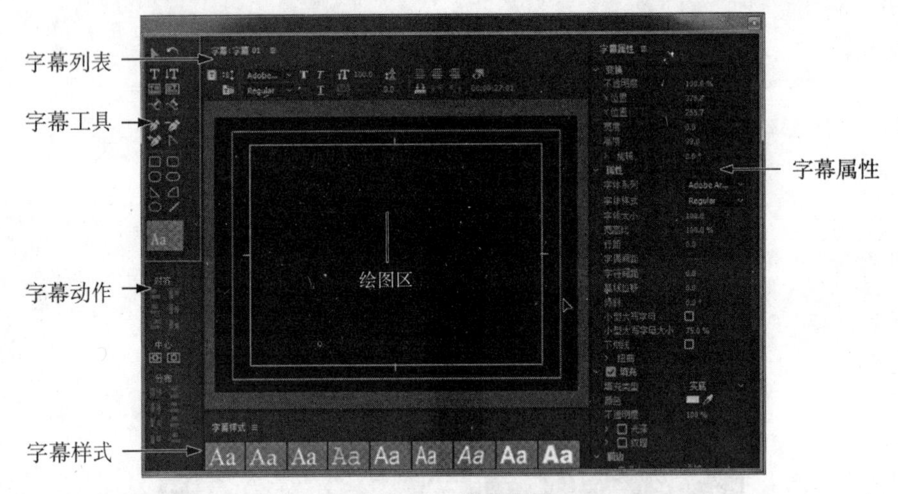

图 5-73 字幕面板

【字幕工具】面板提供了选择文字、制作文字、编辑文字和绘制图形的各种基本工具，通过这些工具，可以对影片进行添加标题及文本、绘制几何图形和定义文本样式等操作。

【字幕列表】面板用于创建字幕，设置字幕的运动方式，选择字幕的字体和对齐方式，是否允许在背景中显示视频剪辑等等。

【字幕动作】用于选择对象的对齐与分布设置。

【字幕属性】面板主要用于对字幕对象的变换、属性、填充、描边、阴影和背景属性进行编辑。

【字幕样式】面板用于为文字添加不同的特效。选项区里面的字体样式是系统默认的，用户可以根据需要选择常用的字体样式。

【绘图区】用于编辑文字内容或创建图形对象。

这里要注意，字幕绘图区域内的字幕安全边距和动作安全边距都指定了安全区域。这些边距默认处于启用状态。内部实线框是字幕安全区，外部实线框是动作安全区。

当对广播和录像带进行编辑时，安全区域很有用。大部分电视会对图片进行过扫描，过扫描会将图片的外部边缘放到查看区域之外，过扫描的量在各电视之间并不一致，要确保所有内容都适合于大多数电视显示的区域，请将文本保留在字幕安全边距内，并将所有其他重要元素

保留在动作安全边距内。现在的液晶电视已经不存在这个问题，但安全区域同样可以作为画面构图的参考，避免需要突出表现的内容太靠近边缘。

5.9.2 创建字幕

以静态字幕为例，创建字幕的方法如下：

执行【字幕】→【新建字幕】→【默认静态字幕】命令或者按快捷键 Ctrl+T 新建字幕文件，在弹出的【新建字幕】对话框中设置字幕的参数，默认情况下与当前合成序列保持一致，如图 5-74 所示。

在【名称】文本框中输入字幕剪辑名称，单击【确定】按钮，打开【字幕】面板，在窗口左侧的工具栏中单击【文字工具】按钮，然后在文字编辑区单击并输入文字：发现校园之美，设置字体格式和大小，注意要将字幕放在字幕安全区域内，如图 5-75 所示。

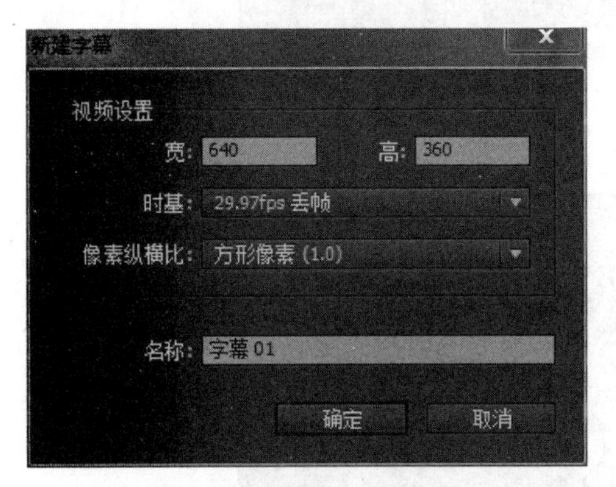

图 5-74 新建字幕对话框

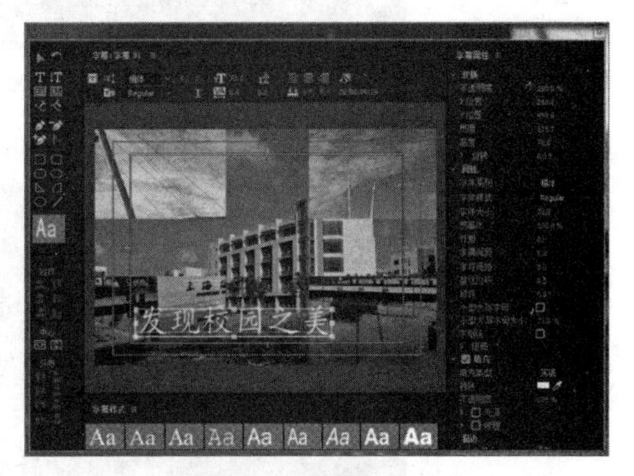

图 5-75 编辑字幕文字

选择窗口右边【字幕属性】中的【填充】复选框，单击【颜色】选项后面的色块，在弹出的【拾色器】窗口中，设置字幕颜色，如图 5-76 所示。

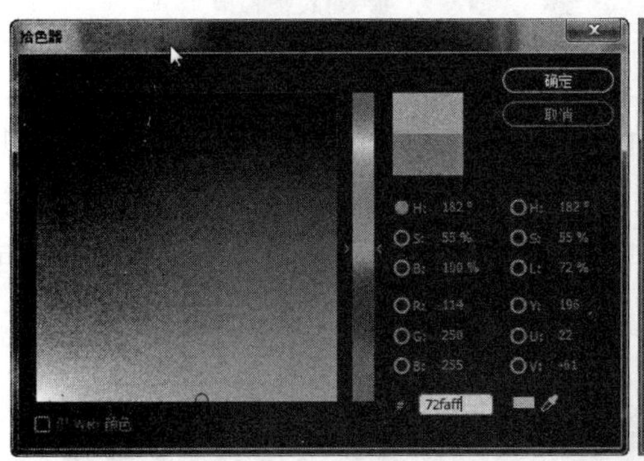

图 5-76 设置字幕颜色

展开【描边】选项，可以为文字添加描边。比如添加外描边：单击【外描边】后面的【添加】文字按钮，设置类型、大小，还有描边颜色，如图 5-77 所示。

关闭【字幕】面板，回到【项目】窗口中即可查看到创建完成的字幕剪辑，如图 5-78 所示。

图 5－77　设置文字描边颜色

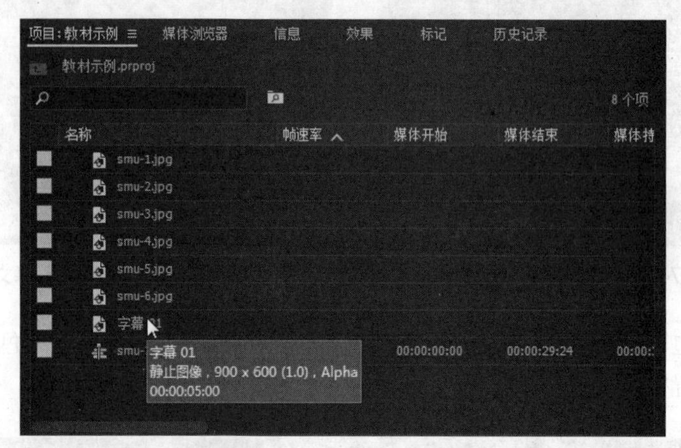

图 5－78　创建的字幕剪辑

将字幕剪辑添加到【时间轴】窗口的视频轨道中，就可以将字幕添加到视频当中。如果字幕长度不够，可以将鼠标移动至字幕剪辑的后面，在鼠标光标改变形状为⊳状态时，按住鼠标左键并向右拖动，延迟字幕剪辑的持续时间到与视频轨道中的视频剪辑结束位置对齐即可，如图 5－79 所示。

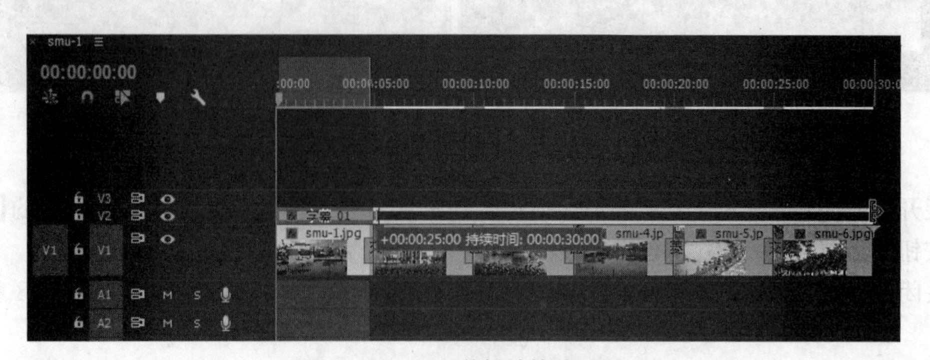

图 5－79　延迟剪辑的持续时间

5.10　输出影片

5.10.1　预览编辑好的影片

完成对所有素材剪辑的编辑工作后，需要对影片进行预览播放，对编辑效果进行检查，及时处理发现的问题，或者对不满意的效果进行修改调整。

在【时间轴】窗口或【节目】监视器窗口中，将时间轴指针定位在需要开始预览的位置，然后单击【节目】监视器窗口中的【播放-停止切换】按钮或按快捷键 Space，对编辑完成的影片进行播放预览，如图 5－80 所示。

图 5－80　播放预览

5.10.2　输出影片文件

影片的输出是指将编辑好的项目文件渲染输出成视频文件的过程。在开始导出文件前，需要对文件进行导出设置，包括导出文件的格式、预设和存储路径、名称等。选择了不同的文件格式导出时，会对文件产生不同程度的编码压缩。用户需要根据播放介质的不同，选择适合的导出格式。每个视频都需要针对自身的设置来进行调试，最后达到最佳的效果。

在【项目】窗口中选择编辑好的文件，执行【文件】→【导出】→【媒体】命令，弹出【导出设置】对话框，下面我们将对该对话框的内容进行介绍。

(1) 对话框上方有两个选项卡：【源】选项卡和【输出】选项卡。选择【源】选项卡，单击【裁剪输出视频】按钮，激活【左侧】【顶部】【右侧】【底部】四个数值框和【裁剪比例】下拉列表，单击鼠标左键拖动视频预览区的裁剪框可以对视频进行裁剪，如图 5－81 所示。

图 5－81　裁剪输出视频

(2) 切换到【输出】选项卡，可以对【源缩放】进行设置，打开如图 5－82 所示的下拉列表，

其中有以下几个选项：

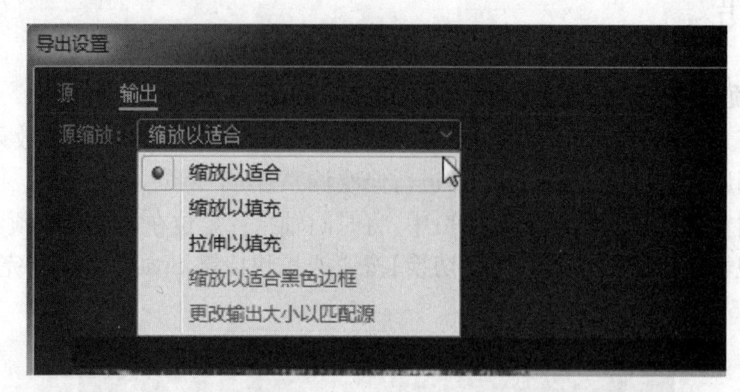

图 5-82　输出选项卡

【缩放以适合】：在保持源的像素长宽比的同时，缩放源帧以适合输出帧的范围。

【缩放以填充】：在保持剪裁源帧的同时，缩放源帧以完全填充输出帧，这样来保持源帧的像素长宽比。

【拉伸以填充】：改变源帧的尺寸以完全填充输出帧，这样得到的影片文件可能会发生变形。

【缩放以适合黑色边框】：缩放包括裁剪区域在内的源帧以适合输出帧。

【更改输出大小以匹配源】：将输出的宽高设置为剪裁的帧的宽和高，覆盖输出帧大小设置。

(3) 在【导出设置】对话框预览视频的下方，我们能看到如图 5-83 所示的【源范围】下拉列表框，框内的几个选项可以对导出文件的源范围进行调整：

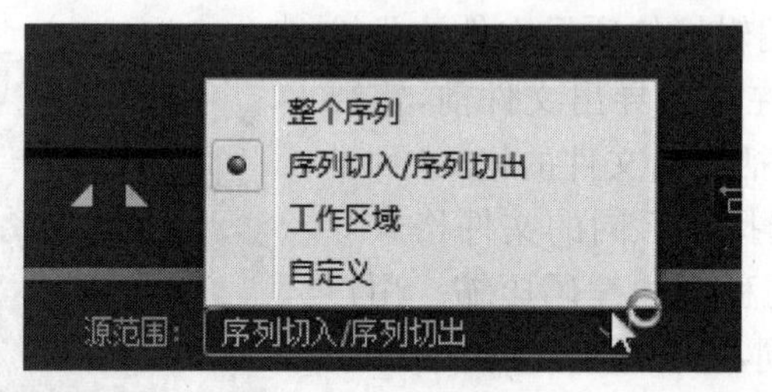

图 5-83　源范围

【整个序列】：使用剪辑或序列的整个持续时间。

【序列切入/序列切出】：使用 Premiere 生成的剪辑或序列上设置的入点和出点标记。

【工作区域】：使用项目中指定的工作区域。

【自定义】：使用在 AME 中设置的入点和出点标记。

(4) 再来看【导出设置】对话框的右侧是【导出设置】栏，如图 5-84 所示。

【与序列设置匹配】的复选框：如果选中该复选框，系统会自动对导出影片的属性与序列进行匹配，就不能再对其进行自定义设置；如果没有选择，则可以根据需求选择 Premiere 支持的各种文件格式。

【注释】：文本框内可以输入对影片的注释。

【输出名称】：单击后面超链接的内容，会打开【另存为】对话框，可以在这里设置影片的保存位置和名称，如图 5-85 所示。

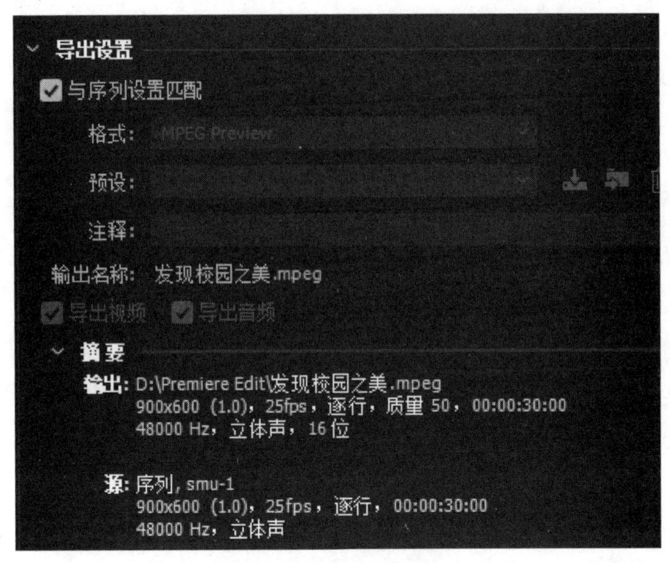

图 5-84　导出设置

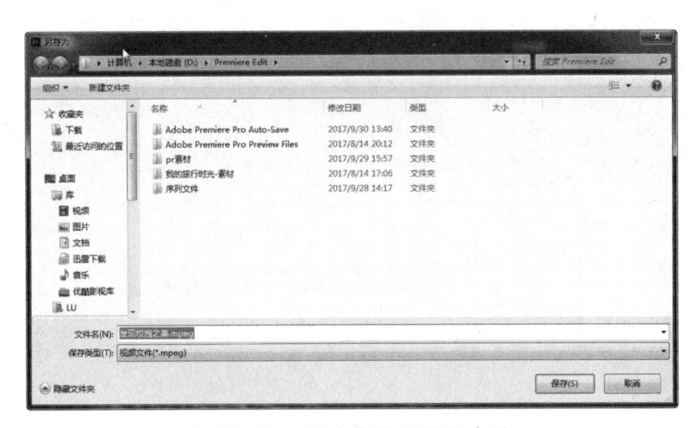

图 5-85　影片存储位置和名称

【导出视频】【导出音频】复选框：选中复选框，则导出相应的视频或音频文件，取消则不输出。

【摘要】：显示用户做了导出设置后将要输出影片的参数信息。

(5) 全部设置完成后，单击【导出】按钮，Premiere 将打开导出视频的编码进度窗口，开始导出视频内容，如图 5-86 所示。

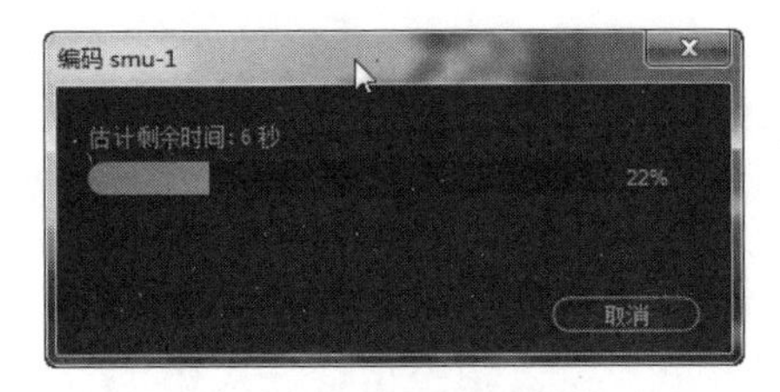

图 5-86　影片输出进程

影片输出完成后,使用视频播放器播放影片,欣赏效果,如图 5－87 所示。

图 5－87　欣赏影片完成效果

第6章 多媒体动画制作

6.1 3ds Max 简介

3D Studio Max 常简称为 3d Max 或 3ds Max，是 Discreet 公司开发的(后被 Autodesk 公司合并)基于 PC 系统的三维动画渲染和制作软件。其前身是基于 DOS 操作系统的 3DStudio 系列软件。在 Windows NT 出现以前，工业级的 CG 制作被 SGI 图形工作站所垄断。3DStudioMax+Windows NT 组合的出现一下子降低了 CG 制作的门槛，开始运用在电脑游戏中的动画制作，后来参与影视片的特效制作，例如电影 X 战警 II，最后的武士等。在 Discreet3Dsmax 7 后，正式更名为 Autodesk3ds Max。其发展版本及其相应的功能如表 6-1 所示。

表 6-1 3ds Max 版本的发展与功能说明

名称	版本号	功能说明
3DStudioMax	1.0	1996 年 4 月诞生，这是 3DStudio 系列的第一个 Windows 版本，支持各种三维图形应用程序开发接口，包括 OpenGL 和 Direct3D。3DStudioMAX 针对 IntelPentiumPro 和 PentiumⅡ处理器进行了优化
3DStudioMax	R3	1999 年 4 月加利福尼亚圣何塞游戏开发者会议上正式发布。这是带有 Kinetix 标志的最后版本
Discreet3ds Max	4	新奥尔良 Siggraph2000 上发布。从 4.0 版开始，软件名称改写为小写的 3ds max。3ds max 4 主要在角色动画制作方面有了较大提高
Discreet3ds Max	5(2002 年 6 月)	3ds Max 5.0 在动画制作、纹理、场景管理工具、建模、灯光等方面都有所提高，加入了骨头工具(BoneTools)和重新设计的 UV 工具(UVTools)
Discreet3ds Max	6(2003 年 7 月)	主要是集成了 mentalray 渲染器
Discreet3ds Max	7(2004 年 8 月)	3ds Max7 为了满足业内对威力强大而且使用方便的非线性动画工具的需求，集成了获奖的高级人物动作工具套件 characterstudio。并且这个版本开始 3ds max 正式支持法线贴图技术
Autodesk3ds Max	8(2005 年 10 月)	Autodesk 宣布其 3ds Max 软件的最新版本 3ds Max8 正式发售

（续表）

名称	版本号	功 能 说 明
Autodesk3ds Max	9(2006 年 7 月)	Autodesk 在 Siggraph2006UserGroup 大会上正式公布 3ds Max9 与 Maya8 首次发布包含 32 位和 64 位的版本
	2008(2007 年 10 月)	正式支持 Windows Vista 操作系统 Vista™ 32 位和 64 位操作系统以及 Microsoft DirectX & reg10 平台正式兼容的第一个完整版本
	2009(2008 年 2 月)	推出 3ds Max 建模、动画和渲染软件的两个新版本；一个是面向娱乐专业人士的 Autodesk3ds Max2009 软件；一个是 3ds MaxDesign2009 软件，这是一款专门为建筑师、设计师以及可视化专业人士而量身定制的 3D 应用软件
	2010(2009 年 4 月)	(1) 新的默认界面：当开启 3ds Max2010 时它已经不再是以往灰色的 UI 了，被改为黑色的 UI，图示也变大了。 (2) 新增 QuickAccessToolbar 快速存取工具栏，让用户可以快速执行指令，亦可以自行增加按钮 (3) 视端口控制功能：以往对视端口左上角的视端口文字按右键可以挑选视端口控制功能，直接分为三类，分别控制「视端口选项」、「视图选项」、「显示方式选项」，直接选取即可执行，不用右键单击执行 (4) 提供超过 100 种的新塑模工具，可以快速自由的制作复杂的多边形模型 (5) ProOptimizer 能更精确的优化模型，在不影响细节的情况下减少高达 75%的面数，并且可以保持贴图 UV 与 Normal (6) ProBoolean 工具新增了「Attach」与「Insert」功能
	2011(2011 年 4 月)	(1) 新增 Slate 工具：这是一种新的基于节点的材质编辑器，使用这种编辑器，软件用户可以更加方便地编辑材质 (2) 新增能让用户在 viewport 视窗直接观察纹理，材质贴图效果的功能 (3) 新增 3ds MaxComposite 合成贴图工具：新的 3ds MaxComposite 合成贴图工具可支持动态高光（HDR）等特效，该工具基于 Autodesk 公司的 Toxik 软件。 (4) 新增了 3dpainting 的笔刷界面，材质编辑，甚至物件的放置
	2012	(1) 加入了一种新的格式导入——. wire。这种格式比以前我所常用的模型文件带有更多的信息与可调性。 (2) 增加了全新的分解与编辑坐标功能，不仅新加了以前需要使用眼睛来矫正的分解比例，更增加了超强的分解固定功能 (3) 加入了一个强有力的渲染引擎——Iray 渲染器。Iray 渲染器，不管在使用简易度上还是效果的真实度上都是前所未有的。 (4) 加入了新的钢体动力学——MassFX。这套钢体动力学系统，可以配合多线程的 Nvidia 显示引擎来进行 MAX 视图里的实时运算，并能得到更为真实的动力学效果； (5) 把与 Mudbox2012、MotionBuilder2012、Softimage2012 之间的文件互通做了一个简单的通道，通过这个功能可以把 MAX 的场景内容直接导入 Mudbox 里进行雕刻与绘画，然后即时地更新 MAX 里的模型内容，也可以把 MAX 的场景内容直接导入 MotionBuilder2012 里进行动画动的制作，即时的更新 MAX 里的场景内容，也可以把在 Softimage 里制作的 IGE 粒子系统直接导入到 MAX 场景

（续表）

名称	版本号	功 能 说 明
Autodesk3ds Max	2013	(1) MassFX 工具新增了 mCloth(布料系统)与 Regdoll(布娃娃系统)模块 (2) RetimeTool 工具更有助于掌握时间轴,可以实时对动画速度进行重新调整,非常方便 (3) 添增 6 国语言切换,共有“英文”“法文”“德文”“日文”“韩文”“简体中文”6 种语言,即使安装好软件后仍可任意切换各国语言 (4) Autodesk3ds Max2013SDK(软件开发工具包)提供了改进的。NET 曝光,可通过。NET 识别的语言进行访问 NETFramework 可提供无用数据收集和映像功能,有助于加速软件开发。内置的 NET 库也有助于简化常见任务:构建用户接口、连接到数据库、解析 XML 和文本、数值计算以及通过网络通信。 (5) 此版本是最后一个支持 32 bit 和 Windows XP 的版本
	2014(2013 年)	可汇入点云(PointCloud)数据,新支持 Python 脚本编辑和 3D 立体摄影的功能
	2015	角色动画中的新功能填充强大的填充群组动画功能集现在提供增强的艺术控制、更好的真实感,并且提高了可用性
	2016	(1) 提供了一种基于节点的工具创建环境,即 MaxCreationGraph (2) 增添了对新的 Iray 和 mentalray 增强功能的支持
	2017	MaxCreationGraph 动画控制器 MCG 中的编写动画控制器采用新一代动画工具,可供您创建、修改、打包和共享动画。新增了 3 个基于 MCG 的控制器:注视约束、光线至曲面变换约束和旋转弹簧控制器。通过 MCG 与 BulletPhysics 引擎的示例集成,可以创建基于物理的模拟控制器
	2018	(1) 新增数据通道修改器 (2) 新增混合框贴图 (3) 轻松导入模拟数据 (4) 智能资源打包、可自定义工作区

6.1.1 3ds Max 2012 的界面介绍

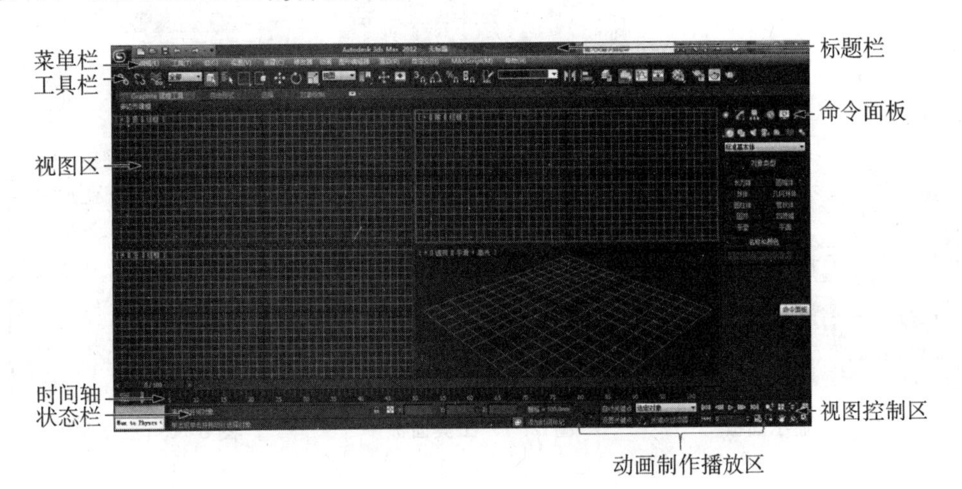

图 6-1 3ds Max 2012 的界面

3ds Max 2012 界面分为标题栏、菜单栏、工具栏、视图区、命令面板、时间轴、状态栏、动画制作播放区和视图控制区 9 个板块，具体如图 6－1 所示。

菜单栏中分别有：【编辑】、【工具】、【组】、【视图】、【创建】、【修改器】、【动画】、【图形编辑器】、【渲染】、【自定义】、【MAXscript】和【帮助】12 个菜单项。

视图区是整个画面中最大的工作区域，包括顶视图、前视图、左视图和透视图，每个视图可以互相切换。如果创建了摄像机和灯光，还可以切换到摄像机视图和灯光视图。

控制面板包括【创建】面板，【修改】面板，【层次】面板，【运动】面板，【显示】面板和【工具】面板共 6 个面板。具体如图 6－2～图 6－7 所示。

【创建】面板中分为三维物体的创建面板，二维图形的创建面板，灯光的创建面板，摄像机的创建面板，辅助对象的创建面板，空间扭曲的创建面板，系统（骨骼等）的创建面板（见图 6－8～图 6－14）。

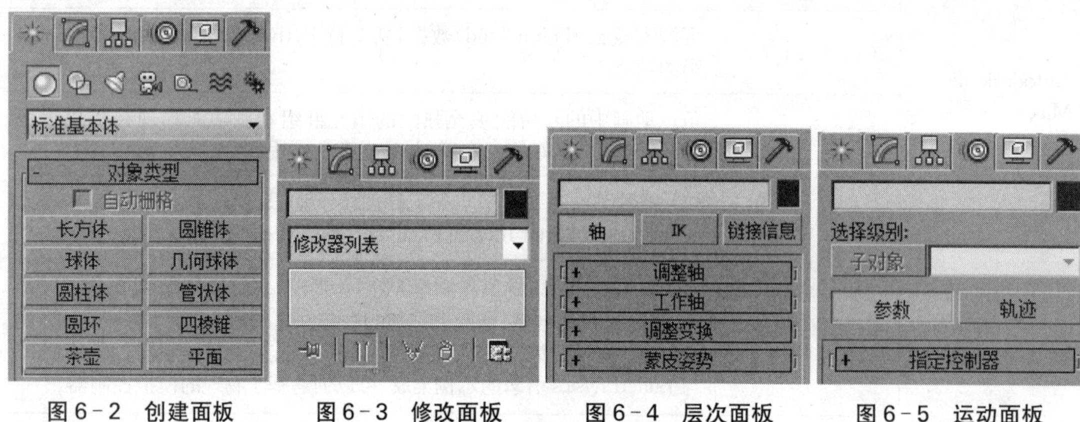

图 6－2　创建面板　　图 6－3　修改面板　　图 6－4　层次面板　　图 6－5　运动面板

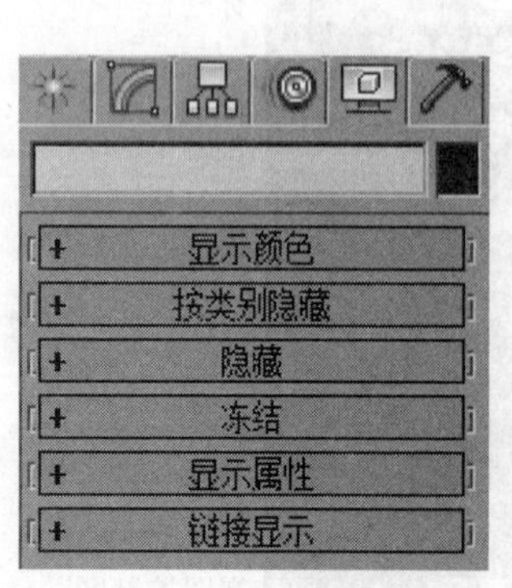

图 6－6　显示面板

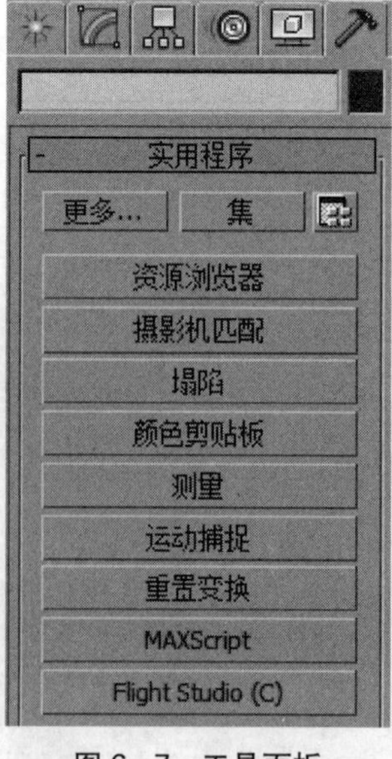

图 6－7　工具面板

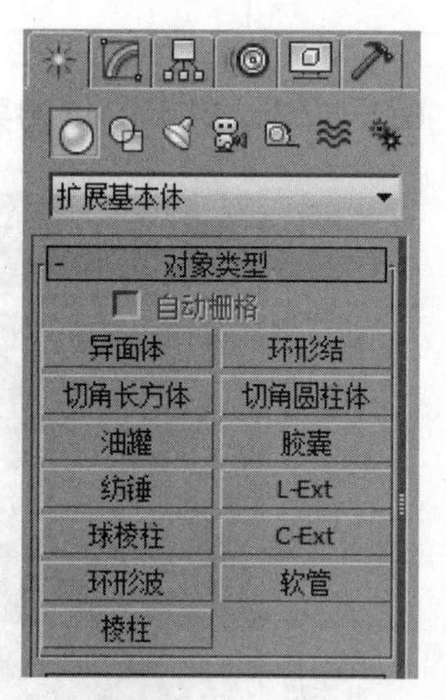

图 6－8　三维物体

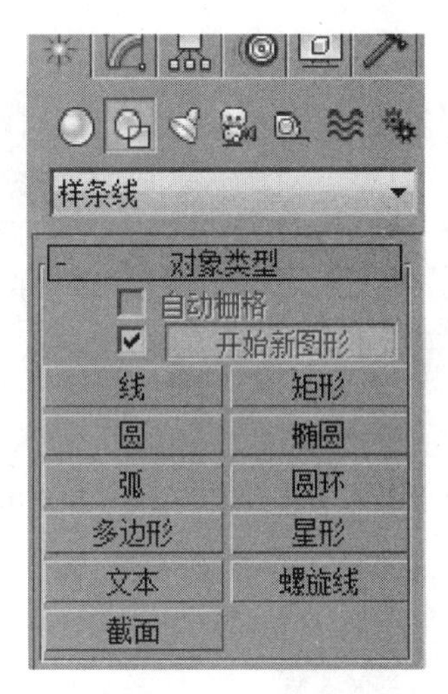

图 6－9　二维图形

图 6－10　标准灯光

图 6－11　摄像机的创建面板

图 6－12　辅助对象面板

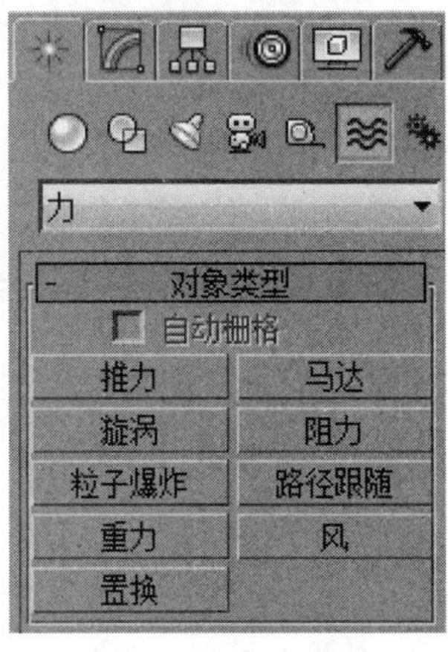

图 6－13　空间扭曲面板

图 6－14　系统(骨骼等)面板

在三维物体的创建面板中包括【标准基本体】、【扩展基本体】、【复合对象】、【粒子系统】、【面片栅格】、【实体对象】、【门】、【NURBS 曲面】、【窗】、【AEC 扩展】、【动力学对象】和【楼梯】12 种类型(见图 6－15～图 6－24)。

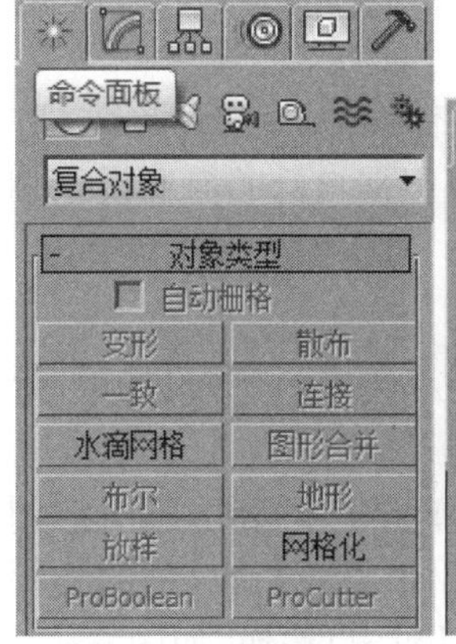

图 6－15　复合对象面板

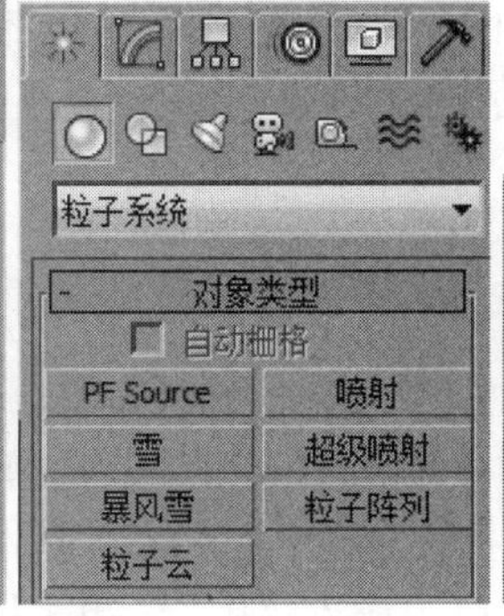

图 6－16　粒子系统面板

图 6－17　面片栅格面板

图 6－18　实体对象面板

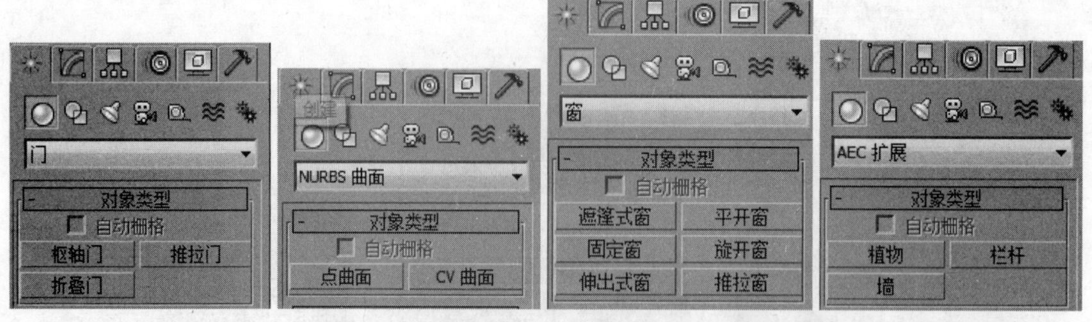

图 6-19　门对象面板　图 6-20　NURBS 面板　图 6-21　窗对象面板　图 6-22　AEC 扩展对象面板

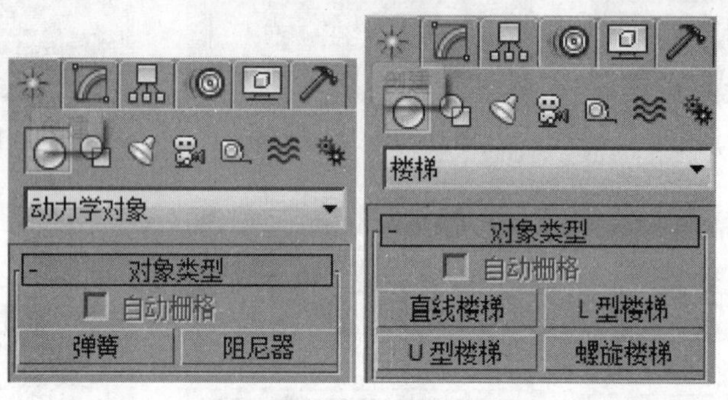

图 6-23　动力学面板　图 6-24　楼梯对象面板

工具栏位于菜单栏下方，包括了【链接与绑定区域】、【选择区域】、【二维】、【三维捕捉区域】、【镜像】、【对齐】、【层管理器】、【曲线编辑器】、【材质编辑器】、【渲染】等工具快捷图标，如图 6-25所示。

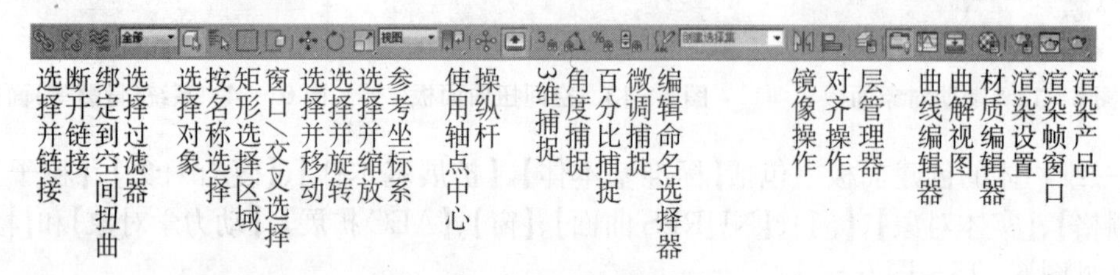

图 6-25　主工具栏中的工具

6.1.2　主要布局介绍

布局分为一个视图、两个视图、三个视图和四个视图四种情况，具体如图 6-26 所示。在各个视图上单击鼠标左键，出现如图 6-27 所示的视图菜单，用户可以根据自己的需要设定相应的视图。

6.1.3　界面定制与快捷键设置

界面的图标和菜单工具都可以定制，单击【自定义】菜单，选择【自定义用户界面】选项，分别可以定制键盘、工具栏、菜单、四元菜单和颜色 5 个选项，界面如图 6-28 所示。

在【键盘】选项卡里，选择一个命令，在热键处按辅助键和字母键，单击指定按钮，即可定制快捷键，比如 3D 捕捉的快捷键指定为 Alt＋s，操作过程：在【自定义用户界面】窗口中的类别列表中选择【3D 捕捉开关】，在【热键】右侧的窗口中输入 Alt＋S，单击【指定】按钮，如图 6-29 所示。

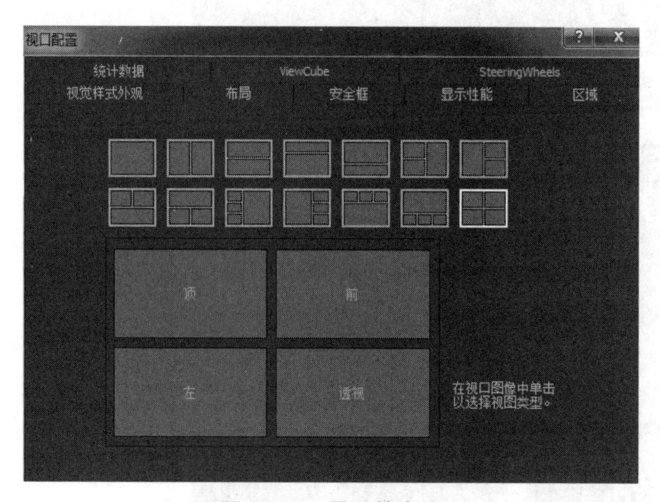

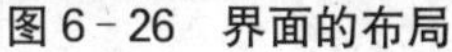
图6-26　界面的布局

图6-27　视图菜单

图6-28　自定义用户界面

6.1.4　视图的概念

视图，即工作区域，是操作界面中最大的一个区域，也是3ds Max中用于实际工作的区域，默认状态下为四视图显示，分别有顶视图、前视图、左视图和透视图4个视图，除此之外，还包括底视图、后视图、右视图、用户视图等。其中，透视图和用户视图显示的是物体的立体状态，其他视图显示的是物体的平面视图。在这些视图中可以从不同角度对场景中的对象进行观察和编辑。每个视图的左上角都会显示视图的名称和模型的显示方式，右上角有一个导航器(不同视图显示的状态不同)，如图6-30所示。

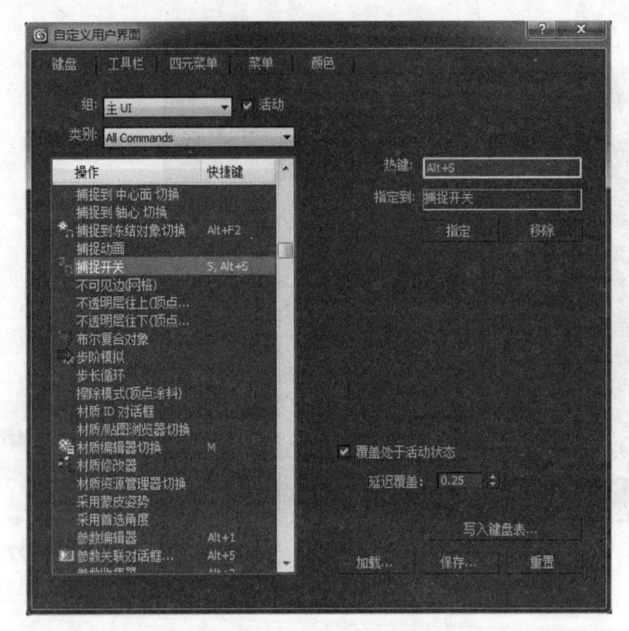

图 6 - 29　定制快捷键

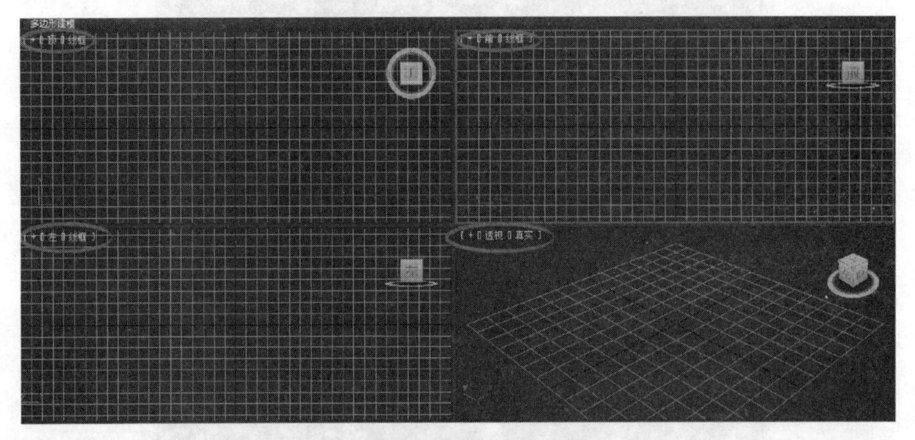

图 6 - 30　视图的显示方式

各个视图都有对应的快捷键,顶视图快捷键为字母 T,底视图的快捷键为字母 B,左视图的快捷键为字母 L,前视图的快捷键为字母 F,透视图的快捷键为字母 P,摄像机视图的快捷键为字母 C。

在视图的名称部分被分成 3 个小部分,用鼠标右键单击每个部分,显示的结果都不相同。图 6 - 31 为右键单击+号,用于还原、激活、禁用视图以及设置 ViewCube 导航器等。图 6 - 32 表示视图的切换类型;图 6 - 33 用于设置对象在视图中的显示方式。

6.1.5　对象的选择和变换

1. 对象的基本概念

对象是三维动画中的最基本概念之一。理解对象的概念以及掌握对象的操作,对于三维动画的设计制作是十分重要的。在 3ds Max 场景中创建物体都称为对象,不仅包括了场景中创建的几何体、灯光、摄像机,还包括粒子对象、辅助对象、编辑修改器、动画编辑器以及材质与贴图等。对象分为三大类:参数化对象、组合对象和子对象。

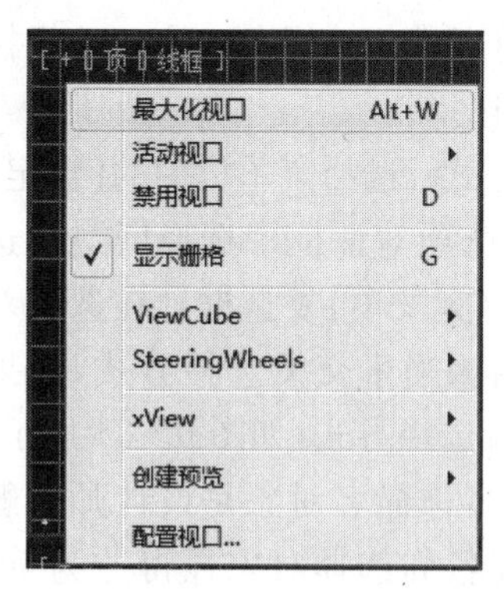

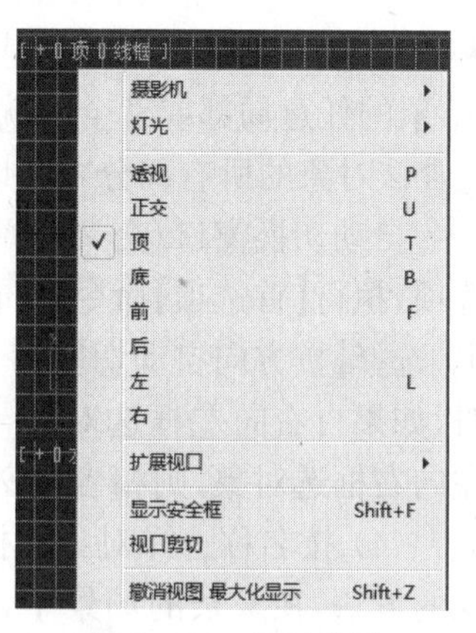

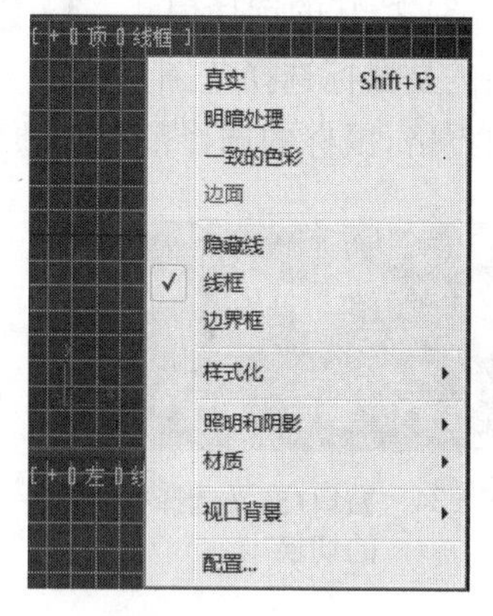

图 6-31 显示栅格

图 6-32 视图类型

图 6-33 显示方式

(1) 参数化对象。参数化对象是几何学基本对象。该对象通过一组参数而不是通过形状的显示描述。例如,要描述一个圆柱体,需要圆柱体的半径和高度参数。在 3ds Max 中的对象大多数为参数化对象。由于几何体不仅是用于显示,还要用于变形、符合等操作,因此,除了外形的尺寸外,还有分段数、平滑等相关参数。

一般来说,对象的参数放置参数卷展栏中,如果修改了对象的某个参数,则场景中的对象就会发生相应的变化。用户在这种情况下就可以一边修改参数一边查看修改后的效果。

(2) 组合对象。在 3ds Max 中,有时需要将多个不同的对象组合起来进行统一操作,需要时还可以将其拆开,这个被结合在一起的单元称为组。

(3) 子对象。“子对象”是指对象中可以被选定并且可进行编辑的组件。最常见的子对象包括组成形体的顶点、线段、放样对象的路径和截面等。为了修改的方便,可以将物体的这些组件成分独立出来,单独对他们进行修改。这些组成部分与原物体具有父子关系。因此形象地称为“子对象”或“次对象”。原物体也被称为“父对象”。

2. 对象的选择方式

在 3ds Max 中,大多数操作都是对场景中的选定对象执行的,灵活使用选择工具可以大大提高工作效率和速度,选择对象有以下几种方式。

(1) 直接选择对象。直接选择对象是指通过鼠标单击选择对象的方法,最基本的选择方法是使用鼠标或鼠标与按键配合使用,直接选择工具包括主工具栏中的【选择对象】按钮,【选择并移动】按钮,【选择并旋转】按钮,【选择并缩放】按钮等,对象被选择后会出现白色的边框,用来表示该对象被选中。

技巧提示:按键盘上的辅助键 Ctrl,可以增加选择对象;按住辅助键 Alt,可以去除多选的对象。

(2) 区域选择对象。区域选择指借助区域选择工具,按住鼠标左键不放,移动鼠标,可以通过轮廓选择一个或多个对象。默认情况为矩形选择区域。

将鼠标放在矩形选择区域工具的右下角三角形上,出现很多种区域选择方式,分别是:圆形、围栏、套索和绘制选择区域四种。其中绘制选择区域的笔刷大小可以设置,右键单击该图标,在弹出的【首选项设置】对话框中,选择【常规】选项卡,选择【场景选择】选项,修改【绘制选择笔刷大小】选项来改变大小。

(3) 特殊的选择模式。▣/▣(交叉/窗口)选择区域模式会影响选择的结果,交叉选择模式指的是鼠标选择范围只要触及对象的任意局部或者全部就可以选择该对象。窗口选择模式要求严格,鼠标的选择范围必须包含该对象的所有部分才可以选择。

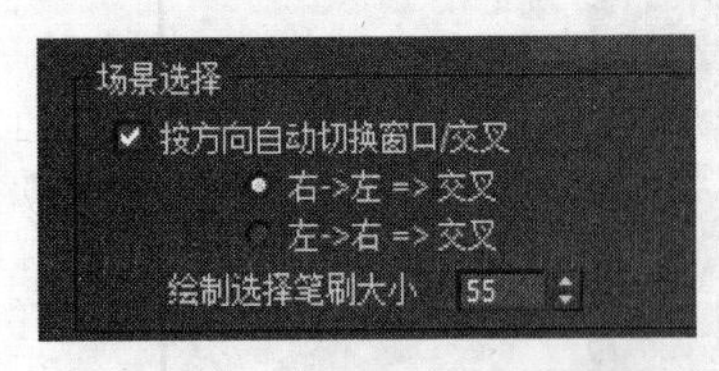

图 6-34 窗口/交叉选择模式的切换

自动切换窗口/交叉选择方式:选择菜单栏中的【自定义】选项,执行【首选项】命令,在首选项对话框中选择【常规】选项卡,选择【按方向自动切换窗口/交叉项】复选框。在选择对象时,如果自右向左框选对象,则相当于交叉选择方式,如果自左向右框选对象,则相当于窗口选择方式,如图 6-34 所示。

(4) 按名称选择对象。按名称命名对象是设计师一般使用的方法,在复杂的场景中,按名称选择对象显得尤为重要。单击主工具栏中的▣按钮,在弹出的【选择对象】对话框的列表里单击对象的名称选择对象,快捷键为 H。

技巧:Ctrl+A 全选所有对象。

Ctrl+D 取消当前选择的对象。

Ctrl+I 反向选择,选择所有当前未被选择的对象。

3. 对象的变换

动画的制作是基于物体的变换生成的,对象的变换包括改变对象的运动、旋转、缩放、对象在场景中的位置、大小、方向等,这是基本动画中最常用的操作。变换的方法包括基本变换操作和使用变换中心进行操作。

(1) 对象的基本变换操作

基本变换操作中经常使用到变换 Gizmo。Gizmo 是出现在视图中的几何体,可以操纵它来修改场景几何体或其他效果。在场景中使用选择并移动、选择并旋转、选择并缩放当中的任意一种操作时,场景中被选中的对象会自动出现相应的变换 Gizmo 图标。将鼠标指针放在 Gizmo 的不同部位,就可以自动激活相应的轴或轴平面,通过拖动鼠标指针来实现在相应轴上的变换修改操作。

在场景内浏览可以使用"视图控制"如图▣。按"鼠标中键"平移,滚动滑轮缩放,Alt+中键旋转。也可使用 SteeringWheel 如图▣。按 Shift+W 在两者之间切换。Steeringwheel 将多种常用视口控制组合在一个界面中,该界面有鼠标光标控制。该界面中有不同类型的轮子,每种轮子都有不同的用途。要使用轮子,可将光标放到相应楔体上,然后通过单击或拖动激活轮子的工具。在视口之后单击右键可关闭轮子。

基本变换操作中经常使用到变换 Gizmo(对称轴)。Gizmo 是出现在视图中的几何体,可以操纵它来修改场景几何体或其他效果。在场景中使用选择并移动、选择并旋转、选择并缩放当中的任意一种操作时,场景中被选中的对象会自动出现相应的变换 Gizmo 图标。将鼠标指针放在 Gizmo 的不同部位,就可以自动激活相应的轴或轴平面,通过拖动鼠标指针来实现在相应轴上的变换修改操作。

① 选择并移动操作,单击主工具栏中的【选择并移动】图标,选择对象后,出现移动 Gizmo 图标,这个图标的作用有以下两点:

- 限制对象在某个轴上移动:移动鼠标指针到 Gizmo 的单个轴上,单轴显示为亮黄色后,即可限制对象在该轴上移动。

• 限制对象在某个轴平面上移动：移动鼠标指针到 Gizmo 的两个轴向中间处，轴平面显示亮黄色后，即可限制对象在该轴平面内移动。

移动的方向可根据定义的坐标轴来决定，鼠标右键单击【选择并移动】图标，或者按【F12】功能键，则可通过数值输入的方式移动对象。

② 选择并旋转操作，单击主工具栏中的【选择并旋转】图标，选择对象后，出现旋转 Gizmo 图标，该图标是根据虚拟轨迹球的概念而构建的，可以围绕 X 轴、Y 轴、Z 轴或垂直于视图的轴自由旋转对象。【轴】控制柄是围绕轨迹球的圆圈。在任一轴控制柄的任意位置拖动鼠标，可以围绕该轴旋转对象。当围绕 X 轴、Y 轴或 Z 轴旋转时，一个透明的切片会以直观的方式说明旋转方向和旋转数量。如果旋转大于 360°，该切片会重叠，并且着色会变得越来越不透明。旋转时显示旋转角度，方便使用者使用，如图 6-35 所示。

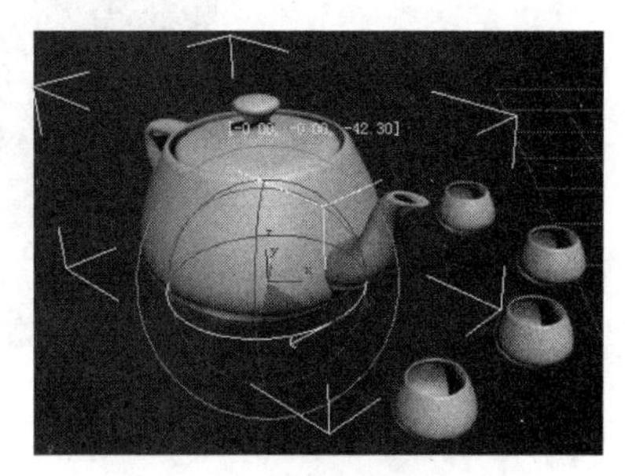

图 6-35　选择并旋转操作

除了可以围绕坐标轴来旋转外，还可以使用自由旋转或视图控制柄来旋转对象。围绕旋转 Gizmo 的最外一层是“屏幕”控制柄，使用它可以在平行于视图的平面上旋转对象。

旋转的方向设置和移动的方向设置相同，即右键单击（选择并旋转）图标，或者按【F12】功能键，则可通过数值输入的方式旋转对象，改变对象在世界坐标系中的位置。

③ 选择并缩放操作。单击主工具栏中的【选择并缩放】图标，选择对象后，出现缩放 Gizmo 图标，包含三种缩放类型：【选择并均匀缩放】Gizmo ，【选择并非均匀缩放】Gizmo ，【选择并压缩】Gizmo ；

• 【选择并均匀缩放】：可以沿 3 个轴均等地缩放选择，对象的形状不发生变化，只是大小发生变化，如图 6-36 所示。

图 6-36　选择并均匀缩放

• 【选择并非均匀缩放】：可以沿 3 个轴不同程度地缩放选择，轴约束设置确定缩放一个轴或者多个轴，如图 6-37 所示。

图 6-37　选择并非均匀缩放

●【选择并压缩】：可以按一个方向沿一个轴缩放选择，还可以按相反方向沿两个轴缩放选择。压缩在保持选择体积的情况下生成外观。轴约束设置确定进行缩放的轴，而其他轴进行反向缩放。如果使用双轴约束，则剩余一个轴进行反向缩放，如图 6-38 所示。

图 6-38　选择并压缩缩放

(2) 使用变换中心进行操作：轴心点是用来定义物体在旋转和缩放时的中心点。

①【使用轴点中心】按钮，使用选择对象自身的轴心点作为变换的中心点。如果同时选择多个对象，则针对各自的轴心点进行变换操作，如图 6-39 所示。

②【使用选择中心】按钮，使用所选择对象的公共轴心作为变换基准，确定了选择集合之间不会发生相对的变化，如图 6-40 所示。

③【使用变换坐标中心】按钮，使用当前坐标系统的轴心作为所有选择对象的轴心，如图 6-41 所示。

3ds Max 中所有对象都有一个轴心点，它将作为旋转和缩放变换依据的中心点。当指定一个变动修改命令时，进入它的中心子对象级别，此变动中心默认为轴心点位置。轴心点还定义与其子对象连接的中心点，子对象将针对其进行变换操作。可以随时通过调节轴心点命令变换轴心点的位置与方向，它的调节不会对任何与之相连的子对象产生影响，如图 6-42 所示。

图 6-39　对象自身的轴心点

图 6-40　使用选择中心

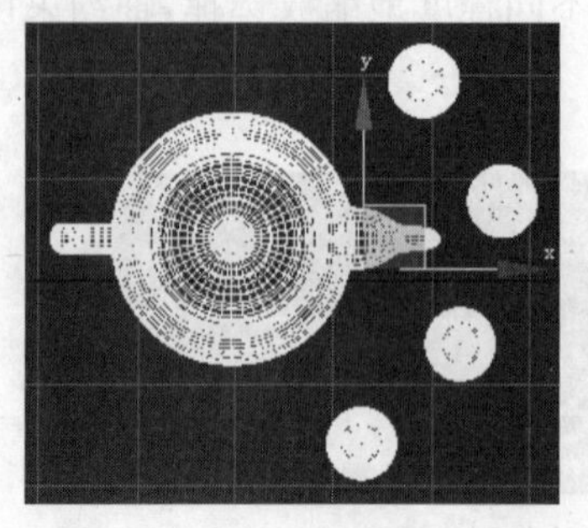

图 6-41　使用变换坐标中心

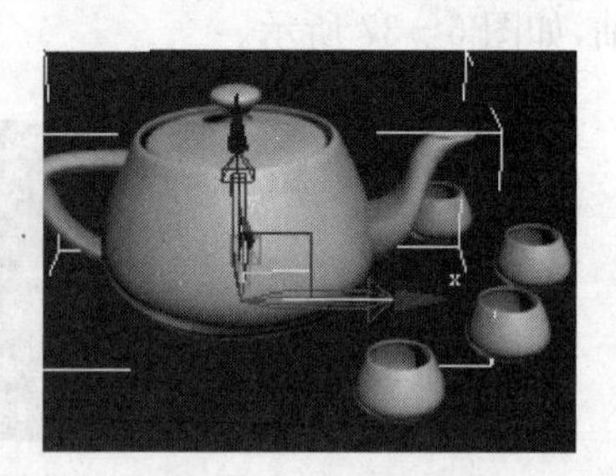

图 6-42　调节轴心点

6.1.6　对象的捕捉

“3D 捕捉”是系统默认设置。鼠标可以直接捕捉到视图窗口中的任何几何体。通过单击主工具栏上的“捕捉开关”按钮启用捕捉，在主工具栏中按住“捕捉开关”按钮不放，停留片刻后系统将弹出隐含的“2D 捕捉”按钮和“2.5D 捕捉”按钮。也可以通过按键盘中的 S 键进行捕捉开关的切换。栅格和捕捉设置对话框如图 6－43 所示，包含 12 种捕捉模式，可以根据需要进行选择。

图 6－43　栅格和捕捉设置

【垂足】：可以捕捉到相对于上一个顶点位置的正角位置。

【轴点】：可以捕捉到物体的轴心点。

【栅格点】：可以捕捉到栅格的交叉点。

【顶点】：可以捕捉到网格物体或者可以转换为网格物体的顶点。

【边/线段】：可以捕捉到边的任何位置，包括不可见的边。

【面】：可以捕捉到面的任意位置，但是不包括背面。

【切点】：可以相对于上一顶点捕捉到曲线的切线点。

【边界框】：可以捕捉到物体边界框 8 个角中的任意一个。

【栅格线】：可以捕捉到栅格线的任意位置。

【端点】：可以捕捉大网格物体边上的末端顶点或者曲线顶点。

【中点】：可以捕捉到网格物体边的中央或者是曲线片段的中央。

【中心面】：可以捕捉到三角面的中心。

1. 【二维捕捉】工具

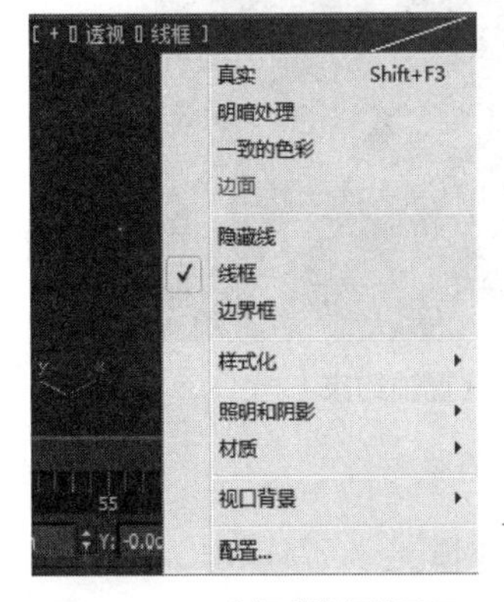

图 6－44　选择“线框”显示

利用【三维捕捉】工具只适用于在启动网格上进行对象的捕捉，一般忽略其在高度方向上的捕捉。在日常操作中，经常用于平面图形的捕捉。

(1) 在视图窗口中绘制出一个长方体，选择主工具栏【二维捕捉】按钮；在【二维捕捉】按钮上右键单击，弹出【栅格和捕捉设置】对话框，在其中选择捕捉【顶点】后，关闭该对话框。

(2) 单击视图窗口中右上角的【真实】按钮，从弹出的菜单中选择【线框】选项显示长方体。如图 6－44 所示。

(3) 选择【创建】→【图形】→【样条线】→【线】选项捕捉长方体靠近栅格的顶点绘制线（二维捕捉不能捕捉长方体上边的点，只能捕捉在底部栅格上的点），如图 6－45 所示。绘制好二维图形后，可以对捕捉创建的线框进行旋转、移动等操作，如图 6－46 所示。

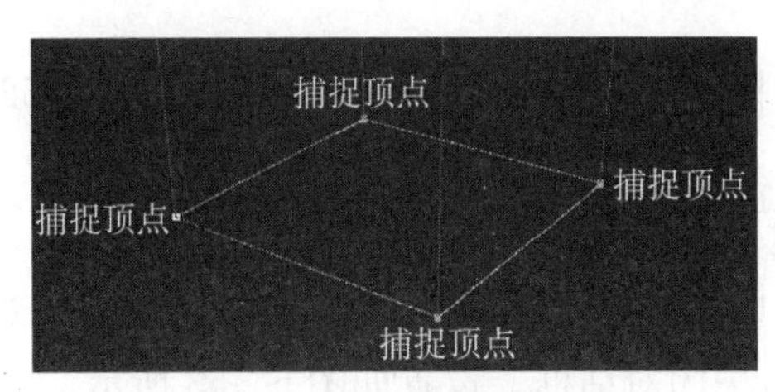

图 6－45　二维捕捉创建二维图形

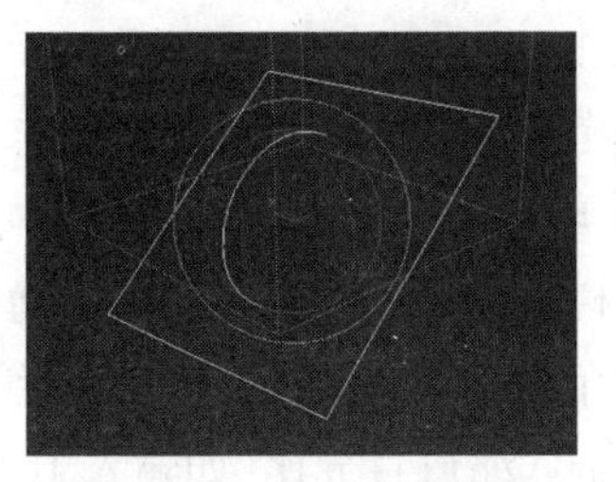

图 6－46　旋转二维图形

2.【2.5 维捕捉】工具

该工具是一个介于二维与三维之间的捕捉工具。利用该工具不但可以捕捉到当前平面上的点与线，也可以捕捉到各个顶点与边界在某一个平面上的投影，它适用于勾勒三维对象的轮廓。

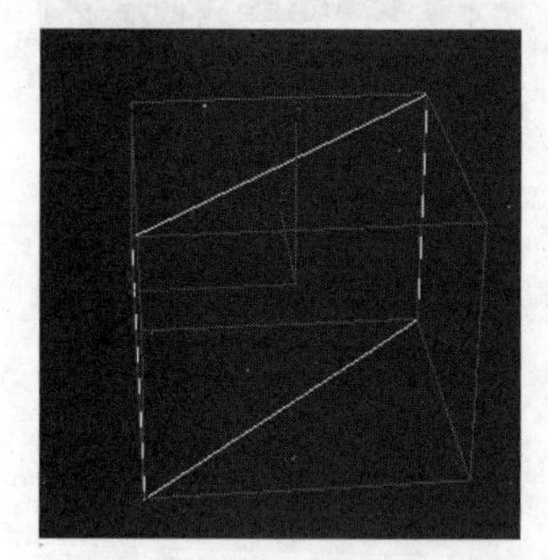

图 6-47　三维捕捉图形

3.【三维捕捉】工具

利用【三维捕捉】工具可以在三维空间中捕捉到相应类型的对象。直接捕捉到视图窗口中的任何几何体，也可以通过捕捉创建不规则图形，如图 6-47 所示。

4. 辅助捕捉设置

在【选项】选项卡中，可以在【标记】组合框中对捕捉记号的大小进行设置，也可以改变其颜色。在【栅格尺寸】组合框中设置 4 个绘图区中栅格的大小选项。设置如图 6-48 所示

在应用捕捉工具的时候，可以在【栅格和捕捉设置】窗口中切换到【选项】选项卡中，在其中选中【捕捉到冻结对象】与【使用轴约束】复选框，在视图中捕捉到冻结的物体，方便在使用捕捉工具的时候将变换操作限制在指定的轴上。具体设置如图 6-49 所示。

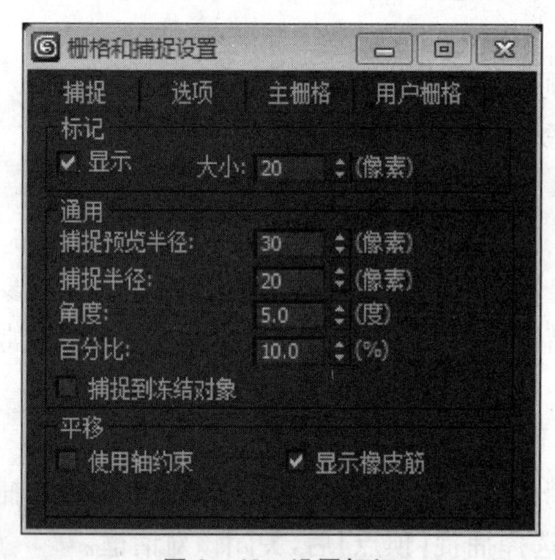

图 6-48　设置标记

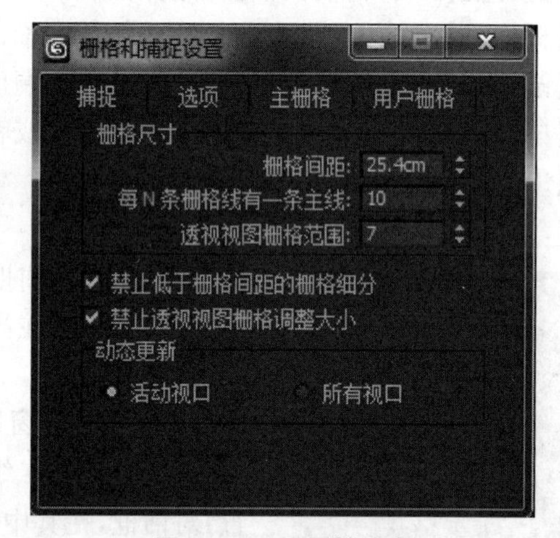

图 6-49　设置轴约束

5. 角度捕捉

启用“角度捕捉切换”后，角度捕捉影响场景中所有对象的旋转变换。

(1) 单击启用主工具栏【角度捕捉切换】。单击鼠标右键，弹出【栅格和捕捉设置】对话框；在角度一栏中输入每次旋转的角度限制(如输入 30)，如图 6-50 所示。

(2) 单击选择主工具栏【选择并旋转】按钮；对视图中的对象进行旋转操作，对象操作旋转一次为 30°，如图 6-51 所示。

(3) 继续对视图窗口中物体进行旋转操作，角度以 30°的倍数递增，如图 6-52 所示。

6. 百分比捕捉

主工具栏【百分比捕捉切换】：通过指定的百分比增加对象的缩放。

(1) 在【百分比捕捉切换】主工具栏上单击鼠标右键，弹出【栅格和捕捉设置】对话框；在百分比一栏中输入缩放百分比(如输入 100)，关闭对话框。设置如图 6-53 所示。

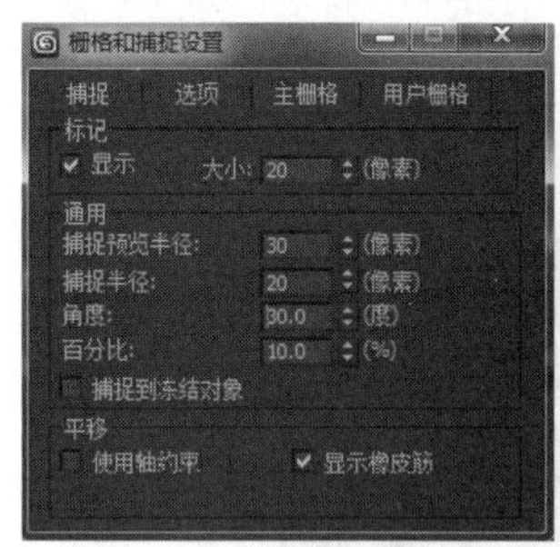

图 6-50 角度捕捉设置

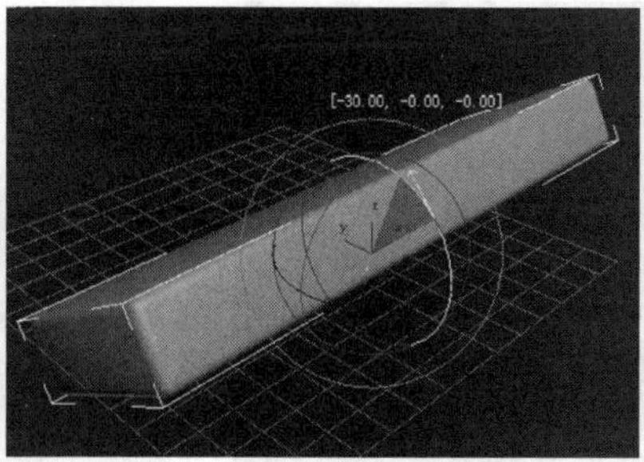

图 6-51 旋转角度效果

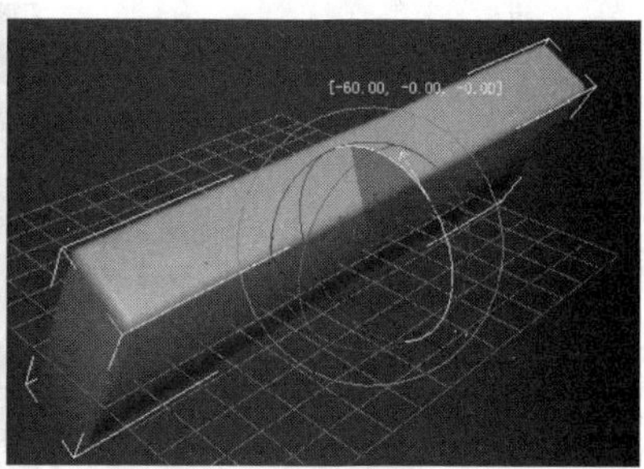

图 6-52 旋转角度增加

(2) 单击【选择并均匀缩放】按钮，将视图中的长方体对象进行缩放操作，拖动 Z 轴缩放，可比原对象增高 100%，即 Z 轴方向上增高 1 倍，如图 6-54 所示；按住鼠标左键在内部黄色三角上拖动，可整体增加 1 倍，效果如图 6-55 所示。

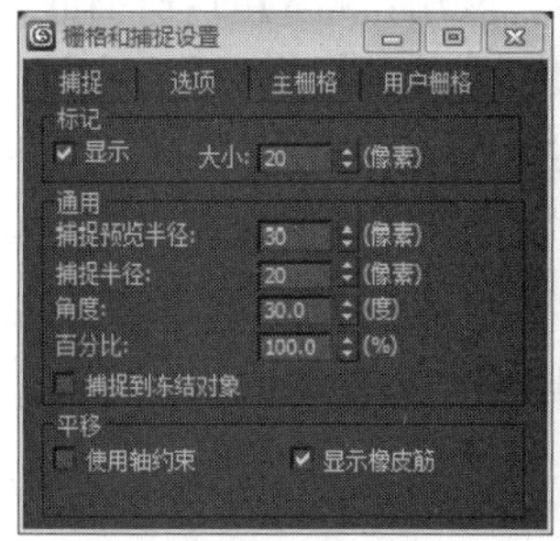

图 6-53 百分比捕捉设置

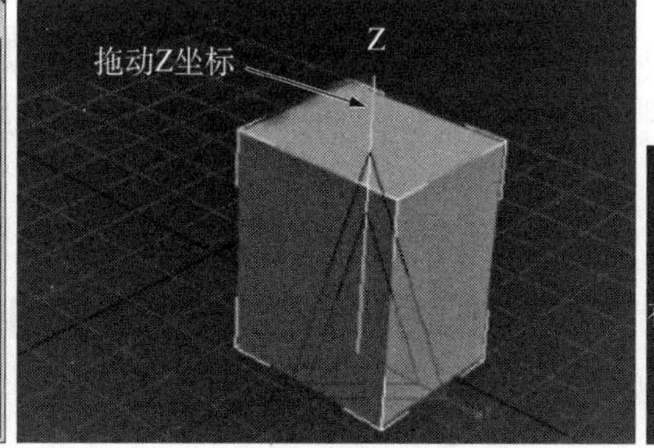

图 6-54 缩放轴效果

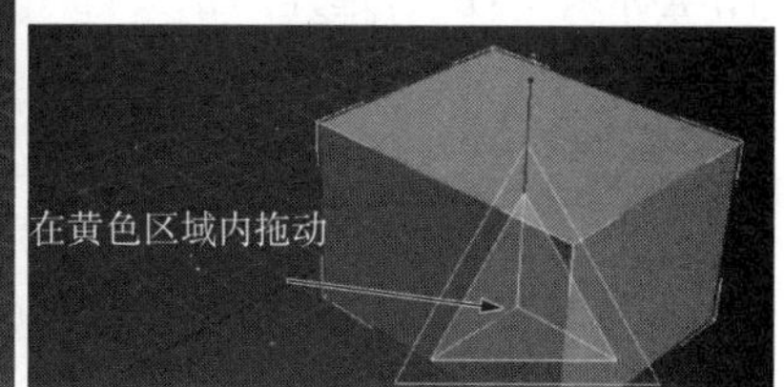

图 6-55 缩放整体效果

7. 微调器捕捉

【微调器捕捉切换】：用于设置所有微调器每次单击增加或减少值。

(1) 在【微调器捕捉切换】工具栏上单击鼠标右键，弹出【首选项设置】对话框；在【微调器】参数设置框中设置精度：1，即小数点后 1 位数；捕捉：10，即每单击一次增加或减少 10；将使用捕捉复选框选中，将微调器切换为启用状态；选择将光标限定在微调器附近，即当拖动光标来调整微调器值时，将其限定在微调器的附近区域，设置如图 6-56 所示。

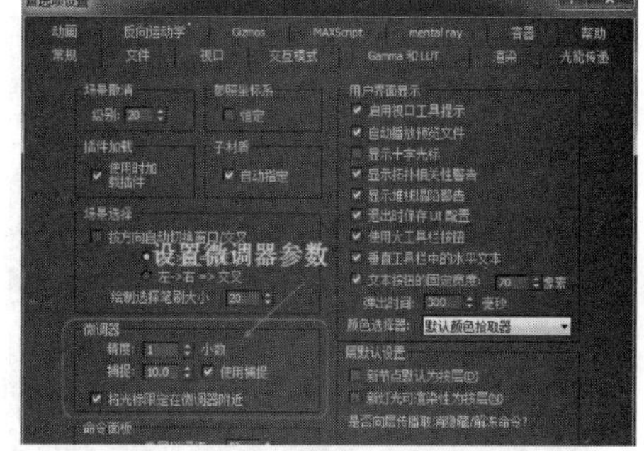

图 6-56 微调器捕捉设置

(2) 在视图中创建一个长方体对象，选择【修改】面板下的参数选项。

(3) 单击【参数】下的，每单击一次，视图中选中对象会增加或减少 10，如单击【长度】后的，物体长度增加 10。如图 6-57 所示。单击【宽度】后的，物体宽度减少 10；如图 6-58 所示。

6.1.7 变换坐标系

变换坐标系，即参考坐标系，可以用来指定变换操作(如移动、旋转、缩放等)所使用的坐标系统，包括视图、屏幕、世界、父对象、局部、万向、栅格、工作和拾取等几种坐标系。在【屏幕】坐标系中，所有视图(包括透视视图)都使用视图屏幕坐标。

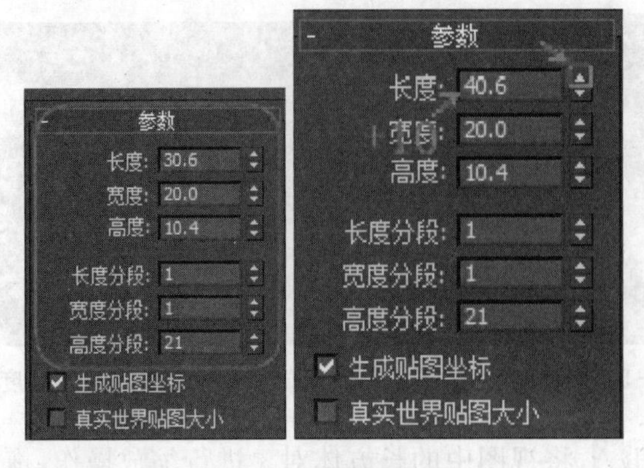

图 6－57　长度微调效果

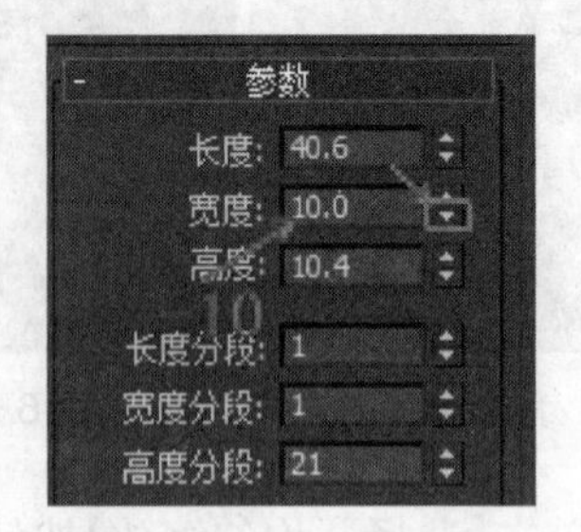

图 6－58　宽度微调效果

1.【视图】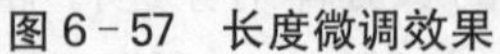

视图是系统默认的坐标系，它是【世界】和【屏幕】坐标系的混合体。使用【视图】时，所有正交视图(顶视图、前视图和左视图)都使用【屏幕】坐标系。而透视图使用【世界】坐标系。在视图坐标系中，所有选择的正交视图中的 X、Y 和 Z 轴都相同：X 轴始终朝右，Y 轴始终朝上，Z 轴始终垂直于屏幕指向用户。

设置默认坐标轴技巧：因为坐标系的设置基于对象的变换，所以要首先选择变换，然后再指定坐标系。如果不希望更改坐标系，可以执行【自定义】→【首选项】命令，在【常规】选项卡的【参照坐标系】组中选择【恒定】选项。设置如图 6－59 所示。

2.【屏幕】屏幕

这个坐标系将活动视图用作坐标系。X 轴为水平方向，正向朝右；Y 轴为垂直方向，正向朝上；Z 轴为深度方向，正向指向用户。因为【屏幕】坐标系模式取决于其他的活动视图，所以非活动视口中的 X、Y 和 Z 标签显示当前活动视图的方向。激活任一视图时，视图上的 X，Y，Z 标签会发生变化。“屏幕”模式下的坐标系始终相对于观察点，如图 6－60 所示。

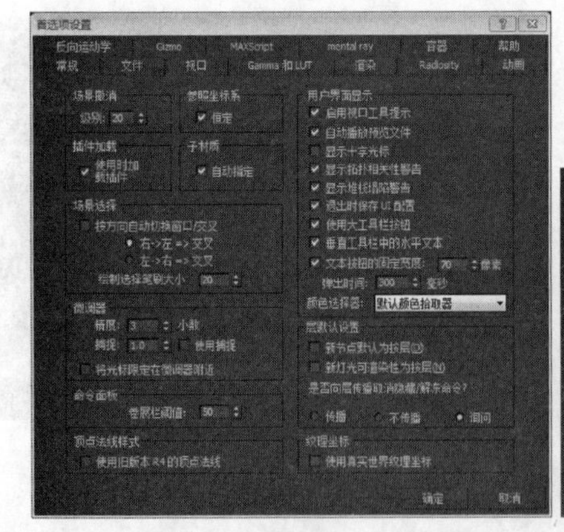

图 6－59　设置默认坐标系

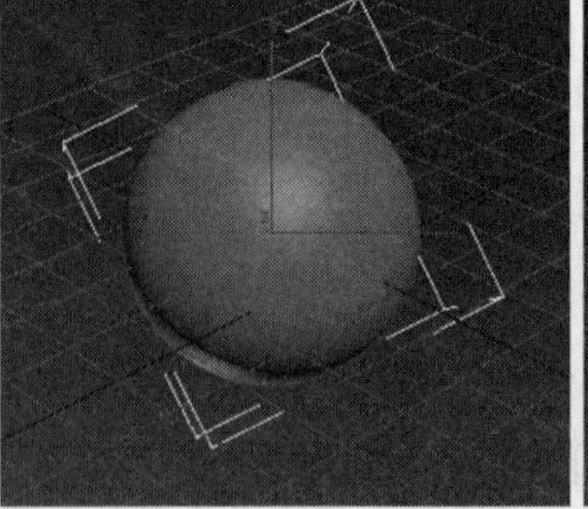

图 6－60　屏幕视图

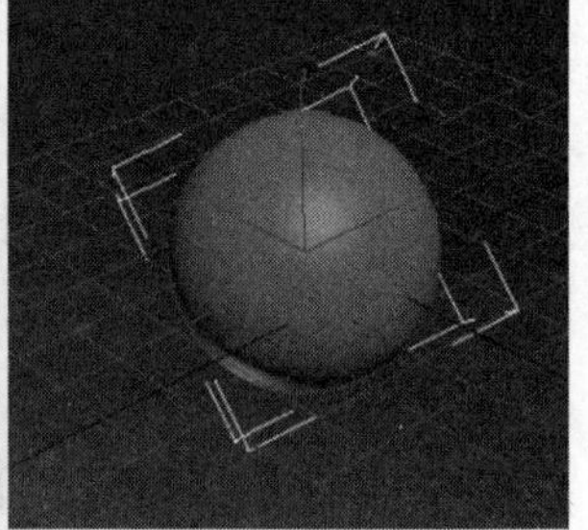

图 6－61　世界视图

3.【世界】世界

世界坐标系从前视图看：X 轴正向朝右；Z 轴正向朝上；Y 轴正向指向背离用户的方向。在顶视图中 X 轴正向朝右，Z 轴正向朝向用户，Y 轴正向朝上。世界坐标系始终固定。坐标

轴的方向如图6-61所示。

4.【父对象】父对象

使用选定对象的父对象的坐标系。如果对象未链接至特定对象,则其为"世界"坐标系,其父坐标系与"世界"坐标系相同。如果为链接对象,则父对象坐标系的显示如图6-62所示。将长方体与球体链接起来,长方体为球体的父对象,使用"父对象"坐标系后,选中球体,此时球体使用长方体的坐标系。移动球体会沿着长方体坐标滑动。

5.【局部】局部

使用选定对象的局部坐标系,对象的局部坐标系由其轴点支撑。使用【层次】命令面板上的选项,可以相对于对象调整局部坐标系的位置和方向。

如果【局部】坐标系处于活动状态,则【使用变换中心】按钮会处于非活动状态,并且所有变换使用局部轴作为变换中心,在若干个对象的选择集中,每个对象使用其自身中心进行变换。

【局部】坐标系为每个对象使用单独的坐标系,如图6-63所示。

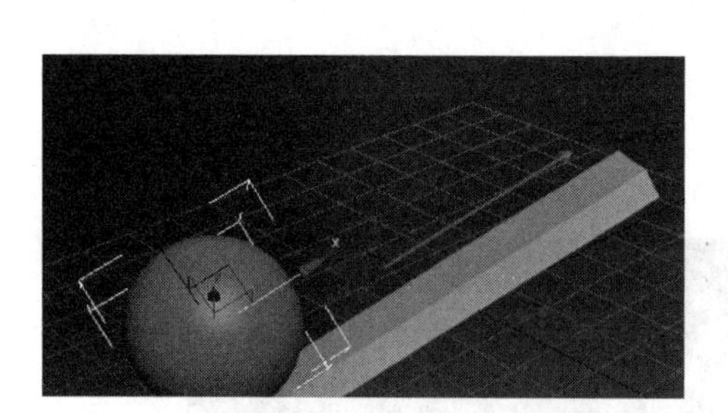

图6-62 父对象坐标系

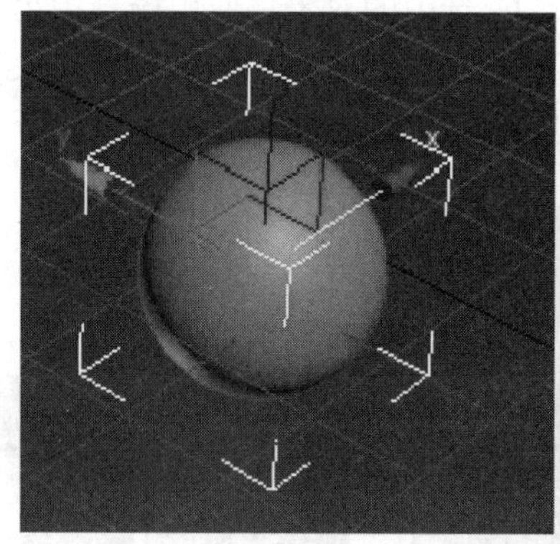

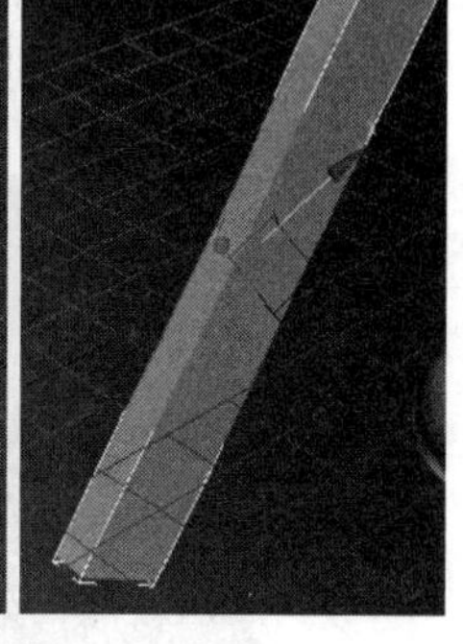

图6-63 局部坐标系

6.【万向】万向

万向坐标系可以与【Euler XYZ旋转】控制器一同使用。它与【局部】坐标系类似,但其3个旋转轴不一定互相之间成直角。对于移动和缩放变换,万向坐标与父对象坐标相同。如果没有为对象指定【Euler XYZ旋转】控制器则万向坐标系的旋转与父对象坐标系的旋转方式相同。

技巧提示:使用局部和父对象坐标系围绕一个轴旋转时,用户操作将会更改两个或3个【Euler XYZ旋转】轨迹,而万向坐标系可避免这个问题:围绕一个Euler XYZ旋转轴旋转仅更改轴的轨迹。使得功能曲线的编辑工作变得轻松。另外,利用万向坐标的绝对变换输入会将相同的Euler角度值用作动画轨迹,如图6-64所示。

7.【栅格】栅格

它具有普通对象的属性,与视图窗口中的栅格类似,用户可以设置它的长度、宽度和间距、执行【创建】→【辅助对象】→【栅格】命令后就可以像创建其他物体那样在视图窗口中创建一个栅格对象,选择栅格右键单击,从弹出的菜单选择【激活栅格】选项;当用户选择"栅格"坐标系统后,创建的对象将使用"栅格"对象相同的坐标系统。即栅格对象的空间位置确定了当前创建物体的坐标系,如图6-65所示。

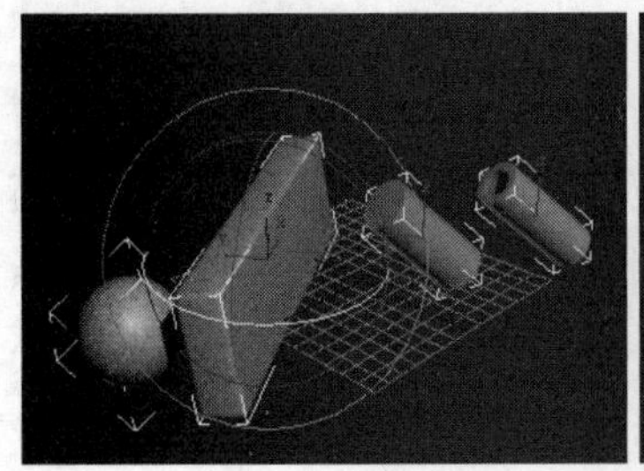

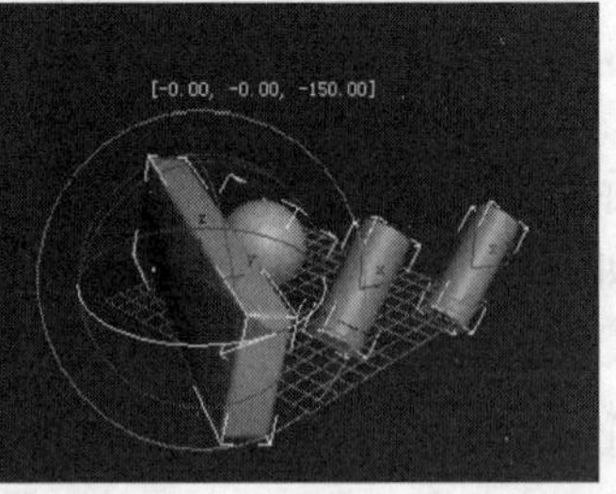

图 6 - 64　万向坐标系

图 6 - 65　栅格坐标系

8.【工作】工作

可以自己定义坐标系，方法是选中某个物体，选择层次面板，在工作轴选项框中选择编辑工作轴，将该物体的坐标轴进行设定即可定义该物体的坐标系。如图 6 - 66 所示。

9.【拾取】拾取

在这种坐标方式下，选中的对象将使用场景中另一个对象的坐标系。这样选中对象的变换中心将自动移动到拾取的对象上。同时单击【对象】的名称将显示在【变换坐标系】列表中，系统将保存 4 个最近拾取的对象名称，如图 6 - 67 所示。

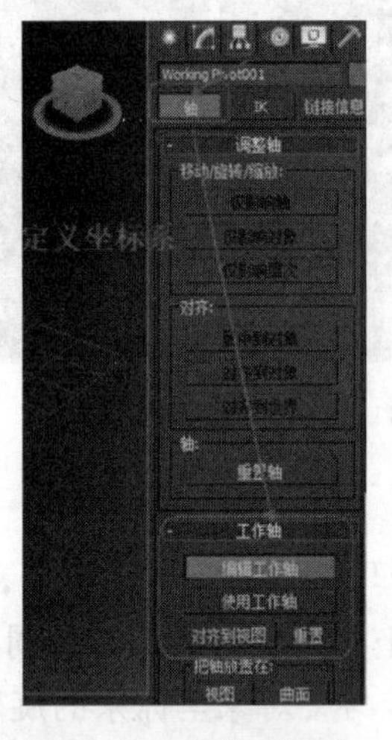

图 6 - 66　工作坐标系

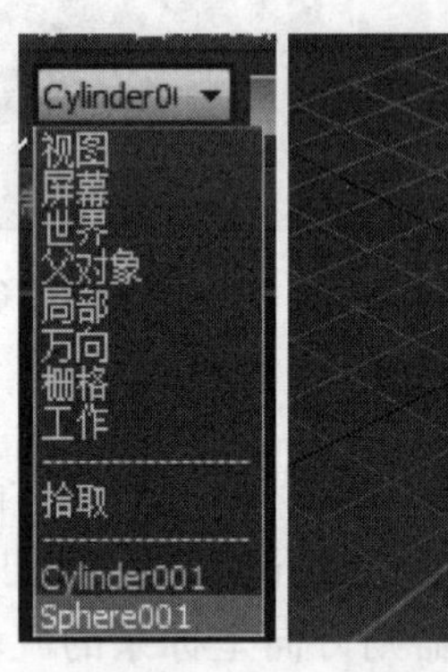

图 6 - 67　拾取坐标系　球体使用了长方体的坐标系

6.1.8　对齐、镜像和阵列

对齐、镜像、阵列是基本操作中用得最多的操作。

1. 对象的对齐操作

(1) 在视图窗口中创建一个圆柱体和一个圆锥体。

(2) 选中视图中圆锥体，单击【对齐】按钮。

(3) 对齐位置选择 Z 轴，当前对象圆锥体选择【最小】，目标对象圆柱体选择【最大】。即可使视图中圆锥体最底部和圆柱体最上部对齐，结果如图 6 - 68 所示。

(4) 对齐位置选择 X 轴，当前对象圆锥体选择【最大】，目标对象圆柱体选择【最小】。即可使视图中圆锥体右侧和圆柱体最左侧对齐，结果如图 6 - 69 所示。

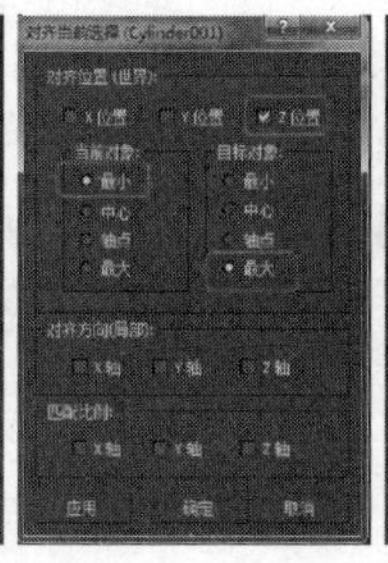
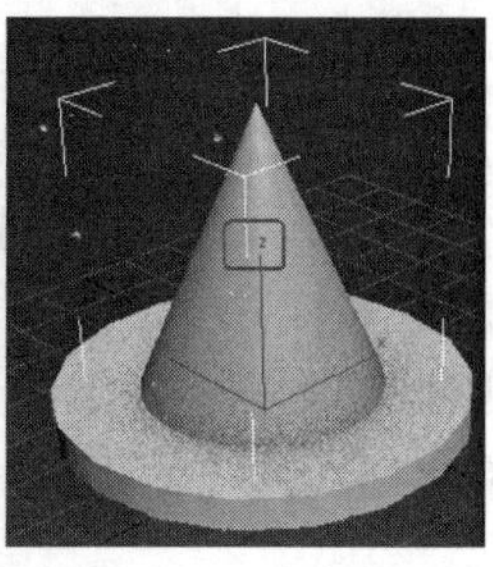

图 6 - 68　对齐轴向和方式的选择 1

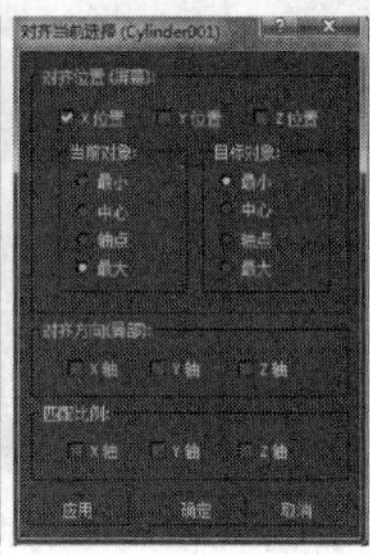
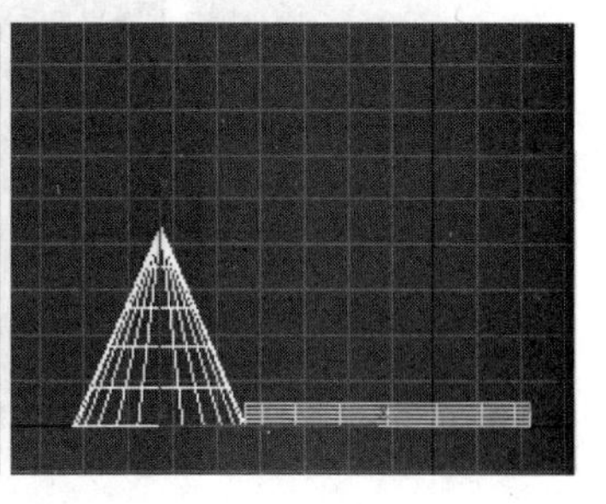

图 6 - 69　对齐轴向和方式的选择 2

(5) 在对齐对话框中的【对齐位置】选项区中的【X 位置】【Y 位置】【Z 位置】复选框用于确定物体沿世界坐标系中哪条约束轴与目标物体对齐。

(6) 在【当前对象】和【目标对象】选项区中，【最小】表示将源物体的对齐轴负方向的边框与目标物体中的选定成分对齐，【中心】表示将源物体与目标物体按几何中心对齐，【轴点】表示将源物体与目标物体按轴心对齐，【最大】表示将源物体对齐轴正方向的边框与目标物体中的选定成分对齐。

(7)【对齐方向】选项区中的【X 轴】【Y 轴】【Z 轴】复选框用于确定如何旋转源物体，以使其按选定的坐标轴对齐。

(8)【匹配比例】选项区的作用是如果目标对象被缩放了，那么选择轴向可以将被选定对象沿局部坐标轴缩放到与目标对象相同的百分比。

2. 对象的镜像操作

模拟现实中的镜子效果，把实物对应的虚像复制出来。

(1) 选择【创建】面板→【几何体】→【标准基本体】→【茶壶】，在视图窗口中创建一个茶壶，如图 6 - 70 所示。

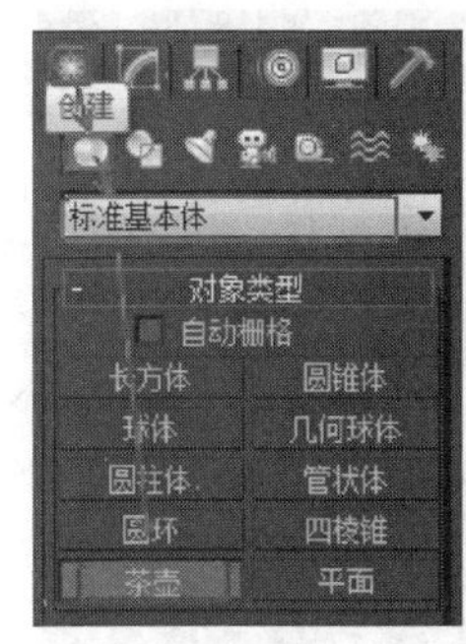

图 6 - 70　茶壶的创建

(2) 选中茶壶，单击主工具栏中【镜像】按钮，弹出镜像对话框。

【镜像轴】：用于设置镜像的轴或者平面。

【偏移】：用于设定镜像对象偏移源对象轴心点的距离。

【克隆当前选项】：用于控制对象是否复制、以何种方式复制。默认是“不克隆”即只翻转对象而不复制对象。

设置镜像轴：【X】→【偏移】50→【克隆当前选择】→【复制】，得到的如图 6－71 所示的镜像效果。

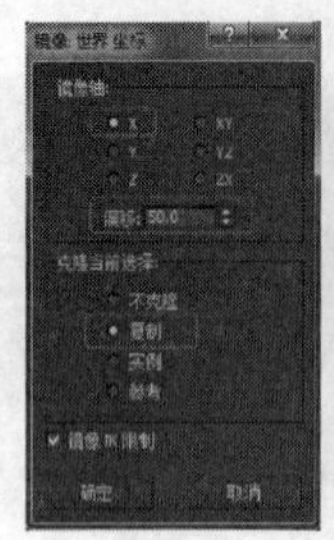

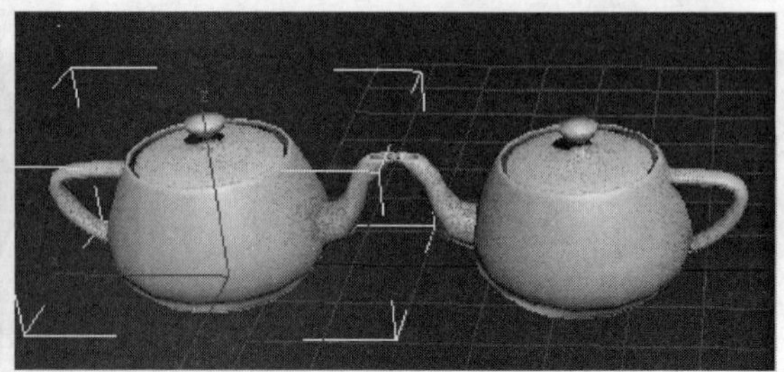

图 6－71　设置 X 轴偏移的镜像的效果

(3) 设置镜像轴：【Y】→【偏移】30→【克隆当前选择】→【复制】，得到的如图 6－72 所示的镜像效果。

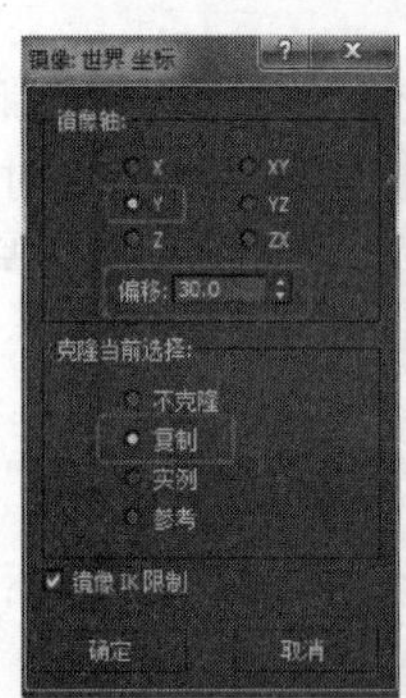

图 6－72　设置 Y 轴偏移的镜像的效果

(4) 设置镜像轴：【Z】→【偏移】－0→【克隆当前选择】→【复制】，得到如图 6－73 所示的镜像效果。

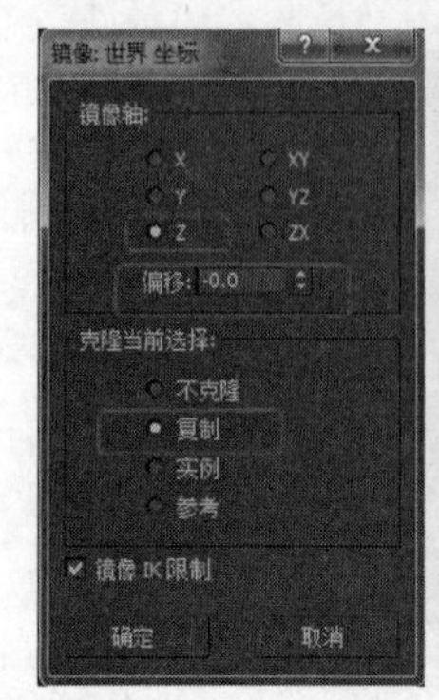

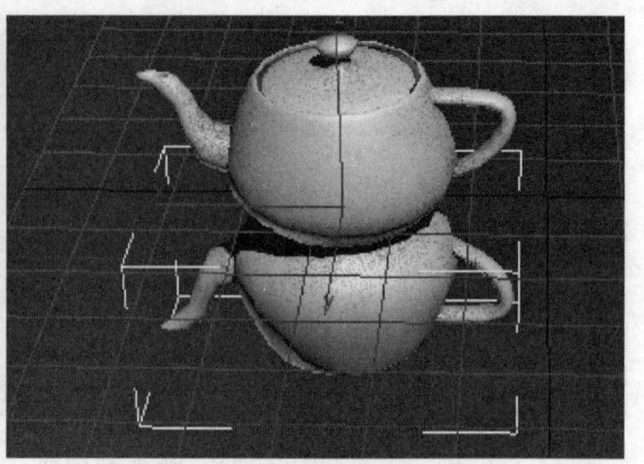

图 6－73　设置 Y 轴偏移的镜像的效果

(5)【偏移】输入－30，表示镜像复制的对象向下移动距离 30，如果【偏移】输入＋30，表示镜像复制的对象向上距离 30。

3. 对象的阵列操作

阵列工具是 3ds Max 中一个非常重要且功能强大的复制工具，通过在其设置窗口中设置好相应的数值以后一次性阵列复制出所有的物体，如图 6－74 所示。

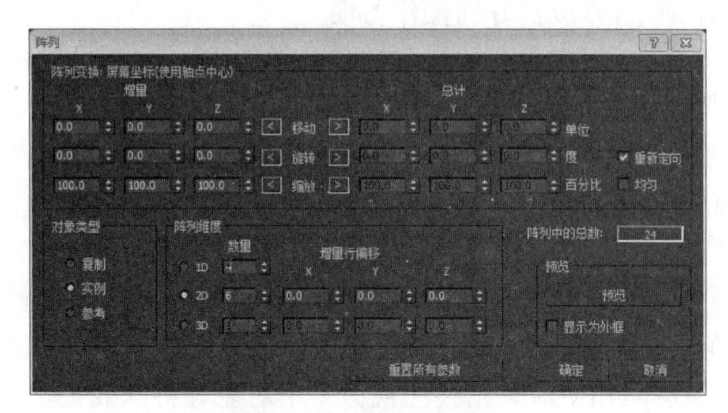

图 6－74　阵列对话框

对象复制类型：分为复制，实例和参考三种模式。

复制：复制一个或多个与源对象无关的对象

实例：复制一个或多个与源对象相关联的对象，修改源对象，复制的对象也会发生相应的变化，修改复制的对象，源对象也会发生相应的变化，无论修改哪个对象，所有的对象都会发生变化。

参考：复制一个或多个以源对象为参照的对象，修改源对象，复制对象也跟着发生变化，但是修改复制对象，源对象不发生变化。

阵列的最终效果如图 6－75 所示。

图 6－75　应用阵列之后的效果

6.2　3ds Max 动画的制作

制作一个三维作品，首先部署工作环境，设定作品的基本单位，再根据作品的特点运用软件的相应命令创建模型，当所有模型创建好了后，添加符合模型的材质和贴图，有时为了突出

作品的特性，有些贴图都需要运用专业软件（比如Photoshop）进行绘制，当添加好材质和贴图之后，根据作品描述的白天或者晚上，室内还是室外等意境，添加灯光和摄像机，设置相应的参数表达作品的主题，在制作好的场景中添加动画，将物体的运动状态、属性变化过程等记录下来，设置相应的渲染器参数，渲染出作品最终效果。

动画的制作有几点要求：

(1) 掌握基本操作命令，养成良好的操作习惯。

(2) 熟悉常用编辑命令，根据命令的特点进行分类学习。

(3) 加强三维空间能力的锻炼，掌握视图、坐标与物体的位置关系。

(4) 多观察物体在真实生活中的效果，环境的优美角度，提高审美水平。

(5) 坚持不懈，循序渐进的学习。

3ds Max动画的制作从大体上分为基本操作动画和参数动画。

在3ds Max中很多的动画设置都可以通过控制器完成。利用动画控制器可以设置出很多应用关键帧或IK值方法很难实现的动画效果。控制器可以约束对象的运动状态，比如可以使对象沿特定的路径运动和使对象始终注视另一个对象等特殊效果。

动画控制器主要控制物体的“位置”“旋转”和“缩放”各控制项的数据。“位置”控制项的默认控制器是“位置XYZ”控制器；“旋转”控制项的默认控制器是Euler XYZ控制器；“缩放”控制项的默认控制器是“Bezier缩放”控制器。

6.2.1 基本操作动画

物体通过移动、旋转、缩放、阵列、镜像等基本操作制作动画的过程。运用时间轴记录下物体发生位置上的变化，角度上的变化，大小的变化，整个场景物体多少的变化等，在不改变其结构的基础上产生动画效果，例如基本操作动画之图像拼凑动画，具体步骤请参看实验6-2。

6.2.2 参数动画

通过修改物体的参数或者命令的参数达到动画效果的过程。3ds Max 2012中包含的参数动画分别有物体自身的参数修改，修改器菜单下的参数化变形器里的基本命令，FFD修改器变形命令，网格编辑命令，样条线编辑命令，细分曲面编辑器，空间扭曲的设置，物理力的设置等一个或者多个命令参数的更改，物体的结构可以被修改，也可以保持原来固有的框架，这其中的过程都可以记录为动画形式，达到参数动画效果。例如，参数动画“下落的果冻文字”，具体步骤请参见实验6-3。

6.3 材质与贴图的添加

6.3.1 材质

材质是指物体表面的颜色、纹理、高光、自发光、透明、凹凸、反射、折射等属性的集合。

各类材质是在材质编辑器和材质/贴图浏览器两个窗口中完成的。材质编辑器用于修改材质的实际参数，材质/贴图浏览器窗口用于指定新材质/贴图、调用已有的材质/贴图、管理场景中的材质/贴图。

注意：指定给模型的是材质，而不是贴图。

6.3.2 材质编辑器介绍

打开材质编辑器：单击【渲染】菜单，在材质编辑器中可以选择两种模式：一种是早期版本的【精简材质编辑器】；另一种基于MAYA材质编辑方式的【Slate材质编辑器】。在打开的

编辑器界面菜单模式命令下也可以切换两种材质编辑界面。两种材质编辑器界面如图 6－76 所示。

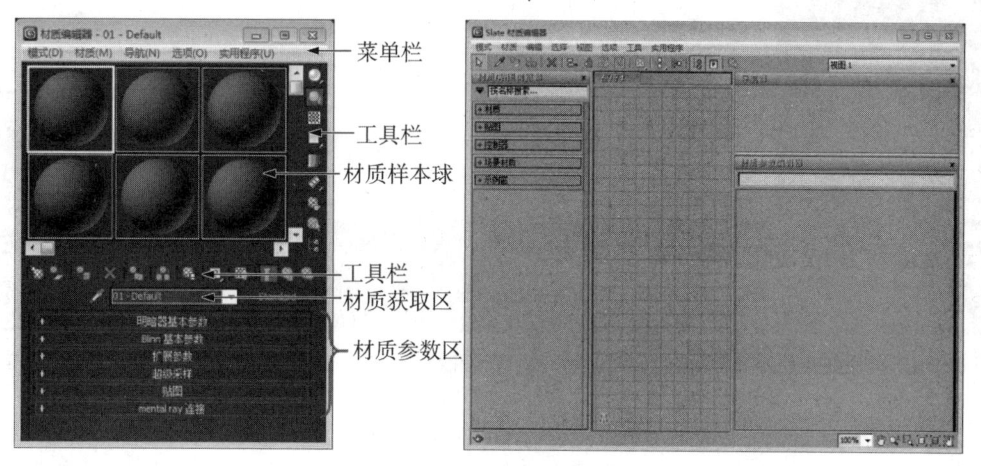

图 6－76　材质编辑器界面

精简材质编辑器包括菜单栏、材质样本球、工具栏、材质获取区、材质参数区五大部分。默认情况下，材质显示区域一次可以显示 6 个样本球窗口，单击鼠标右键可以选择样本球的显示个数，显示的数量最多为 24 个，如图 6－77 所示。材质编辑器的工具栏包括多种操作，具体如图 6－78 所示。

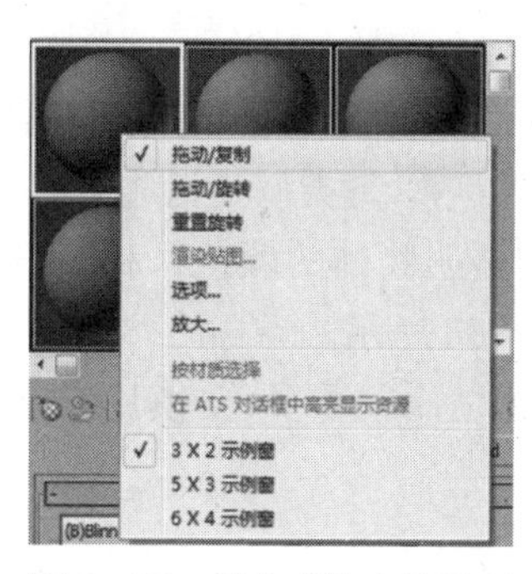

图 6－77　样本球的右键选项

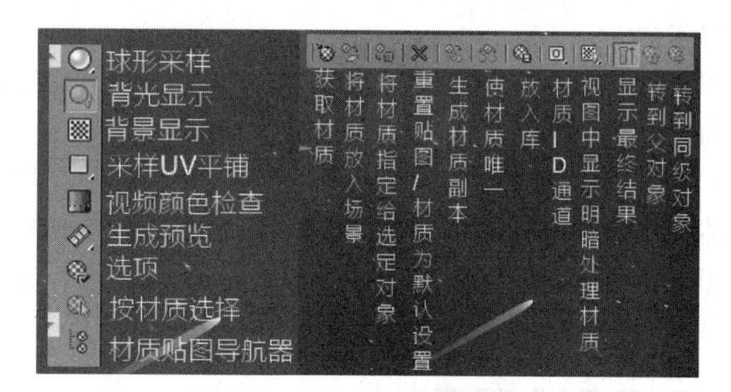

图 6－78　材质编辑器的工具栏

材质获取区：包括吸管(从对象拾取材质)，材质的重命名，材质/贴图的选择按钮。

材质参数区：包括设置明暗器基本参数，扩展参数，贴图参数等。

6.3.3　材质的介绍

标准材质编辑器中包含 15 个材质类型，可分为两类，基本材质和复合材质(见图 6－79)。

(1) 基本材质：在一个样本球上进行参数的设定，包含标准材质，光线跟踪材质，建筑材质无光/投影材质，Ink'n Paint(卡通材质)。

(2) 复合材质：设定两个或多个样本球，包含高级照明覆盖材质，混合材质，复合材质，双面材质，变形材质，多维/子对象材质，壳材质，虫漆材质，顶/底材质。

(3) 标准材质的卷展栏包含：明暗器基本参数，Blinn 基本参数，扩展参数，超级采样，贴图和 mental ray 连接七个卷展栏：

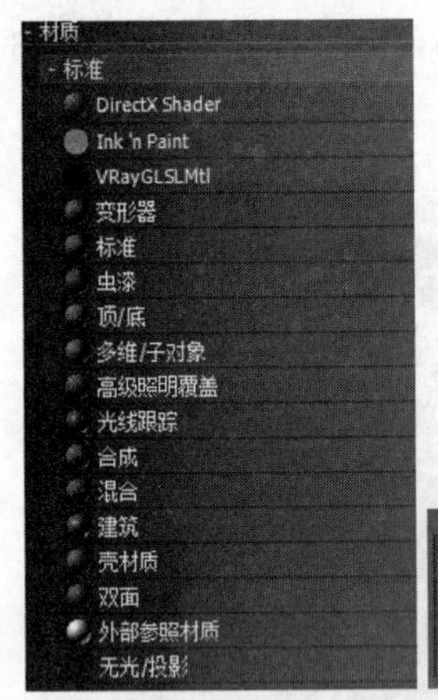

图 6-79　材质类型

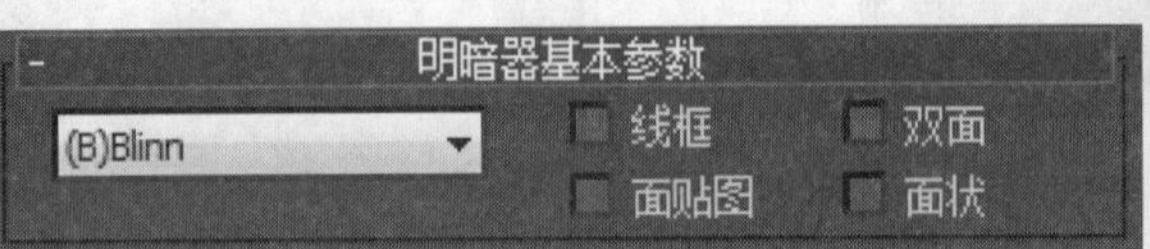

图 6-80　明暗器基本参数

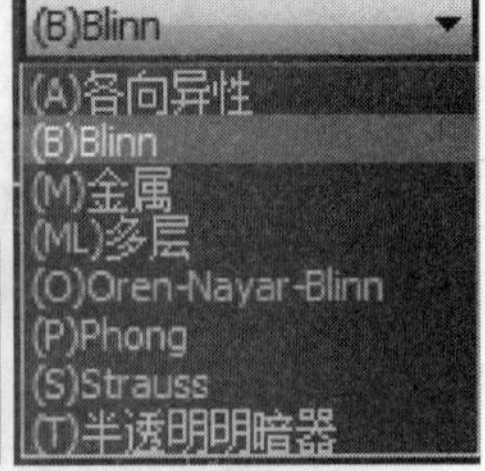

图 6-81　明暗器类型

① 明暗器是指物体在接受灯光照射时表面生成高光的方式。在 3ds max 中仅标准和光线跟踪材质拥有明暗器类型。明暗器基本参数包括：线框，双面，面贴图和面状。该卷展栏中的下拉列表中列出的就是明暗器的类型，如图 6－80 所示。

3ds Max 共拥有 8 种明暗器类型，分别是各向异性，Blinn，金属，多层，Oren-Nayar-Blinn，Phone，Strauss 和半透明明暗器，如图 6－81 所示。使用 Oren-Nayar-Blinn 明暗器模仿布料材质。

② Blinn 基本参数包含：漫反射颜色（表面/固有的颜色），高光反射，高光级别，光泽度，柔化，自发光和不透明度，如图 6－82 所示。注意：高光级别和光泽度在室内和建筑效果图中使用得不多。

③ 扩展参数包括高级透明、线框和反射暗淡；高级透明中的参数分别是衰减和类型；衰减又分为从内到外和从外到内两种，必须设置数量才能产生衰减的效果；类型是指透明的不同种类，共 3 种，分别是过滤（由颜色来控制的，该颜色常用于控制透明物体的颜色），相减（透明后的物体颜色更暗）和相加（透明后的物体颜色更明亮），如图 6－83 所示。

④ 超级采样：该卷展栏相对简单，而且不是很常用，但还是比较重要，要慎用它，因为它对渲染速度的影响较大，如图 6－84 所示。

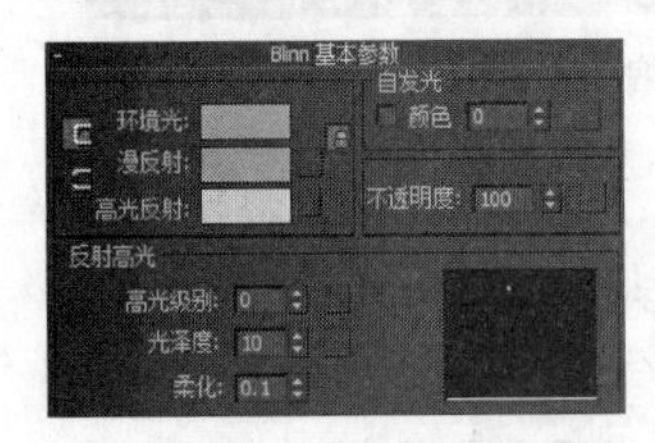

图 6－82　Blinn 基本参数

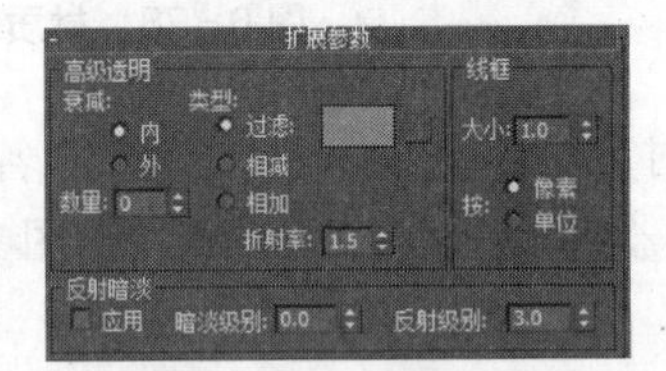

图 6－83　扩展参数

图 6－84　超级采样

6.3.4　贴图

3ds Max 中的贴图能指定所有贴图类型或文件的位置，在不同的方式上指定贴图会产生不同的效果，共有 12 种贴图方式，分别是环境光颜色，漫反射颜色，高光颜色，高光级别，光泽度，自发光，不透明度，过滤色贴图，凹凸贴图，反射，折射，置换。

注意：一般情况下自发光贴图方式下指定得比较多的是 Falloff（衰减）贴图而不是位图。

不透明度贴图比较特殊，而且它所实现的效果较常见，在此指定的一般是黑白贴图，由贴图的颜色来决定透明与否，黑透白不透。

凹凸贴图是用于制作物体表面的凹凸效果，该值一般使用黑白的，白色代表凸起，前面的值用于控制凹凸的强度，可以为负数，范围是－999～999。

置换贴图是指物体表面产生凹凸效果，但这种凹凸是真正的模型形变，指定在这里的一般是黑白图片。

贴图分为程序贴图和位图贴图。

1. 程序贴图

可以修改贴图的结构、属性等，分为二维贴图，三维贴图，复合贴图，颜色修改贴图和其他贴图，如图 6－85 所示。

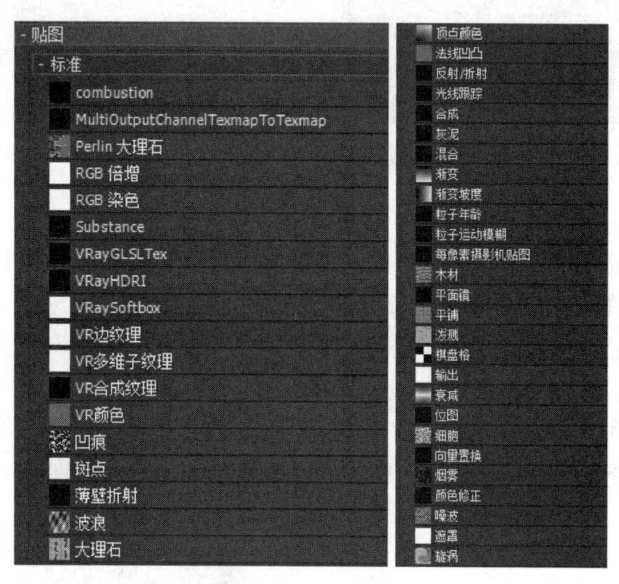

图 6－85　程序贴图

按用途进行划分，可以分为以下几类：

(1) 二维贴图：位图，棋盘格，燃烧，渐变，渐变坡度，漩涡和平铺。

(2) 三维贴图：细胞，凹痕，衰减，大理石，噪波，粒子年龄，粒子模糊，珍珠岩，行星，烟雾，斑点，泼溅，泥灰，波纹，木纹。

(3) 复合贴图：合成，遮罩/蒙版，混合。

(4) 颜色修改贴图：输出，RGB 颜色修改，顶点颜色。

(5) 其他贴图：摄影机像素，平面镜，法线贴图，光线跟踪，反射/折射，薄壁折射。

2. 几种常用的程序贴图

衰减贴图一般用于自发光，高光级别，不透明度，反射几个贴图方式中。

衰减类型分为：垂直/平行，菲涅尔/干净。

垂直/平行：使用它能够得到比较强烈的衰减效果，这是使用较频繁的一种类型。

菲涅尔/干净：现实生活中的衰减效果类型(即与眼睛观察角度呈垂直时反射是最弱的，随着角度的增加或减少，反射会越来越强烈)，它只能在衰减贴图位于反射贴图方式下时才能被使用；衰减贴图的参数设置框如图 6－86所示。

噪波贴图：这是一个相当重要的程序贴图，噪波实际是一种不规则现象的总称，它共有规

则、分形和湍流3种类型，分别有着不同的凌乱效果，高和低两个参数用于决定两个颜色/贴图分别所占的比例和强度。级别只能在分形和湍流类型时才有用。噪波贴图的参数设置框如图6-87所示。

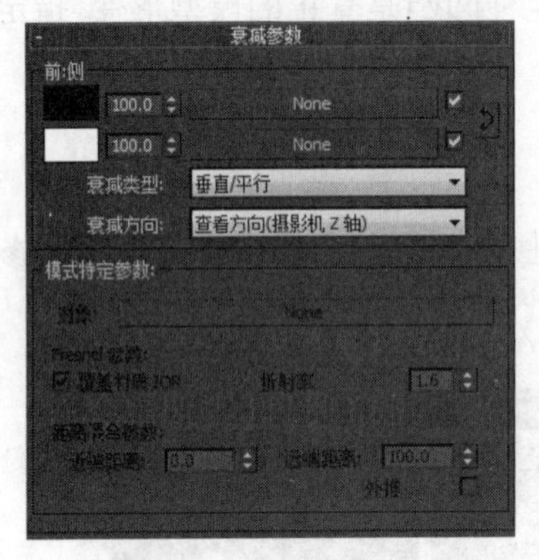

图6-86 衰减贴图参数

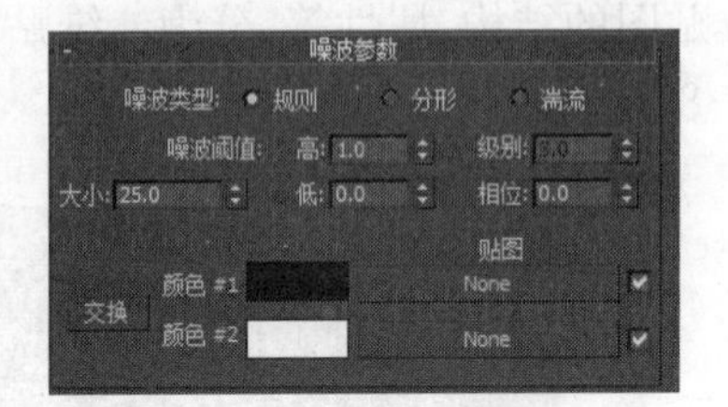

图6-87 噪波贴图参数

遮罩贴图：这是复合贴图类型，和PhotoShop的蒙版功能是相同的，在贴图下可以指定位图，然后在Mask下指定是黑白的图片，此时得到的复合效果就是黑白图片中黑色的部分被透明掉，白色部分得到的是Map贴图在Mask贴图中的白色位置的效果。遮罩贴图的参数设置框如图6-88所示。

混合贴图：这是3ds Max贴图中最复杂的贴图类型，但单独的一个混合是非常简单的。利用混合数量以及后面的贴图来混合前面的颜色1和颜色2两个颜色或贴图，颜色1及后面的贴图由黑色部分替代，而颜色2由白色部分替代。混合贴图的参数设置框如图6-89所示。

图6-88 遮罩贴图的参数设置框

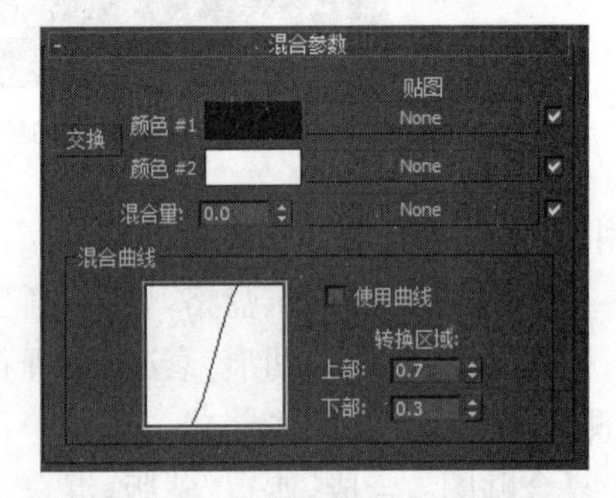

图6-89 混合贴图的参数设置框

3. 塑料材质的做法

使用标准材质，半透明明暗器，漫反射颜色为233，233，233的灰色，高光和反光度根据实际情况来调整，透明值为35左右，指定一张衰减贴图作为不透明度的贴图，将该贴图的曲线进行调整，使其变化稍稍平缓一些，在反射贴图下指定一个衰减贴图，参数保持默认，但反射的强度需要调整为15左右，进入反射贴图下的衰减贴图，在第二个颜色上指定一张纹理图片作为反射的环境。建议使用Hdr图片，将第一个卷展栏中的下拉列表类型确定其为球状环境贴图，在凹凸贴图下指定贴图，使其产生凹凸效果，可以使用噪波贴图。

4. 不锈钢金属材质的调法(默认为扫描线渲染器)

选择金属明暗器，设置高光级别值为200左右，反光度值为75～85之间；在反射贴图上指

定光线跟踪贴图,参数默认。

5. 光线跟踪材质

专门用于制作玻璃、拉丝金属等物体,特点是自带折射效果。

6.4　灯光与摄像机

灯光对象是现实生活中不同类型光源的对象,从居家办公用的普通灯具到舞台及电影布景中使用的照明器械,甚至目光都可以模拟。不同类型的光源产生照明的方式不相同,也就形成了多种类型的灯光对象。

通过为场景创建灯光可以增加场景的真实感,增加场景的清晰程度和三维纵深度。此外,灯光对象还可以修改投射内容,如果只是颜色则为不同颜色的光照,如果为动态图片,则可以模拟放电影效果。一般场景在没有添加灯光的情况下,场景会自动使用默认的照明方式,这种照明方式可以根据设置由一盏或两盏不可见的灯光对象组成。当在场景中创建了灯光对象时,系统默认的灯光照明方式将自动关闭。如果将场景中的灯光全部删除,默认照明方式又会重新启动。

首先,设计者应该对灯光的照明、属性、制作流程,以及动画设置等有整体的了解;其次才能更合理地添加灯光到场景中。

6.4.1　灯光的使用原则和目的

提高场景的照明程度。在默认状态下,视图中的照明程度往往不够,很多复杂对象的表面都不能很好地表现出来,这时就需要为场景添加灯光来改善照明程度。

通过逼真的照明效果提高场景的真实性。

为场景提供阴影,提高真实程度。所有的灯光对象都可以产生阴影效果,当然用户还可以自己设置灯光是否投射或接受阴影。

模拟场景中的光源。灯光对象本身是不能被渲染的,所以还需要创建复合光源的几何体模型相配合。自发光材质也有很好的辅助作用。

制作广域网照明效果的场景。通过光度学灯光设置各种广域网文件,可以快速地制作出各种不同的分布效果。

6.4.2　灯光的操作和技巧

这些操作和技巧应用于标准灯光和光度学灯光。可以通过【添加默认灯光到场景】,将默认的照明方式转换为灯光对象,从而开始对场景的灯光设置。

要在场景中显示默认灯光,应执行以下操作:

(1) 在视图的左上角右击,在弹出的快捷菜单中执行【配置视口】命令,如图 6-89 所示。

(2) 在弹出的【视口配制】对话框中选择【照明和阴影】选项卡,选择【默认灯光】单选按钮,并选择【2 个灯光】单选按钮,然后单击【确定】按钮,如图 6-90 所示。

(3) 执行【创建】→【灯光】→【标准灯光】→【添加默认灯光到场景(L)】命令,如图 6-91 所示。

(4) 在弹出的【添加默认灯光到场景】对话框中选择创建默认主光源和默认辅助光源两个选项,可以设置两盏灯的缩放距离,距离参数为默认参数,单击【确定】按钮。

(5) 整个场景中的灯光布置为一盏主光和多盏辅光。

6.4.3　灯光的分类

1. 标准灯光

标准灯光属于一种模拟的灯光类型,能够模仿生活中的各种光源,并且由于光源的发光方

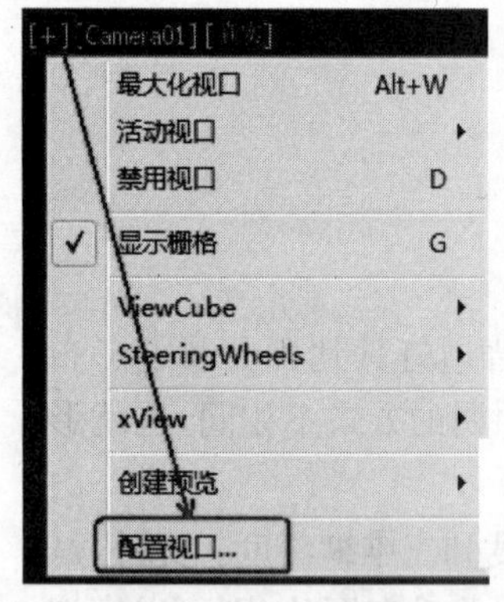

图 6-90 配置视口

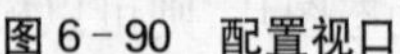

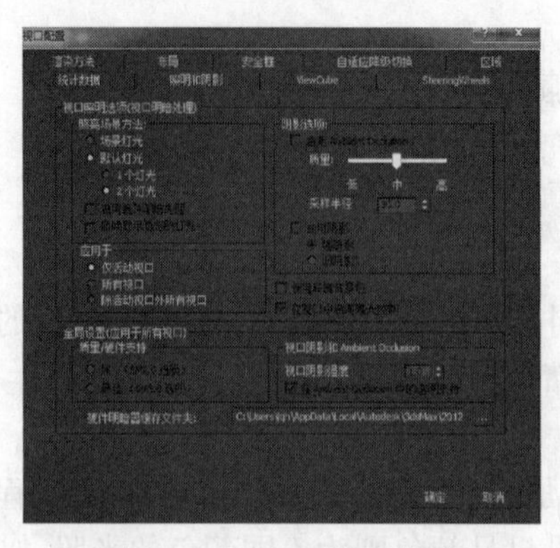

图 6-91 视口配置对话框

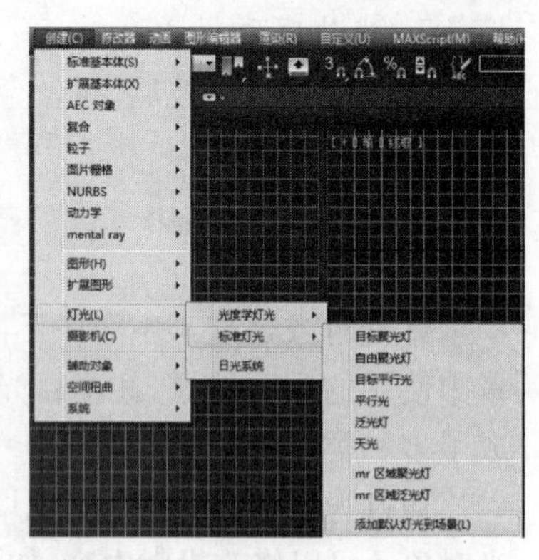

图 6-92 添加默认灯光到场景

式不同而产生各种不同光照效果，它与光度学灯光最大的区别在于没有基于实际物理属性的参数设置。标准灯光包括聚光灯、平行光、泛光灯和天光四种灯光类型。光度学灯光类型类似，具体如图 6-93 所示。

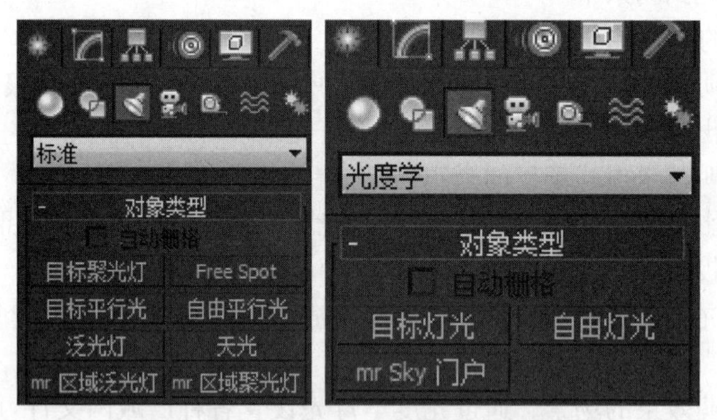

图 6-93 标准灯光和光度学灯光类型

聚光灯分为目标聚光灯，自由聚光灯和区域聚光灯，聚光灯灯光照射外形成圆锥状，一般是作为主光源来使用。“目标聚光灯”有位置和方向，目标点移动决定光线的方向照向哪里。目标聚光灯的目光点与发光点都可用移动工具来移动位置，“自由聚光灯”产生锥形的照明区域，它其实是一种受限制的目标聚光灯，因为只能控制它的整个图标，而无法在视图中对发射点和目标点分别调节，它的优点是不会在视图中改变投射范围，适用于一些动画的灯光，如摇晃的船桅等、晃动的手电筒，以及舞台上的投射灯等。

平行光有位置，光线是圆柱形的，用于模拟阳光，目标平行光也是有两个控制点可进行移动。

泛光灯：有位置，光线向四周发散，一般用作补充光源和背光使用，区域泛光灯可控性强。

天光：是一种高级的光照。

各类标准灯光类型的照明效果如图 6-94 所示。

图6-94 标准灯光类型

2. 光度学灯光

光度学灯光是一种较为特殊的灯光类型，它能根据设置光能值定义灯光，常用于模拟自然界中的各种类型的照明效果，就像在真实世界一样。并且可以创建具有各种分布和颜色特性灯光，或导入照明制造商提供的特定光度学文件，光度学灯光用于 3ds max 整合 LightScape 后的光能传递渲染器，也可用在标准灯光模拟全局光照里，但是在模拟全局光照下使用光度学灯光不好控制场景中的光照效果。

6.4.4 灯光的基本属性

灯光光源的亮度影响灯光照亮对象的程度，当光线接触到对象表面后，表面会反射或者少部分反射这些光线，这样该表面就可以被看见了。对象表面所呈现的效果取决于接触到表面上的光线和表面自身材质的属性。

(1) 亮度。灯光光源的亮度影响灯光照亮对象的程度，暗淡的光源即使照射在很新鲜的颜色上，也只能产生暗淡的颜色效果。

(2) 入射角。表面法线相对于光源之间的角度称为灯光的入射角。表面偏离光源的程度越大，它所接收到的光线越少，表面越暗。

(3) 衰减。在现实生活中，灯光的亮度会随着距离增加逐渐变暗，离光源远的对象比离光源近的对象要暗。这种效果就是衰减效果。

(4) 反射光与环境光。对象反射后的光能够照亮其他对象，反射的光越多，照亮环境中其他对象的光越多。反射光产生环境光，环境光没有明确的光源和方向，不会产生清晰的阴影。

(5) 灯光颜色。灯光的颜色与光源的属性直接相关，例如钨丝灯产生橘黄色的照明颜色，水银灯产生冷蓝白色，日光的颜色为黄白色。

(6) 色温。色温是一种按照绝对温标来描述颜色的方式，有助于描述光源颜色及其他接近白色的颜色值。

(7) 灯光照明指南。设置灯光照明时，首先应当明确场景要模拟的是自然光效果还是人工光效果。对于自然照明场景来说，无论是日光照明还是月光照明，最主要的光源只有一个；而人工照明场景通常应包含多个类似的光源，无论是室内还是室外场景，都会受到材质颜色的影响。

6.4.5 灯光的常规参数

灯光【常规参数】卷展栏可控制灯光的开启与关闭，排除或包含场景中的对象，选择阴影方式。有控制灯光目标对象，用于改变灯光类型，不同的灯光产生的阴影效果也不同，具体如图 6 - 95 和图 6 - 96 所示。

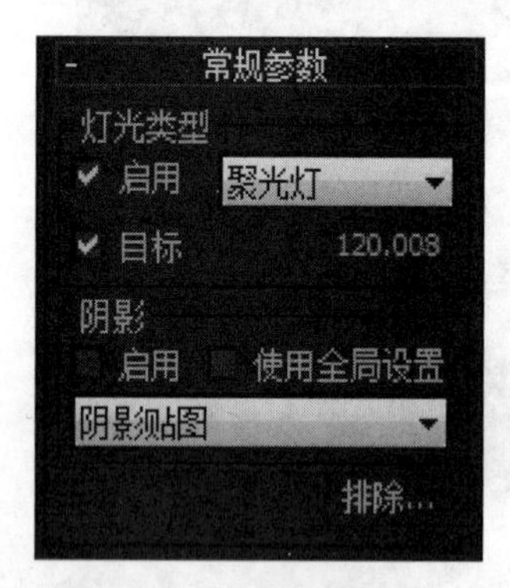

图 6 - 95　常规参数卷展栏

现在当渲染场景时灯光将投射阴影。

左图：聚光灯的投影圆锥体斜截阴影。
右图：泛光灯投影完整阴影。

图 6 - 96　不同的灯光不同的阴影

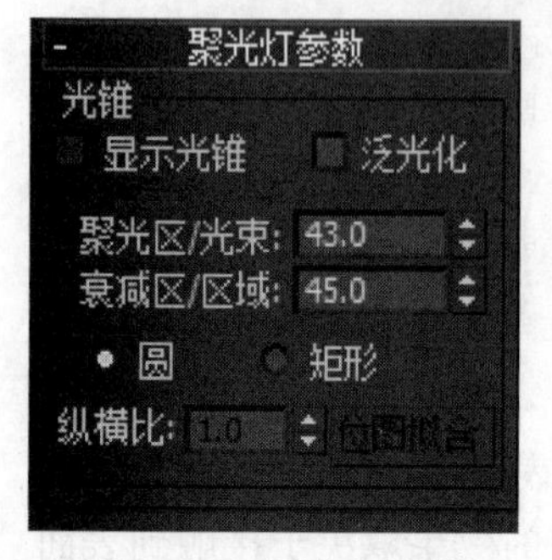

图 6 - 97　聚光灯参数

6.4.6 灯光之聚光灯参数

当场景中创建了目标聚光灯、自由聚光灯，或是以聚光灯方式分布的光学灯光对象后，就会出现【聚光灯参数】卷展栏，用于控制灯光的聚光区和衰减区。聚光灯参数如图 6 - 97 所示。

【光锥】：这些参数控制聚光灯的聚光区和衰减区。

【显示光锥】：启用或禁用圆锥体的显示。

【泛光灯】启用泛光化后，灯光在所有方向上投影灯光。但是，投影和阴影只发生在其衰减圆锥体内。

【聚光区/光束】调整灯光聚光区的角度。聚光区值以度为单

位进行测量。

【衰减区/区域】调整灯光衰减区的角度。衰减区值以度为单位进行测量。

【圆】【矩形】确定聚光区和衰减区的形状。如果想要一个标准圆形的灯光，应设置为“圆”。如果想要一个矩形的光束（如灯光通过窗户或门口投影），应设置为“矩形”。

【纵横比】：设置矩形光束的纵横比。使用位图适配按钮可以使纵横比匹配特定的位图。

【位图拟合】：如果灯光的投影纵横比为矩形，应设置纵横比以匹配特定的位图。当灯光用作投影灯时，该按钮非常有用。

6.4.7　灯光的高级效果

【高级效果】卷展栏提供影响灯光曲面方式的选项，也包括很多微调和投影灯的设置，如图 6－98所示。

【对比度】：调节对象高光区与漫反射区之间表面的对比度，值为 0 时是正常效果，对有些特殊效果如外层空间中刺目的反光，需要增大对比度值。图 6－99 为调整该参数的前后对比。

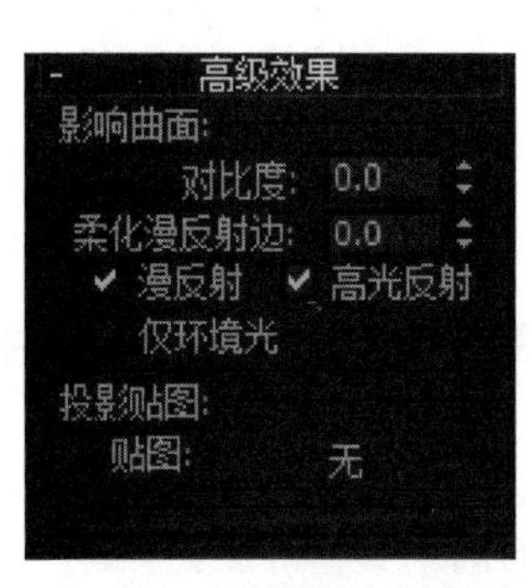

图 6－98　灯光高级效果对话框

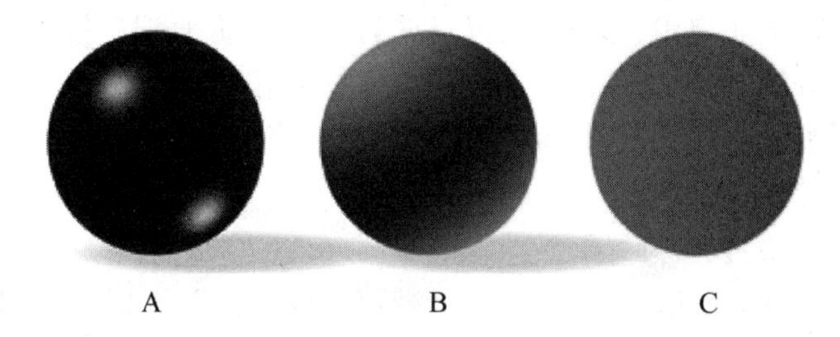

A：仅影响高光反射
B：仅影响漫反射
C：仅影响环境光

图 6－99　调整对比度参数的效果

【柔化漫反射边】：增加“柔化漫反射边”的值可以柔化曲面的漫反射部分与环境光部分之间的边缘。

【漫反射】：启用此复选框后，灯光将影响对象曲面的漫反射属性。禁用此选项后，灯光在漫反射曲面上没有效果。

【高光反射】：启用此复选框后，属性上没有效果。

【仅环境光】：启用此复选框后，为只启用了“漫反射”、灯光将影响对象曲面的高光属性。禁用此选项后，灯光在高光灯光仅影响照明的环境光组件。

【投影贴图】：这些选项用于使光度学灯光进行投影。启用“贴图”复选框，单击其后的“None”按钮，从弹出的对话框中选择用于投影的贴图。

6.4.8　灯光的强度/颜色/衰减

使用【强度/颜色/衰减】卷展栏可以设置灯光的颜色和强度，也可以定义灯光的衰减，具体如图 6－100、图 6－101 所示。

【倍增】将灯光的功率放大一个正或负的量。如果将倍增设置为 2，灯光将亮 2 倍。负值可以减去灯光，这对于在场景中有选择地放置黑暗区域非常有用。

【色块】：显示灯光的颜色。单击色样将弹出颜色选择器，用于选择灯光的颜色。

【衰退】：“衰退”是使远处灯光强度减小的另一种方法。

【类型】：选择要使用的衰退类型。【无】：不应用衰退。从其源到无穷大灯光仍然保持全

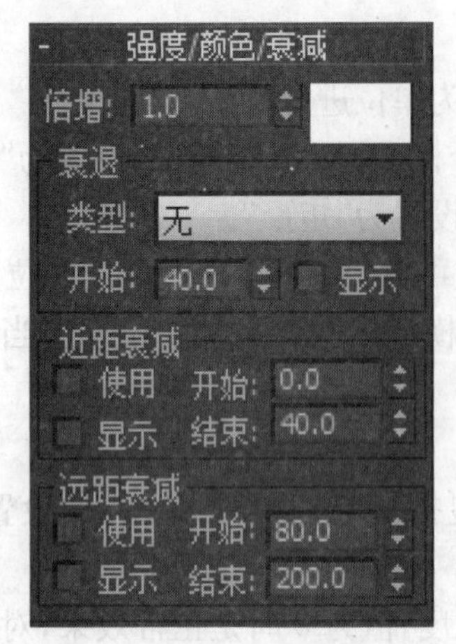

图6-100　强度/颜色/衰减对话框

将衰减添加到场景中

图 6-101　将衰减添加到场景中[7]

部强度,除非启用远距衰减。【反向】:应用反向衰退。【平方反比】:应用平方反比衰退。

【开始】:衰退开始的点取决于是否使用衰减。

【显示】:在视口中显示远距衰减范围设置。

【使用】:启用灯光的近距衰减。

【开始】设置灯光开始淡入的距离。

【显示】在视口中显示近距衰减范围设置。对于聚光灯,衰减范围看起来好像圆锥体的镜头形部分。对于平行光,范围看起来好像圆锥体的圆形部分。

【结束】:设置灯光达到其全值的距离。

【远距衰减】:设置远距衰减范围可有助于大大缩短渲染时间。

"泛光灯"为正八面体图标,向四周发散光线。标准的泛光灯用来照亮场景,泛光灯的优点是易于建立和调节,不用考虑是否有对象在范围外而被照射,缺点是不能创建太多,否则效果显得平淡而无层次,泛光灯的参数与聚光灯参数大致相同,也可以投影图像。泛光灯与聚光灯的差别在于照射范围,一盏投影泛光灯相当于 6 盏聚光灯所产生的效果。另外,泛光灯还常用来模拟灯泡、台灯等光源对象。

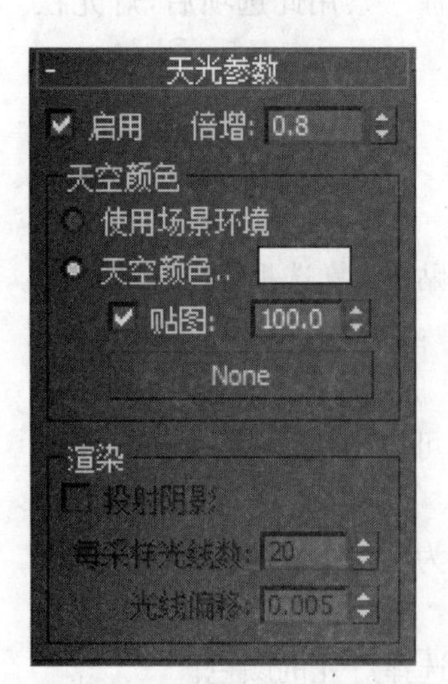

图 6-102　天光参数对话框

"天光"可以模拟日照效果。有多种模拟日照效果的方法,但如果配合"光跟踪器"渲染方式的话,"天光"对象往往能产生最生动的效果(注:创建天光时,其位置及形态对后面的渲染不会造成任何影响)。天光的参数与聚光灯等都不尽相同,如图 6-102 所示。

【启用】用于开关天光对象。

【倍增】指定正数或负数来增强灯光的能量。

【天空颜色】在"天光"效果中,天空被模拟成一个圆屋顶的样子,以在这里指定天空颜色或贴图。

【使用场景环境】:使用"环境"对话框中设置的颜色为灯光的颜色,只在"照明追踪"方式下才有效。

【天空颜色】:单击右侧的色块,弹出颜色选择器,从中调节天空的色彩。

【贴图】：通过指定贴图影响天空颜色。

【渲染】：此选项组中的选项定义天光的渲染属性，只有在使用默认扫描线渲染器，并不使用高级照明渲染引擎时，这些选项才有效。

【投影阴影】：选择以复选框时天光可以投射阴影。

【每采样光线数】：设置在场景中每个采样点上天光的光线数。较高的参数使天光效果比较细腻，并有利于减少动画画面的闪烁，但较高的值会增加渲染时间。

【光线偏移】：定义对象上某一点的投影与该点的最短距离。

"目标平行光"产生单方向的平行照射区域，它与目标聚光等的区别是照射区域呈圆柱或矩形，而不是锥形。平行光主要用途是模拟阳光的照射，对于户外场景尤为适用，如果作为质量光源，它可以产生一个光柱，常用来模拟探照灯、激光光束等特殊效果与目标聚光灯一样，它也被系统自动指定了一个注视控制器，可以在运动面板上改变注视目标。

"自由平行光"产生平行的照射区域。它其实是一种受限制的目标平行光，在视图中，它的投射距离和目标点不可分别调节，只能进行整体地移动或旋转，这样可以保证照射范围不发生改变，尤其使用在灯光的动画中。

6.4.9　灯光的布光法则

场景中的灯光主要包括主光，辅光，环境光，其他光源四种类型的光源。

布光时需特别注意：

(1) 灯光宜精不宜多。

(2) 灯光要体现场景的明暗分布，要有层次性，切不可把所有灯光一概处理。

(3) 要知道 max 中的灯光是可以超现实的。

(4) 布光时应该遵循由主题到局部、由简到繁的过程。

一般来说，我们给一组模型或者一个场景设置灯光的要求如下：

(1) 先定主体光的位置与强度。

(2) 决定辅助光的强度与角度。

(3) 分配背景光与装饰光。

光度学灯光中一些常见灯光类型的色温值以及相应的色调值(HSV)如表 6-2 所示。

表 6-2　常见灯光类型的色温值以及相应的色调值(HSV)

光　　源	色温/K	色调
多云时的日光	6 000	130
中午的阳光	5 000	58
白色日光灯	4 000	27
钨灯/卤素灯	3 300	20
白炽灯(100～200 W)	2 900	16
白炽灯(25 W)	2 500	12
日落或日出时的阳光	2 000	7
烛光	1 750	5

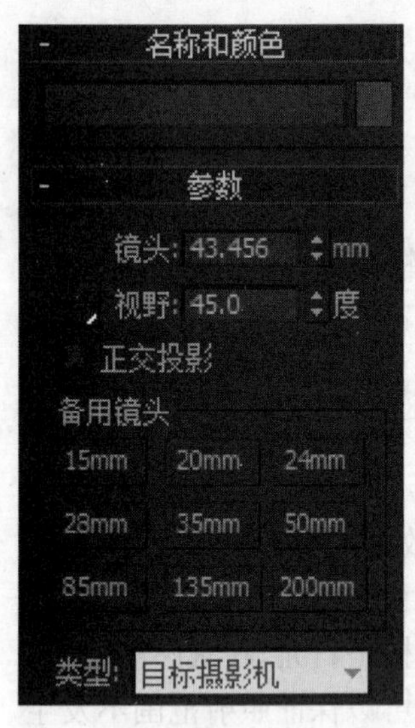

图6-104 摄像机参数卷展栏

6.4.10 场景中的摄像机

摄像机分为目标摄像机和自由摄像机两种类型，两种摄像机的参数设置对话框都相同。

(1)【参数】卷展栏(见图 6-104)。

【镜头】：以毫米为单位设置摄影机的焦距。

【视野】：决定摄影机查看区域的宽度(视野)。可以选择怎样应用视野(FOV)值：使用工具水平应用视野，这是设置和测量FOV的标准方法。使用工具垂直应用视野。使用工具在对角线上应用视野，从视口的一角到另一角。

【正交投影】：启用此复选框后，摄影机视图看起来就像用户视图。禁用此复选框后，摄影机视图即为标准的透视视图。

【备用镜头】：这些预设值用于设置摄影机的焦距(以毫米为单位)。

【类型】：将摄影机类型从目标摄影机更改为自由摄影机，反之亦然。【显示圆锥体】：显示摄影机视野定义的锥形光线(实际上是一个四棱锥)。锥形光线出现在其他视口，但是不出现在摄影机视口中，如图 6-104 所示。

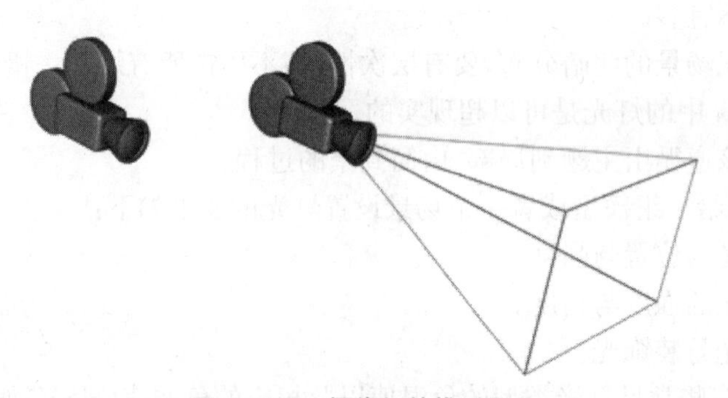

图 6-105 摄像机的锥形显示

(2)【环境范围】的参数(见图 6-106)，启用后结果如图 6-107 所示。

【显示】：显示是摄影机锥形光线内的矩形，以显示“近距范围”和“远距范围”的设置。

【近距范围】、【远距范围】：确定在环境面板上设置大气效果的近距范围和远距范围限制。在两个限制之间的对象消失在远端和近端值之间。

图 6-106 环境范围参数框

(3)【剪切平面】的参数(见图 6-109)，勾选手动剪切后的效果如图 6-108 所示。

【剪切平面】：设置选项来定义剪切平面。在视口中，剪切平面在摄影机锥形光线内显示为红色的矩形(带有对角线)。

【手动剪切】：启用该复选框可定义剪切平面。

顶部："近"距范围和"远"距范围的概念图像。
底部：渲染后的效果

图 6－107　启用环境范围显示结果[6]

剪切平面
手动剪切
近距剪切：1.0mm
远距剪切：1000.0mm

图 6－108　剪切平面对话框

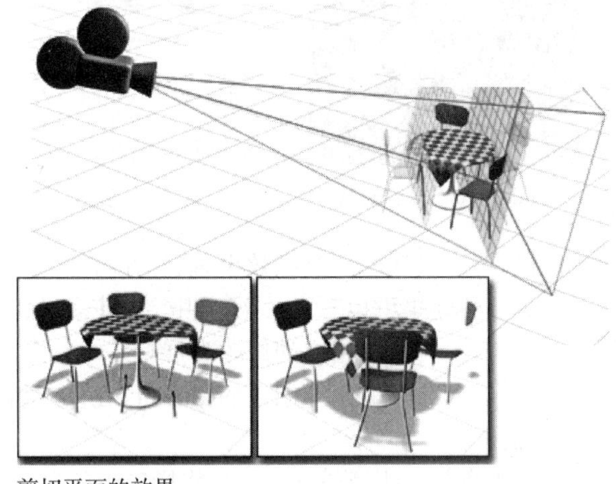

剪切平面的效果

图 6－109　勾选剪切平面效果[6]

【近距剪切】、【远距剪切】：设置近距和远距平面。

(4) 多过程效果：使用这些控件可以指定摄影机的"景深"或"运动模糊"效果。当由摄影机生成时，通过使用偏移以多个通道渲染场景，这些效果将生成模糊。它们将增加渲染时间。

【启用】：启用该复选框后，使用效果预览或渲染。禁用该复选框后，不渲染该效果。

【预览】：单击该按钮，可在活动摄影机视口中预览效果。如果活动视口不是摄影机视图，则该按钮无效。

【效果下拉列表框】：使用该下拉列表框可以选择生成哪个多重过滤效果、景深或运动模糊。这些效果相互排斥。

【渲染每过程效果】：启用此复选框后，如果指定任何一个，则将渲染效果应用于多重过滤效果的每个过程(景深或运动模糊)。禁用此复选框后，将在生成多重过滤效果的通道之后只应用渲染效果。默认设置为禁用状态。

【目标距离】：使用自由摄影机，将点设置为用作不可见的目标，以便可以围绕该点旋转摄影机。使用目标摄影机，表示摄影机和其目标之间的距离。

(5)"景深效果"的参数(见图 6－110)。使用景深的效果如图 6－111 所示。

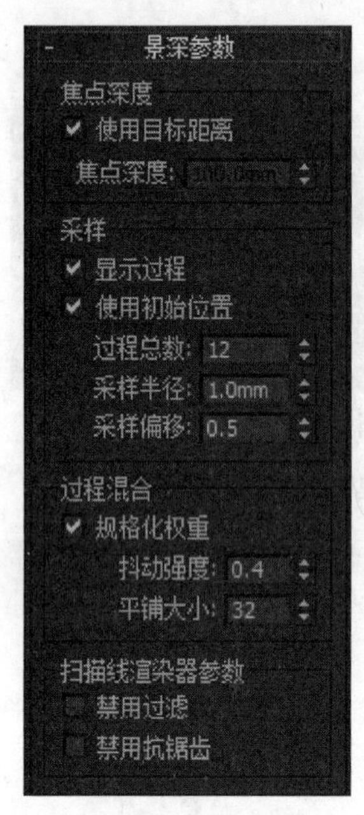

图 6-110　景深参数

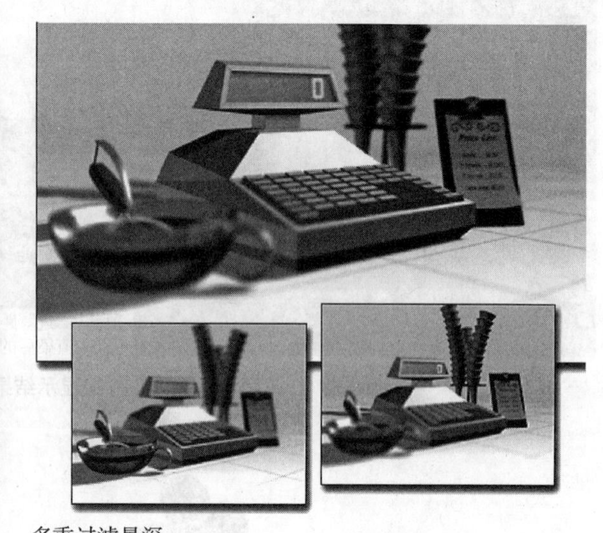

多重过滤景深
顶部：聚焦在中间距离处，近距离和远距离对象变得模糊。
底部靠左：聚焦在近距离对象上，远距离对象将变得模糊。
底部靠右：聚焦在远距离对象上，近距离对象将变得模糊。

图 6-111　使用景深效果[6]

摄影机可以产生景深的多过程效果，通过在摄影机与焦点的距离上产生模糊来模拟摄影机景深效果，景深的效果可以显示在视图中。在【多过程效果】选项组中选择相应的模糊【景深】或【运动模糊】，将会显示相应的修改卷展栏。

制作景深可以在场景中选择创建的摄影机，在【多过程效果】选项组中选择【景深】选项，并选择【启用】复选框。

【使用目标距离】：启用该复选框后，将摄影机的目标距离用作每个偏移摄影机的点。

【焦点深度】：当“使用目标距离”复选框处于禁用状态时，设置距离偏移摄影机的深度。

【显示过程】：启用此复选框后，渲染帧窗口显示多个渲染通道。禁用此复选框后，该帧窗口只显示最终结果。此控件对于在摄影机视口中预览景深无效。

【使用初始位置】：启用此选项后，第一个渲染过程位于摄影机的初始位置。禁用此选项后，与所有随后的过程一样，偏移第一个渲染过程。

【过程总数】：用于生成效果的过程数。增加此值可以增加效果的精确性，但却以增加渲染时间为代价。

【采样半径】：通过移动场景生成模糊的半径。增加该值将增加整体模糊效果；减小该值将减少模糊。

【采样偏移】：模糊靠近或远离采样半径的权重。增加该值将增加景深模糊的数量级，提供更均匀的效果；减小该值将减小数量级，提供更随机的效果。

【过程混合】：由抖动混合的多个景深过程可以由该选项组中的参数控制。这些选项只适用于渲染景深效果，不能在视口中进行预览。

【规格化权重】：使用随机权重混合的过程，可以避免出现诸如条纹这些人工效果。当启用“规格化权重”复选框后，将权重规格化，会获得较平滑的结果。当禁用此复选框后，效果会变得清晰一些，但通常颗粒状效果更明显。

【抖动强度】：控制应用于渲染通道的抖动程度。增加此值会增加抖动量，并且生成颗粒

状效果，尤其在对象的边缘上。

【平铺大小】：设置抖动时图案的大小。此值是一个百分比，0是最小的平铺，100是最大的平铺。

【扫描线渲染器参数】：使用这些控件可以在渲染多重过滤场景时禁用抗锯齿或锯齿过滤。禁用这些渲染通道可以缩短渲染时间。

【禁用过滤】：启用此复选框后，禁用过滤过程。默认设置为禁用状态。

【禁用抗锯齿】：启用此复选框后，禁用抗锯齿。

（6）【运动模糊】的对话框（见图6-112）。启用之后的运动模糊效果如图6-113所示。

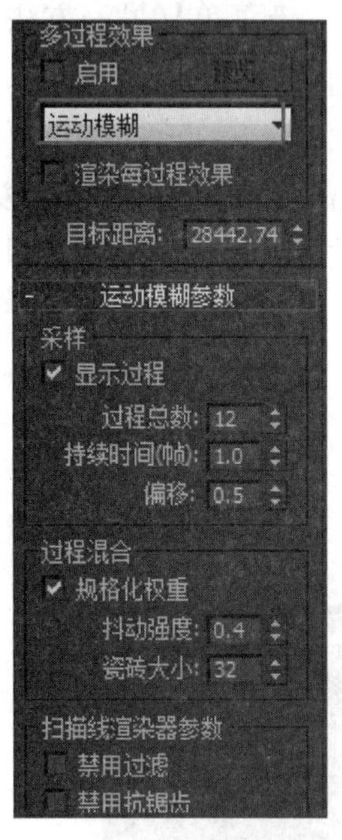

图6-112　运动模糊参数

上方：运动模糊应用于腾飞巨龙的翅膀上
下方：多重过滤出现在渲染帧窗口的连续刷新中。

图6-113　启用运动模糊效果[6]

“运动模糊”是根据场景中的运动情况，将多个偏移渲染周期抖动结合在一起后所产生的模糊效果。与景深效果一样，运动模糊效果也可以显示在线框和实体视图中。其操作方法与“景深”操作一样。

【显示过程】：启用此复选框后，渲染帧窗口显示多个渲染通道。禁用此复选框后，该帧窗口只显示最终结果。该选项对在摄影机视口中预览运动模糊没有任何影响。

【过程总数】：用于生成效果的过程数。增加此值可以增加效果的精确性，但却以增加渲染时间为代价。

【持续时间】：动画中将应用运动模糊效果的帧数。

【偏移】：更改模糊，以便其显示为在当前帧前后，从帧中导出更多内容。

（7）【自由摄影机】用于观察所指定方向内的场景内容，多应用于轨迹动画的制作，例如，建筑物中的巡游、车辆移动中的跟踪拍摄效果等。其方向能够跟随路径的变化自由变化，可以设置垂直向上或向下的摄影机动画。

自由摄影机的初始方向是沿着当前视图栅格的 Z 轴负方向，即选择“顶”视图时，摄影机方向垂直向下，选择“前”视图时，摄影机的方向垂直向下，沿着世界坐标系统 Z 轴负方向。

一幅好的效果图不仅要考虑观察角度问题，还要考虑调节摄影机的方向、位置等问题。灯

光的主要目的是对场景产生照明、烘托场景气氛和产生视觉冲击。而产生照明是由灯光的亮度决定的，烘托气氛是由灯光的颜色、衰减和阴影决定的，产生视觉冲击是结合建模和材质并配合灯光摄影机的运用来实现的。

摄影机虽然只是模拟的效果，但通常是一个场景中必不可少的组成部分，一个场景最后完成的静帧和动态图像都要在摄影机视图中表现。

6.5 动画的输出

当动画做好之后，选择【摄像机视图】或者【透视图】，单击【渲染菜单】(另一方法：按 F10 功能键或者工具栏上的渲染设置图标)，选择【渲染设置】，打开输出设置对话框，如图 6 - 114 所示。

(1) 选择【公用】选项卡，如果渲染的为效果图，则时间输出设置为单帧，如果渲染的是动画，则设置时间输出为活动时间段或者范围，表示动态效果。设置输出画面的大小，即分辨率的选择，具体如图 6 - 115 所示。

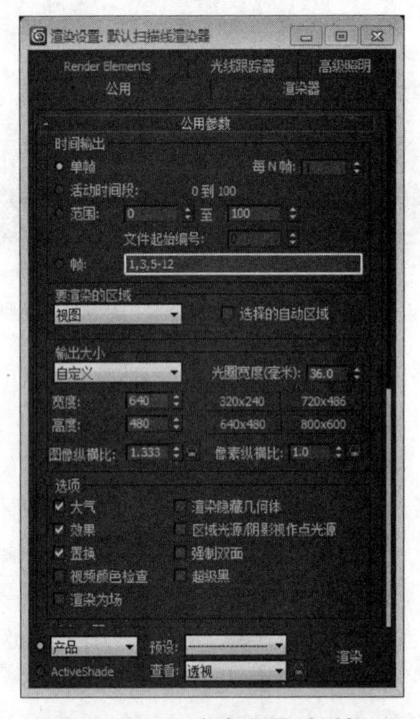

图 6 - 114　渲染设置对话框

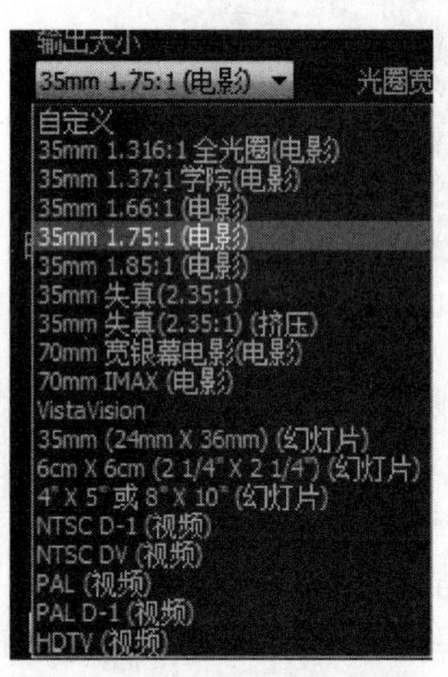

图 6 - 115　输出大小的选择

(2) 设定【输出大小】：一般使用默认的 640×480 输出大小可以看到初步效果，可以选择系统提供的几种尺寸，也可以自定义的方式定义输出大小。自定义的输出大小主要有下面几大类。

35 mm 系列：是一种电影格式，电影胶片的宽度有 16 mm，35 mm 等，用 35 mm 胶片拍摄的就是 35 mm 格式。

1.316∶1 全光圈(电影)；

1.66∶1：近似于摄像机和电视画面的 4∶3 画幅；

1.85∶1：近似于摄像机和电视画面的 16∶9 画幅。

➢ 电视信号的制式系列是指传送电视所采用的技术标准。由于系统投射颜色影像的频率有所不同，出现了 PAL 和 NTSC 两种电视信号制式，且这两种制式是不能互相兼容的，但通常视频设备都会支持这两种制式信号。

(3) 动画输出的设置：单击渲染输出框中的【文件】按钮，在文件中保存格式为 AVI 视频格式，选择 video 的压缩方式，输入文件名，单击“确定”按钮即可，如图 6 - 116 所示。

图 6 - 116　渲染输出文件的格式保存

第7章

多媒体课件开发

7.1 多媒体课件开发流程

多媒体课件与一般的视觉媒体的不同之处在于它应用了动画、声音、视频效果，能给人以听觉和视觉感官上更大的刺激，改善了人对信息的理解，引起使用者的兴趣和注意力，使他们能看到图文并茂、视听一体和交互集成的信息，达到引人入胜的效果。

多媒体课件的制作流程如图7-1所示。

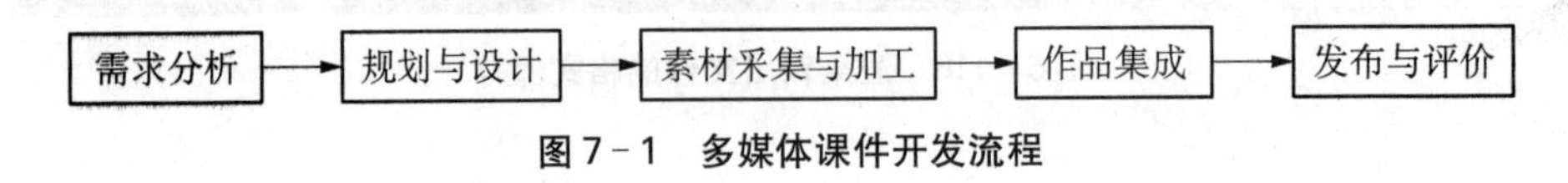

图7-1 多媒体课件开发流程

1. 需求分析

选好主题后，要对作品的需求进行分析，具体来说需要做以下事情：

(1) 确定对象和目标：明确课件的阅读对象、课件要达到的目的和效果。

(2) 确定内容和形式：明确课件的内容及表现形式。

(3) 明确条件与限制：根据要达成的目标和内容，分析目前情况下能不能做到，怎样去做。

2. 规划与设计

要使多媒体课件吸引人，就必须先对该课件进行整体规划和精心设计，并做好工作计划，然后才逐步去实施。

3. 素材的采集与加工

素材采集时要按照设计方案采集所需的文本、图片、声音、动画、视频等多媒体素材。素材收集好之后，要进行适当的加工和处理，使之符合课件创作的要求。

(1) 文本的选取与加工。文本的选取与加工的关键是要如何围绕重点精选材料，体现设计意图。另外，还要根据媒体表达形式的特点，在有限的版面中使得内容表达更加丰富、深刻。

(2) 图片的处理与合成。在采集图片素材和加工图片时，需要对所合成的画面进行整体构思，根据设计要求和画面效果，选择合适的工具软件，把有关素材处理并加工成为课件素材。

(3) 动画的构思与运用。在多媒体课件中，仅用文字和图片形式来表达信息是远远不够的。为了在有限版面中呈现大量不同层面的信息，可以在多媒体课件中运用动画来提高课件

的表现力。

(4) 声音素材的采集。在多媒体课件中添加声音可以和文本、图片结合在一起,给人以视觉、听觉上的冲击,使课件更具感染力。

(5) 视频素材的采集与加工。可以用数码摄像机拍摄视频,也可以用 VCD\DVD 等光盘中的素材。

4. 课件集成

利用多媒体制作工具,把准备好的素材按照课件的设计方案集成一个完整的多媒体课件。

5. 课件的发布与评价

多媒体课件制作完成后,还需要不断调试和改进,从而达到最佳效果。

7.2 Adobe Animate CC 2017 界面介绍

Adobe Animate CC 2017 的前身是 Adobe Flash Professional CC,从 2015 年开始改名为 Animate CC,缩写为 An。在原有 Flash 的保留下加入了 HTML5 创作工具,可以为网页开发者提供更加适用新形势需求下的网页音视频、图片、动画等。

7.2.1 Animate 欢迎界面

Animate 与 Flash 相同,都提供了欢迎界面,通过欢迎界面,可以快速创建各种类型的 Animate 文档,或者访问相关的 Animate 资源,启动 Animate 软件,在 Animate 的软件界面中即可看到 Animate 的欢迎界面,如图 7-2 所示。

图 7-2　Animate 欢迎界面

(1)【打开最近的项目】。在该选项中显示了最近打开过的 Animate 文档,单击相应的文档,即可快速地在 Animate 中打开该文档。如果单击【打开…】选项,则会弹出【打开】对话框,可以在该对话框中浏览或查找需要打开的 Animate 文档。

(2)【新建】。在该选项区的列表中提供了 Animate 所支持的所有文档类型,单击相应的文档类型即可自动创建默认设置的该类型文档。

(3)【简介】。在该选项中提供了有关 Animate 的相关介绍内容,单击该选项区中相应的选项,将自动在浏览器窗口中打开 Adobe 官方网站关于该部分内容的介绍页面,如图 7-3 所

示。通过Adobe官方网站的介绍,可以快速了解有关Animate软件的相关知识。

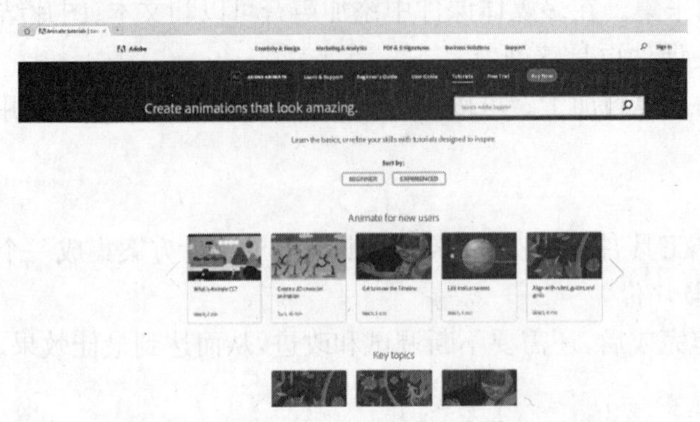

图7-3 Adobe官方网站的软件介绍页面

(4)【学习】。在该选项区中根据Animate软件功能分类,分别提供了Animate开发、ActionScript技术、CreateJS开发和游戏开发4部分的学习资源,单击相应的选项,将自动在浏览器窗口中打开Adobe官方网站关于该部分内容的页面,如图7-4所示。

图7-4 Adobe官方网站的学习资源页面

(5)【模板】。在该选项区的列表中单击【AdobeExchange】按钮,即可在网页中弹出添加组件的界面,可选择在网页中添加或在模板中添加,部分组件收费且为英文界面,如图7-5所示。

图7-5 Adobe官方网站的组件添加界面

(6)【不再显示】。选中该复选框,则在下次重新启动 Animate 时将不会再显示欢迎屏幕。如果希望再次显示 Animate 的欢迎屏幕,取消选中该复选框即可。

7.2.2　Animate 菜单栏介绍

Animate 的工作区包括位于屏幕顶部的命令菜单以及多种工具和面板,用于在影片中编辑和添加元素。可以在 Animate 中为动画创建所有的对象,也可以导入在 Adobe Illustrator、Adobe Photoshop、Adobe After Effects 及其他兼容应用程序中创建的元素。默认情况下,Animate 会显示【菜单栏】【时间轴】【舞台】【工具】面板【属性】检查器"编辑"栏以及其他面板,如图 7-6 所示。在 Animate 中工作时,可以打开、关闭、停放和取消停放面板,以及在屏幕上四处移动面板,以适应个人的工作风格或屏幕分辨率。

图 7-6　Animate 的工作界面

【菜单栏】:在菜单栏中分类提供了 Animate 中所有的操作命令,几乎所有的可执行命令都可以在这里直接或间接地找到相应的操作选项。

【同步设置】按钮:该选项用于实现 Animate 与 CreativeCloud 同步,单击该按钮,可以在弹出的对话框中进行同步设置。

工作区预设:Animate 提供了多种软件工作区预设,在该选项的下拉列表中可以选择相应的工作区预设,选择不同的选项,即可将 Animate 的工作区更改为所选择的工作区预设。在列表的最后提供了【新建工作区】【删除工作区】和【重置】3 种功能,【新建工作区】用于创建个人喜好的工作区配置,【重置】用于恢复当前所选择工作区的默认状态,【删除工作区】用于删除自定义的工作区,不可以删除 Animate 预设的工作区。

【文档窗口】选项卡:在【文档窗口】选项卡中显示文档名称,当用户对文档进行修改而未保存时,则会显示【 * 】号作为标记。如果在 Animate 软件中同时打开了多个 Animate 文档,可以单击相应的文档窗口选项卡进行切换。

编辑栏:左侧显示当前【场景】或【元件】,单击右侧的【编辑场景】按钮,在弹出的菜单中可以选择要编辑的场景。单击【编辑元件】按钮在弹出的菜单中可以选择要切换编辑的元件。单击【舞台居中】按钮,可以使舞台在场景中居中显示。如果希望在 Animate 工作界面中设置显示/隐藏该栏,则可以执行【窗口】→【编辑栏】命令,即可在 Animate 工作界面中设置显示/隐藏该栏。

舞台:即动画显示的区域,用于编辑和修改动画。

【时间轴】面板：【时间轴】面板是 Animate 工作界面中的浮动面板之一，是 Animate 制作中操作最为频繁的面板之一，几乎所有的动画都需要在【时间轴】面板中进行制作。

浮动面板：用于配合场景、元件的编辑和 Animate 的功能设置，在【窗口】菜单中执行相应的命令，可以在 Animate 的工作界面中显示/隐藏相应的面板。

工具箱：在工具箱中提供了 Animate 中所有的操作工具，如笔触颜色和填充颜色，以及工具的相应设置选项，通过这些工具可以在 Animate 中进行绘图、调整等相应的操作。

7.2.3 Animate 面板介绍

1. 菜单栏

Animate 工作界面顶部的菜单栏中包含了用于控制 Animate 功能的所有菜单命令，共包含了【文件】【编辑】【视图】【插入】【修改】【文本】【命令】【窗口】【帮助】【控制】和【调试】等 11 种功能的菜单命令，如图 7-7 所示。

An 文件(F) 编辑(E) 视图(V) 插入(I) 修改(M) 文本(T) 命令(C) 控制(O) 调试(D) 窗口(W) 帮助(H)

图 7-7 菜单栏

(1)【文件】菜单下的菜单命令多是具有全局性的，如【新建】【打开】【关闭】【保存】【导入】【导出】【发布】【ActionScript 设置】等命令。

(2) 在【编辑】菜单中提供了多种作用于舞台中各种元素的命令，如【复制】【粘贴】【剪切】等。另外在该菜单下还提供了【首选参数】【自定义工具面板】【字体映射】及【快捷键】的设置命令。

(3) 在【视图】菜单中提供了用于调整 Animate 整个编辑环境的视图命令，如【放大】【缩小】【标尺】【网格】等命令。

(4) 在【插入】菜单中提供了针对整个文档的操作，如在文档中【新建元件】【场景】在【时间轴】面板中插入【补间】【层】或【帧】等。

(5) 在【修改】菜单中包括了一系列对舞台中元素的修改命令，如【转换为元件】【变形】等，还包括对文档的修改等命令。

(6) 在【文本】菜单中可以执行与文本相关的命令，如设置【字体】【样式】【大小】【字母间距】等。

(7) Animate 允许用户使用 JSFL 文件创建自己的命令，在【命令】菜单中可以运行、管理这些命令或使用 Animate 默认提供的命令。

(8) 在【控制】菜单中可以选择【测试影片】或【测试场景】选项，还可以设置影片测试的环境，如用户可以选择在桌面或移动设备中测试影片。

(9) 在【调试】菜单中提供了影片调试的相关命令，如设置影片调试的环境等。

(10) 在【窗口】菜单中主要集合了 Animate 中的面板激活命令，选择一个要激活的面板的名称即可打开该面板。

(11) 在【帮助】菜单中含有 Animate 官方帮助文档，也可以选择【关于 Animate】来了解当前 Animate 的版权信息。

2. 舞台

舞台是用户在创建 Animate 文件时放置图形内容的区域，这些图形内容包括矢量插图、文本框、按钮、导入的位图或者视频等。如果需要在舞台中定位项目，可以借助网格、辅助线和

标尺。

Animate 工作界面中的舞台相当于 Web 浏览器窗口中在播放 Animate 动画时显示 Animate 文件的矩形空间(见图 7-8),在 Animate 工作界面中可以任意放大或缩小视图,以更改舞台中的视图。

图 7-8　舞台

3. 文档窗口

在 Animate 中可以同时打开或编辑多个文档,每个 Animate 文档都在一个独立的文档窗口中,以选项卡的形式排列在 Animate 的工作区中。单击一个文档的名称,即可将该文档窗口设置为当前操作窗口,如图 7-9 所示。

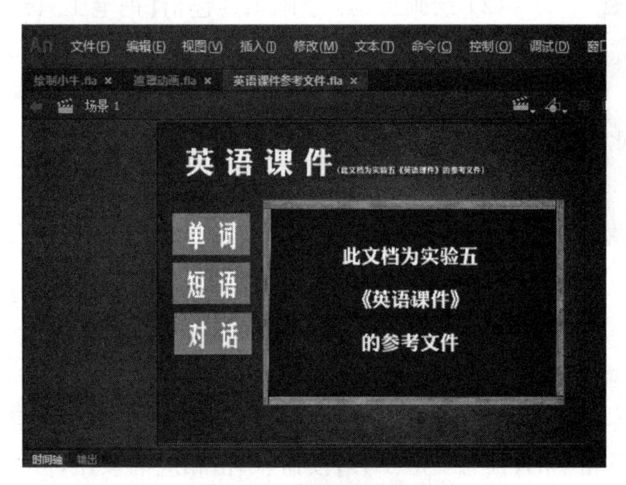

图 7-9　切换文档窗口

4. 时间轴

对于 Animate 来说,【时间轴】面板很重要,可以说,【时间轴】面板是动画的灵魂。只有熟悉了【时间轴】面板的操作使用方法,才能够在制作 Animate 动画时得心应手。

时间轴用于组织和控制文档内容在一定时间内播放的图层数和帧数。与胶片一样,Animate 文件也将时长分为帧。图层就像是堆叠在一起的多张幻灯片,每个图层都包含一个显示在舞台中的不同图像。时间轴的主要组件就是图层、帧和播放头。图 7-10 为 Animate

动画的【时间轴】面板。

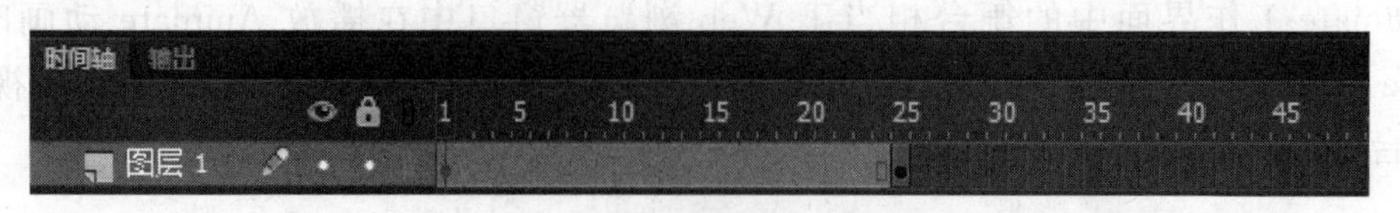

图 7-10 “时间轴”面板

文档中的图层列在【时间轴】面板左侧的列中，每个图层中包含的帧显示在该图层名右侧的一行中。

【时间轴】面板的顶部是时间轴标题指示帧编号，播放头指示当前在舞台中显示的帧。播放 Animate 文件时，播放头从左向右通过时间轴。时间轴状态显示在面板的底部，可以显示当前帧频、帧速率，以及到当前帧为止的运行时间。

7.2.4 Animate 工具介绍

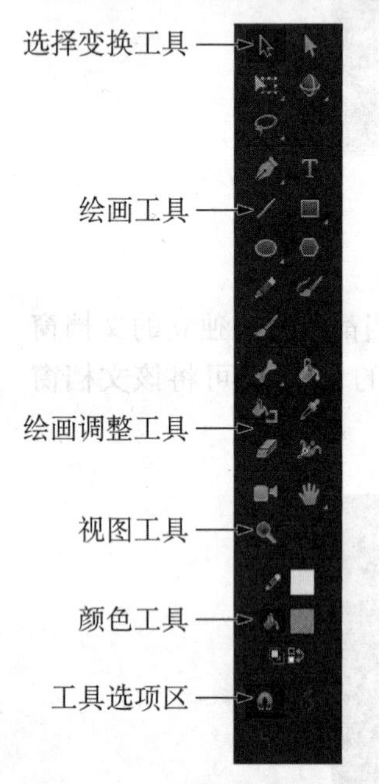

图 7-11 工具箱主要功能

工具箱中包含有较多工具，每个工具都能实现不同的效果，熟悉各个工具的功能特性是 Animate 学习的重点之一。Animate 默认的工具箱如图 7-11 所示，由于工具太多，一些工具被隐藏起来，在工具箱中，如果工具按钮右下角含有黑色小箭头，则表示该工具下还有其他被隐藏的工具。

(1) 选择变换工具：选择变换工具包括【选择工具】【部分选择工具】【变形工具组】【3D 工具组】和【套索工具组】，利用这些工具可对舞台中的元素进行选择、变换等操作。

(2) 绘画工具：绘画工具包括【钢笔工具组】【文本工具】【线条工具】【矩形工具组】【椭圆形工具组】【多边形工具】【铅笔工具】和【刷子工具】，这些工具的组合使用能让设计者更方便地绘制出理想的作品。

(3) 绘画调整工具：该组工具能让设计对所绘制的图形、元件的颜色等进行调整，包括【颜料桶工具】【墨水瓶工具】【滴管工具】和【橡皮擦工具】。

(4) 视图工具：视图工具包含的【手形工具】用于调整视图区域，【缩放工具】，用于放大/缩小舞台大小。

(5) 颜色工具：颜色工具主要用于【笔触颜色】和【填充颜色】的设置和切换。

(6) 工具选项区：工具选项区是动态区域，它会随着用户选择的工具的不同而显示不同的选项，如果单击工具箱中的【任意变形工具】按钮，单击相应的按钮，可以对所选中的对象执行相应的变形操作。

7.3 课件的基础操作与图形绘制

7.3.1 Animate 基本操作

1. 新建 Animate 文档

启动 Animate 后，执行【文件】→【新建】命令，弹出【新建文档】对话框，在该对话框中单击

【常规】选项卡，如图 7－12 所示。选择相应的文档类型后，单击【确定】按钮，即可新建一个空白文档。

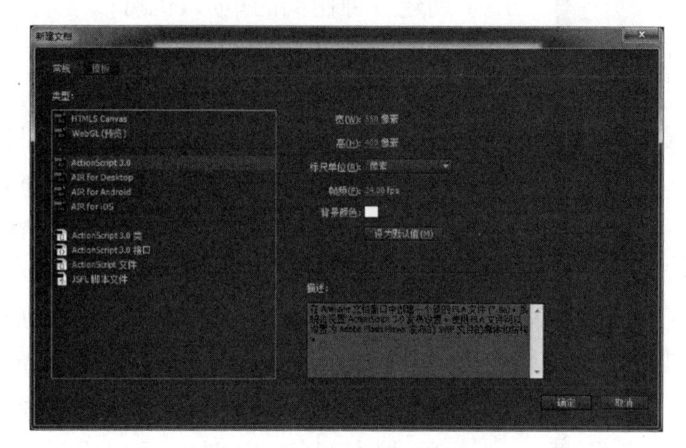

图 7－12　“新建文档”对话框

2. 打开 Animate 文件

通常情况下，在 Animate 中打开 Animate 文件的操作步骤是：执行【文件】→【打开】命令，弹出【打开】对话框，如图 7－13 所示。在该对话框中，选择需要打开的一个或多个文件后，单击【打开】按钮，即可在 Animate 中打开所选择的文件。

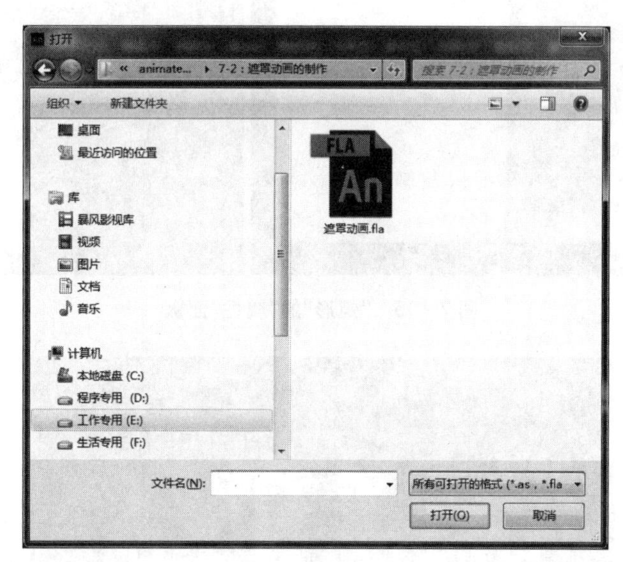

图 7－13　打开 Animate 文件

3. 保存 Animate 文件

完成 Animate 动画的制作，如果想要覆盖之前的 Animate 文件，只需要执行【文件】→【保存】命令，即可保存该文件，并覆盖相同文件名的文件。如果要将文件压缩、保存到不同的位置，或对其名称进行，新命名，可以执行【文件】→【另存为】命令。弹出【另存为】对话框，在该对话框中对相关选项进行设置，单击【保存】按钮完成对 Animate 文件的保存。保存文件的方式如图 7－14 所示。

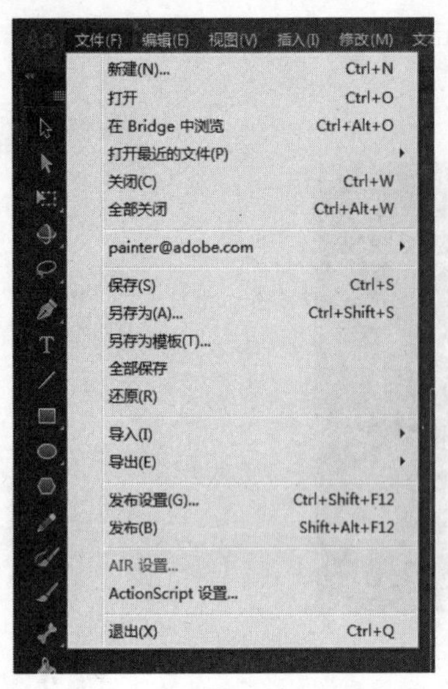

图 7-14 保存 Animate 文件

7.3.2 矩形工具和基本矩形工具

【矩形工具】和【基本矩形工具】都是几何形状绘制工具，用于创建各种比例的矩形，也可以绘制各种比例的正方形。

1. 矩形工具

单击工具箱中的【矩形工具】按钮，在场景中单击并拖动鼠标，拖动至合适的位置和大小，释放鼠标，即可绘制出一个矩形图形，得到的矩形由【笔触】和【填充】两部分组成。如果想要调整矩形的【笔触】和【填充】，可以在其【属性】面板上根据需要进行相应的设置，如图 7-15 所示。

(1) 笔触颜色。该选项可以设置所绘制矩形的笔触颜色，单击该选项颜色块，可以弹出【拾色器】窗口(见图 7-16)，在该窗口中可以对笔触色进行设置。

(2) 填充颜色。该选项可以设置所绘制矩形的填充颜色，单击该选项的色块，即可对矩形的填充颜色进行相应的设置。

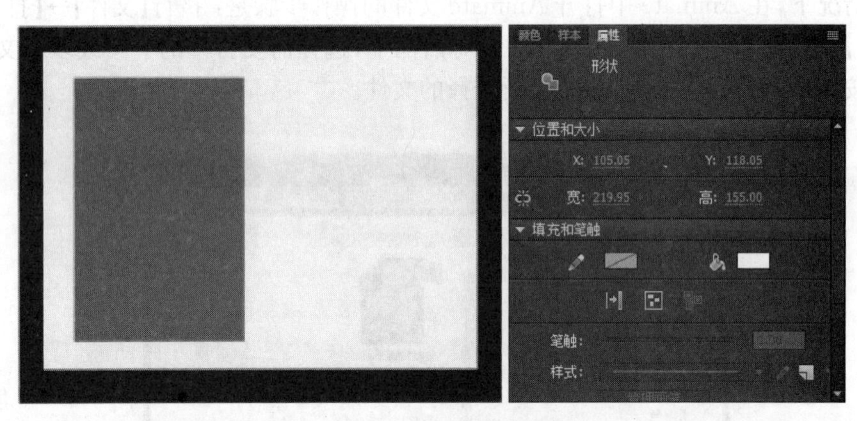

图 7-15 "矩形"的"属性"面板

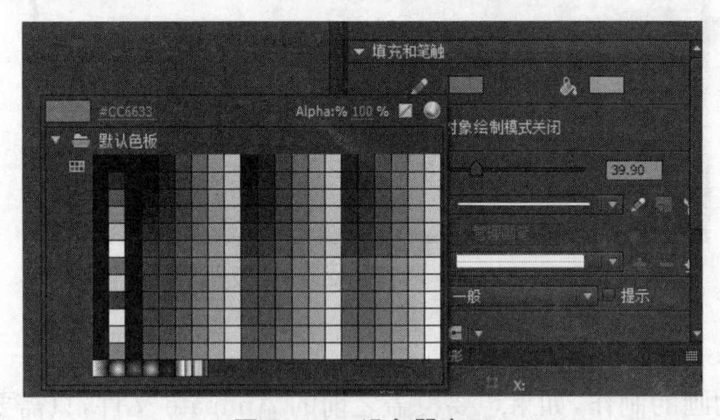

图 7-16 设色器窗口

(3)【笔触】。默认情况下，【笔触】为 1 像素，如果想要设置笔触的高度，可以通过【属性】面板上的【笔触高度】文本框进行设置，也可以通过拖动滑动条上的滑块进行设置，文本框中的数值

图 7-17 设置笔触高度

会与当前滑块位置保持一致。图7－17为设置笔触高度的效果。

(4)【样式】。该选项用于设置笔触样式，在该选项的下拉列表中可以选择Animate预设的7种笔触样式，包括【极细线】【实线】【虚线】【点状线】【齿线】【点刻线】和【斑马线】，如图7－18所示。也可以单击右侧的【编辑笔触样式】按钮，在弹出的【笔触样式】对话框中对笔触样式进行设置。

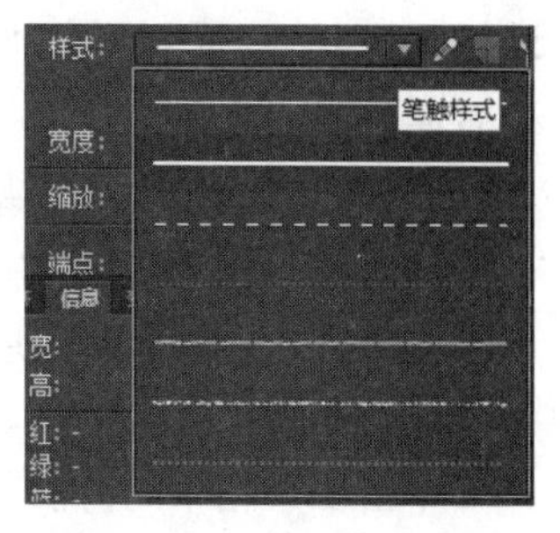

图7－18 "样式"下拉列表

(5)【缩放】。该选项用来限制笔触在Animate播放器中的缩放，在该选项的下拉列表中可以选择4种笔触缩放，包括【一般】【水平】【垂直】和【无】。

(6)【端点】。该选项用于设置笔触端点的样式，在【端点】的下拉列表中包括【无】【圆】和【方形】3种样式。

(7)【接合】。该选项用来设置两条直线的结合方式，包括【尖角】【圆角】和【斜角】3种结合方式，如图7－19所示。为所绘制矩形设置3种不同的接合方式，可以看到如图7－20所示的效果。当接合方式为【尖角】时，可以设置不同的【尖角】大小。

图7－19 "接合"下拉列表

图7－20 不同的接合效果

(8)【矩形选项】。该选项区可以用于设置所需要绘制的矩形的半径。直接在各文本框中输入半径的数值即可指定角半径，数值越大，矩形的角越圆，如果输入的数值为负数，则创建的是反半径的效果，默认情况下值为0，创建的是直角。图7－21为设置【矩形边角半径】值后绘制矩形的效果。

图7－21 设置矩形选项以及矩形的效果

2. 基本矩形工具

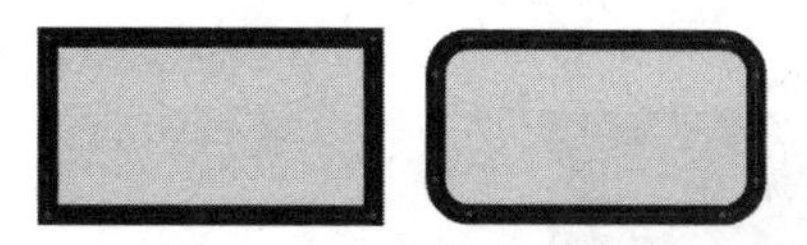

图7－22 调出基本矩形圆角

【基本矩形工具】与【矩形】工具最大的区别在于圆角的设置，使用【矩形工具】时，当一个矩形已经绘制完成，是不能对矩形的角度重新设置的，如果想要改变当前矩形的角度，则需要重新绘制一个矩形，而在使用【基本矩形工具】绘制矩形时，完成矩形绘制后，可以使用【选择工具】对基本矩形四周的任意点进行拖动调整，绘制出所需要的图形，如图7－22所示。

除了使用【选择】工具拖动控制点更改角半径以外，也可以通过改变【属性】面板中【矩形选项】文本框里面的数值进行调整，还可以拖动文本框下方区域的滑块进行调整，当滑块为选中

状态时，按住键盘上的“上”方向键或“下”方向键可以快速调整半径，文本框中的数值和滑块的位置始终是一致的。

7.3.3 椭圆工具和基本椭圆工具

【椭圆工具】和【基本椭圆工具】属于几何形状绘制工具，用于创建各种比例的椭圆形，也可以绘制各种比例的圆形，使用方法与【矩形工具】的使用方法相似，操作起来较简单。

1. 椭圆工具

单击工具箱中的【椭圆工具】按钮并拖动鼠标，拖动至合适的位置和大小后释放鼠标，即可绘制出一个如图 7－23 所示的椭圆。在【属性】面板中可以对椭圆的相应参数进行设置，如图 7－24所示。

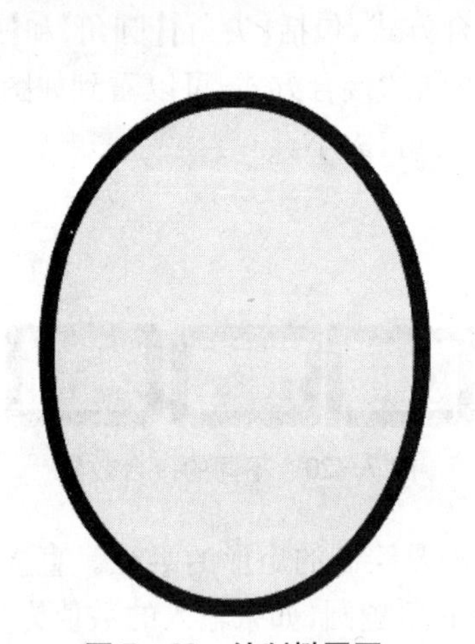

图 7－23　绘制椭圆图

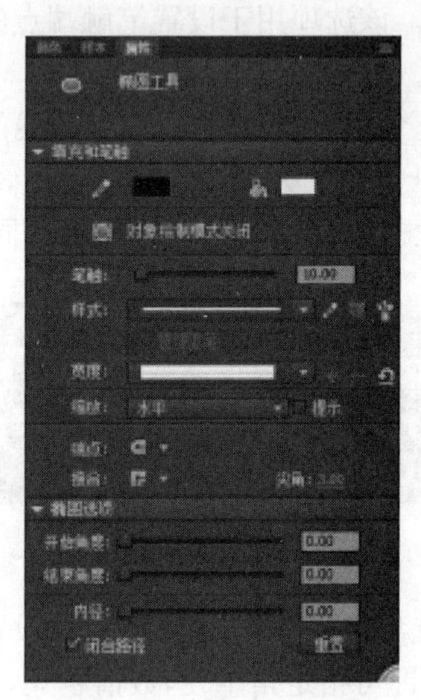

图 7－24　“属性”面板

【开始角度/结束角度】：在该选项的文本框中输入角度值或拖动滑动条上的滑块，可以控制椭圆的开始点角度和结束点的角度，通过调整该选项的值，就可以轻松绘制出许多有创意的形状，如扇形、半圆、饼形、圆环形等(见图 7－25)。

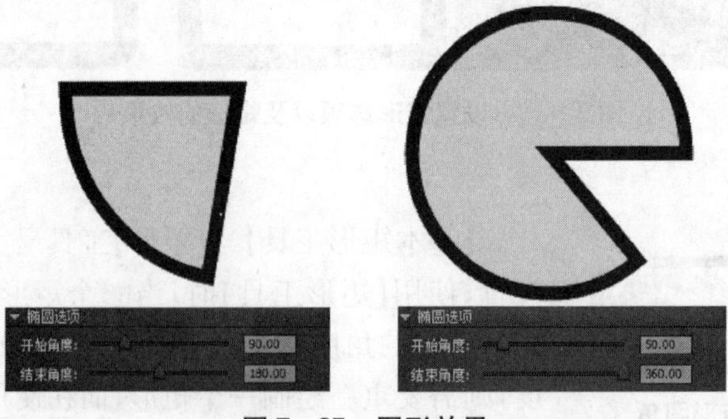

图 7－25　图形效果

【内径】：该选项用于调整椭圆的内径，可以直接在【属性】面板的文本框中输入内径的数值(范围 0～99)，也可能拖动滑块来调整内径的大小。图 7－26 为设椭圆不同内径大小时绘制的图形效果。

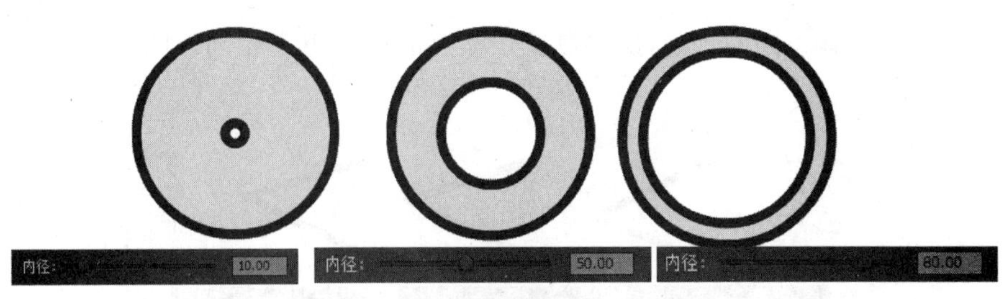

图7-26　内径不同的图形效果

2. 基本椭圆工具

【椭圆工具】和【基本椭圆工具】，在使用方法上基本相同，不同的是，使用椭圆工具绘制的图形是形状，只能使用编辑工具进行修改；使用【基本椭圆工具】绘制的图形可以在【属性】面板中直接修改其基本属性，在完成基本椭圆的绘制后，也可以使用【选择工具】对其控制点进行拖动以改变其形状，如图7-27所示。

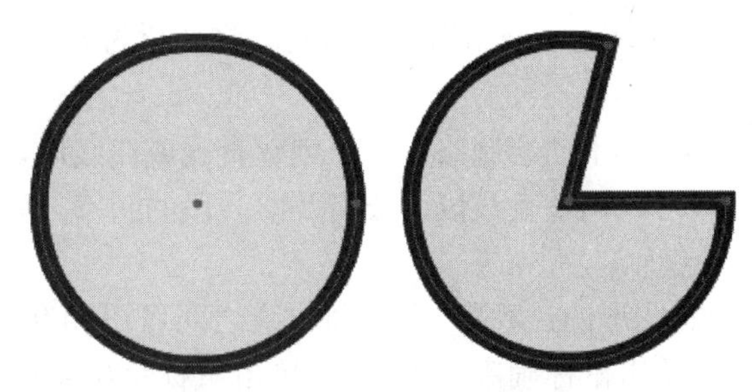

图7-27　调整基本椭圆形状

7.3.4　线条工具

【线条工具】主要是用来绘制直线和斜线的几何绘制工具，【线条工具】所绘制的是不封闭的直线和斜线，由两点确定一条线。

单击工具箱中的【线条工具】按钮，在场景中拖动鼠标，随着鼠标的移动就可以绘制出一条直线，释放鼠标即可完成该直线的绘制（见图7-28），通过【属性】面板可以对【线条工具】的相应属性进行设置，如图7-29所示。

图7-28　矩形线条

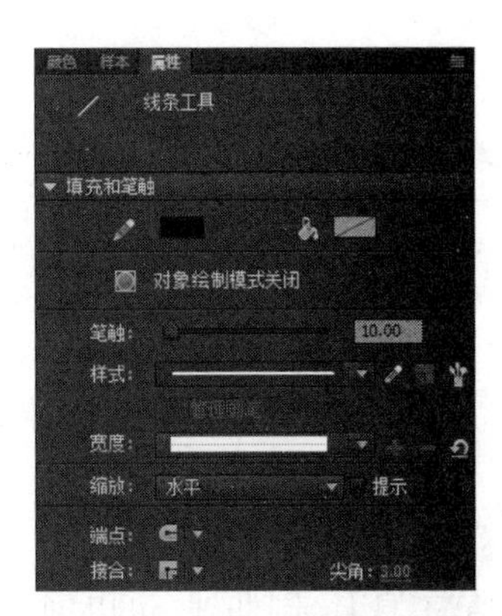

图7-29　“线条”的“属性”面板

【端点】：该选项是用来设置线条的端点类型，在该选项的下拉列表中包括【无】【圆角】和

【方形】3 种类型。选择不同的选项，所绘制线条端点的类型也不相同。图 7－30 为不同端点类型的图形效果。

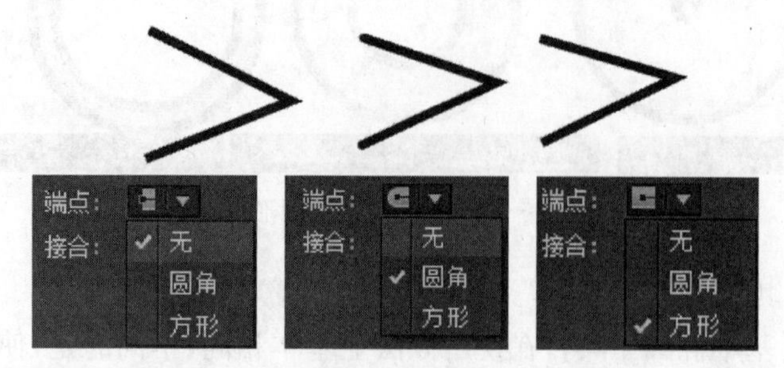

图 7－30　不同端点类型的图形效果

①【无】：如果选择该选项，绘制出的线条两端将不会出现任何变化。

②【圆角】：如果选择该选项，则绘制出的线条两端将变化为圆角。

③【方形】：如果选择该选项，则经制出的线条两端将变化为方形。

7.3.5　钢笔工具

【钢笔工具】属于手绘工具，手动绘制路径可以创建直线或曲线段，通过【钢笔工具】可以绘制出很多不规则的图形，也可以调整直线段的长度及曲线段的斜率，是一种比较灵活的形状创建工具。

在使用【钢笔工具】绘制图形的过程中，直线和曲线之间可以相互转换。单击工具箱中的【钢笔工具】按钮，在场景中单击鼠标确定一个点，再单击鼠标就确定另外一个点，直到双击停止绘制。【钢笔工具】可以通过调整锚点、添加锚点、删除锚点来帮助编辑路径，使路径变得光滑，以达到所需的效果。具体操作方法如下：单击工具箱中的【钢笔工具】按钮，在场景中任意位置单击确定第一个锚点，此时钢笔笔尖变成一个箭头状。在第一个点的一侧选取另一个锚点，单击并拖曳鼠标，此时将会出现曲线的切线手柄(见图 7－31)，释放鼠标即可绘制出一条曲线段。

按住 Alt 键，当鼠标指针变为 形状时，即可移动切线手柄来调整曲线。使用相同的方法，再在舞台中选取一点，拖动鼠标到合适的位置，双击鼠标完成曲线段的绘制，如图 7－32 所示。

图 7－31　切线手柄效果　　图 7－32　使用钢笔工具进行曲线绘制

使用【钢笔工具】绘制曲线，可以创建很多曲线点，即 Animate 中的锚点，在绘制直线段或连接到曲线段时，会创建转角点，也就是直线路径上或直线和曲线路径结合处的锚点。

使用【部分选取工具】 移动路径上的锚点，可以调整曲线的长度和角度，如图 7－33 所

示。也可以使用【部分选取工具】先选中锚点，然后通过键盘上的方向键对锚点进行微调。

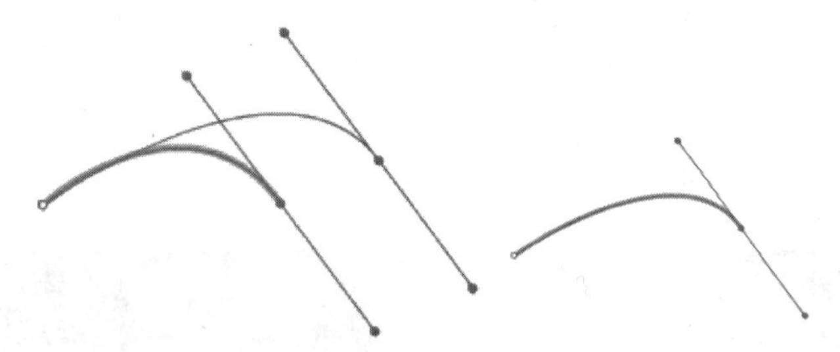

图 7 - 33　对锚点进行调整调整后的曲线

使用【钢笔工具】单击并绘制完成一条线段之后，单击工具箱中的【添加锚点工具】按钮，使用相同的方法，在线段中单击也可以完成添加锚点的效果，如图 7 - 34 所示。同样的也可以通过【删除锚点工具】删除锚点。

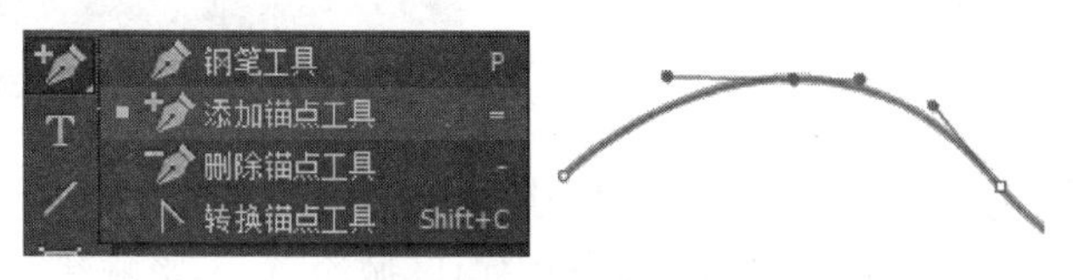

图 7 - 34　添加锚点

7.3.6　刷子工具

使用【刷子工具】可以绘制出类似钢笔、毛笔和水彩笔的封闭形状，也可以制作出例如书法等系列效果。【刷子工具】的使用方法很简单，只需要单击工具箱中的【刷子工具】按钮，在场景中任意位置单击，拖曳鼠标到合适的位置后释放鼠标即可绘制图形效果。

1. 设置刷子笔触大小

在 Animate 中提供了一系列大小不同的刷子尺寸，单击工具箱中的【刷子工具】按钮后，在工具箱的底部就会出现附属工具选项区，在【刷子大小】下拉列表中可以选择刷子的大小，如图 7 - 35 所示。选择一种刷子的大小，单击并完成线条的绘制之后，就不能重新选择刷子大小，也不能改变已经绘制完成的线条粗细(见图 7 - 36)，可以看到使用刷子工具时【属性】面板的【填充和笔触】区域呈现不可选状态。

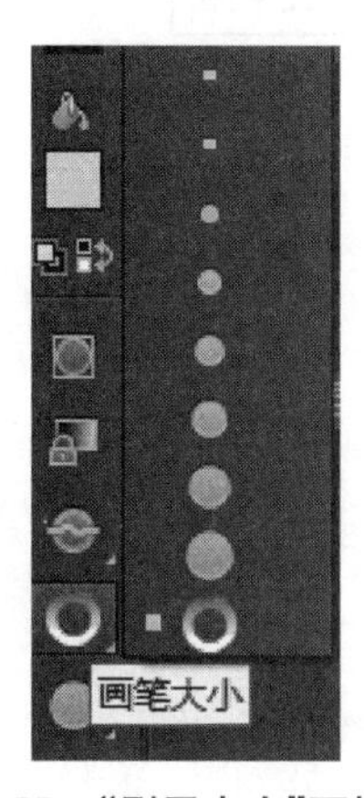

图 7 - 35　“刷子大小”下拉列表

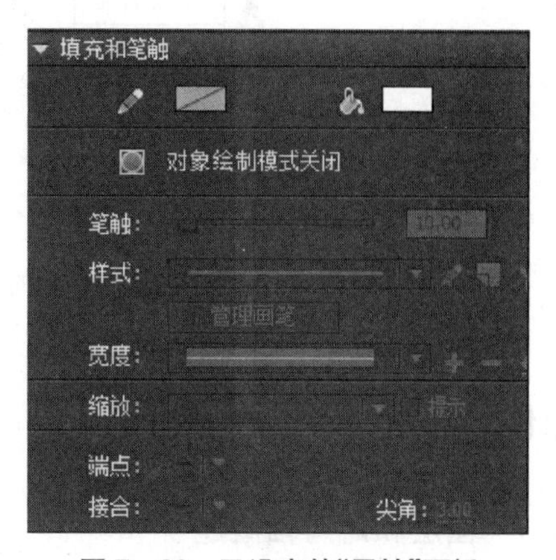

图 7 - 36　已设定的“属性”面板

2. 设置刷子形状

工具箱底部的选项区中还有一个【刷子形状】选项按钮，在该选项的下拉列表中可以选择刷子的形状，包括直线线条、矩形、圆形、椭圆形等，如图 7-37 所示。

同样，单击【刷子模式】选项按钮，在该选项的下拉列表中有 5 种不同的刷子模式可供选择，可以根据需要进行选择，如图 7-38 所示。

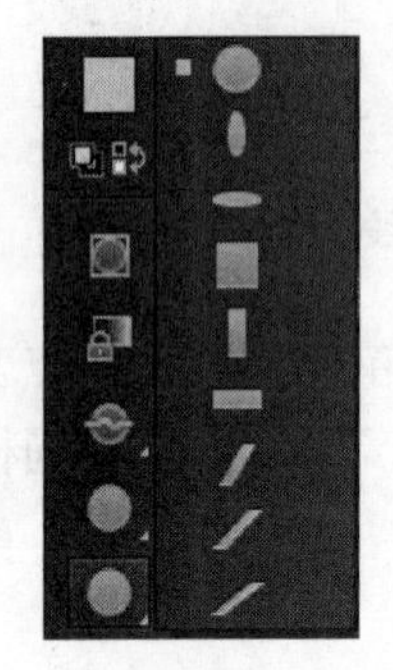

图 7-37 "刷子形状"下拉菜单

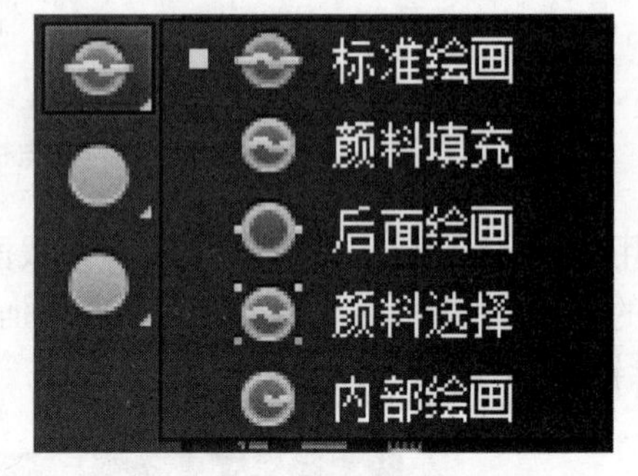

图 7-38 "刷子模式"列表

(1)【标准绘画】：该模式可以对同一层的线条和填充涂色。

(2)【颜料填充】：该模式只对填充区域和空白区域涂色，不影响线条。

(3)【后面绘画】：该模式只对场景中同一图层的空白区域涂色，不影响线条和填充。

(4)【颜料选择】：当使用工具箱中的"填充"选项和"属性"面板中的"填充"选项填充颜色时，该模式会将新的填充应用到选区中，类似于选择一个填充区域并应用填充。

(5)【内部绘画】：对开始时"刷子笔触"所在的填充进行涂色，但不对线条涂色，也不会在线条外部涂色。如果在空白区域中开始涂色，该"填充"不会影响任何现有的填充区域。

不同的刷子模式在场景中绘图的效果如图 7-39 所示。

图 7-39 不同的刷子模式的绘图效果

7.4 课件动画素材的设计与制作

7.4.1 图层和时间轴概述

图层类似于一张透明的薄纸，每张纸上绘制着一些图形或文字，而一幅作品就是由许多张这样的薄纸叠合在一起形成的。图层可以帮助用户组织文档中的插图，也可以在图层上绘制和编辑对象，并且不会影响到其他图层上的对象。

对于 Animate 图层来说，主要包括【普通图层】、【遮罩层】、【被遮罩层】、【运动引导层】、【被引导层】以及【文件夹】(见图 7-40)，其各项说明如下。

(1)【普通图层】。普通状态的图层，该类型图层的名称前面将会出现普通图层图标。

(2)【遮罩层】。放置遮罩物的图层，该图层是利用本图层中的遮罩物来对下面图层的内容进行遮挡。

(3)【被遮罩层】。该图层是与遮罩层对应，用来放置被遮罩物的图层。

(4)【传统运动引导层】。在引导层中可以设置运动路径，用来引导被引导层中的图形对象。如果引导图层下没有任何图层可以成为被引导层，则会出现一个静态引导层图标。

(5)【被引导层】。该图层与其上面的引导层相辅相成，当上一个图层被设定为引导层时，这个图层会自动转变成被引导层，并且图层名称会自动进行缩排。

(6)【引导层】。该图层在绘制时能够帮助对齐对象。该引导层不会导出，因此不会显示在发布的 SWF 文件中。任何图层都可以作为引导层。

(7)【文件夹】。主要用于组织和管理图层。

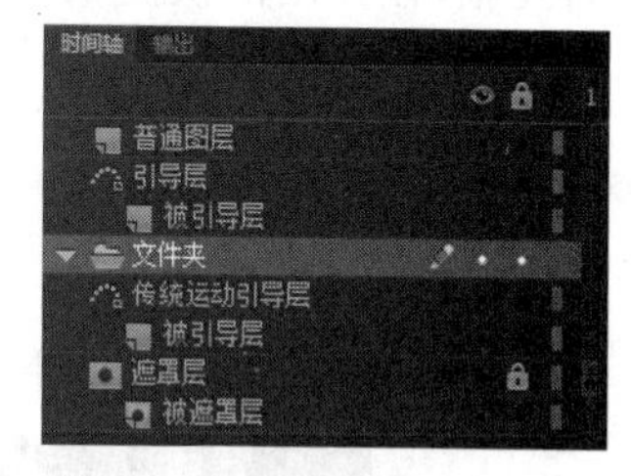

图 7-40 不同的图层类型

时间轴用于组织和控制文档内容在一定时间内播放的图层数和帧数。与胶片一样，Animate 文档也将时长分为帧。图层就像堆叠在一起的多张幻灯胶片一样，每个图层都包含一个显示在舞台中的不同图像。时间轴的主要组件是图层、帧和播放头。

文档中的图层列在时间轴左侧的列中。每个图层中包含的帧显示在该图层名右侧的一行中。时间轴顶部的时间轴标题指示帧编号。播放头指示当前在舞台中显示的帧。播放 Aniamte 文档时，播放头从左向右通过时间轴，如图 7-41 所示。

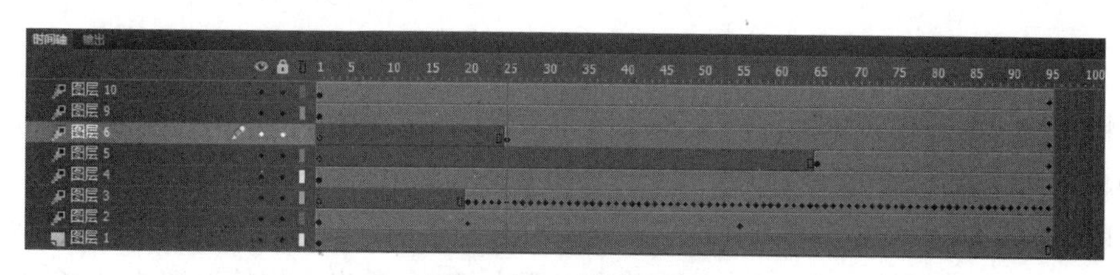

图 7-41 时间轴面板

当时间轴状态显示在时间轴的底部，它指示所选的帧编号、当前帧频以及到当前帧为止的运行时间。

帧是进行 Animate 动画制作的最基本的单位，每一个精彩的 Animate 动画都是由很多个精心雕琢的帧构成的，在时间轴上的每一帧都可以包含需要显示的所有内容，包括图形、声音、各种素材和其他多种对象。

在通常情况下，制作动画需要不同类型的帧来共同完成。其中，最常用的帧类型包括以下几种。

(1) 普通帧。依附在关键帧上的帧，主要起到延长时间的作用。

(2) 关键帧。制作动画过程中，在某一时刻需要定义对象的某种新状态，这个时刻所对应

的帧称为关键帧。关键帧是变化的关键点，如补间动画的起点和终点以及逐帧动画的每一帧，都是关键帧。关键帧是 Animate 动画的变化之处，是定义动画的关键元素，它包含任意数量的元件和图形等对象，在其中可以定义对动画的对象属性所做的更改，该帧的对象与前、后的对象属性均不相同。

(3) 空白关键帧。当新建一个图层时，图层的第 1 帧默认为一个空白关键帧，即一个黑色轮廓的圆圈，当向该图层添加内容后，这个空心圆圈将变为一个小实心圆圈，该帧即为关键帧。

三种帧的类型如图 7-42 所示。

(4) 帧的操作。

① 插入帧的方法：

插入一个新帧：选择【插入】→【时间轴】→【帧】选项，或用鼠标右键单击时间轴，在弹出的快捷菜单中选择【插入帧】选项，会在当前帧的后面插入一个新帧。

插入一个关键帧：选择【插入】→【时间轴】→【关键帧】选项，或用鼠标右键单击时间轴，在弹出的快捷菜单中选择【插入关键帧】选项，会在播放头位置插入一个关键帧。

插入一个空白关键帧：选择【插入】→【时间轴】→【空白关键帧】选项，或用鼠标右键单击时间轴，在弹出的快捷菜单中选择【插入空白关键帧】选项，会在播放头位置插入一个空白关键帧。帧的快捷菜单如图 7-43 所示。

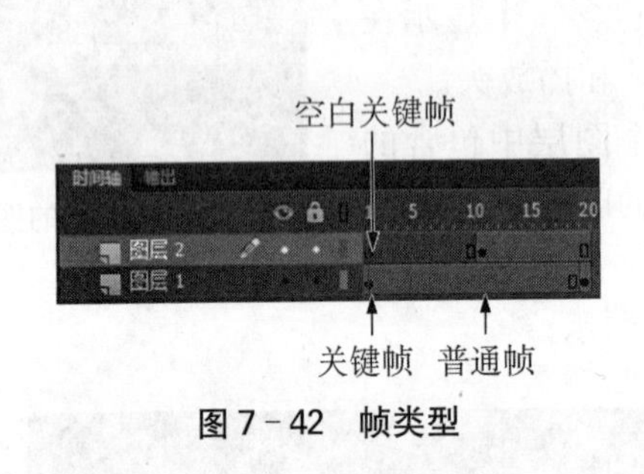

图 7-42 帧类型

插入帧
删除帧
插入关键帧
插入空白关键帧
清除关键帧
转换为关键帧
转换为空白关键帧

图 7-43 插入帧

② 删除帧。删除帧或关键帧的方法简单，只要选中需要删除的帧或关键帧，单击鼠标右键，在快捷菜单中选择【删除帧】即可。

③ 移动帧。移动帧或关键帧只要用鼠标选中需要移动的帧，拖曳至目标位置释放即可。

④ 复制、粘贴关键帧。选中关键帧，单击鼠标右键，在弹出的快捷菜单中选择【复制帧】，然后在待复制的位置单击鼠标右键，在弹出的快捷菜单中选择【粘贴帧】。另一种方法，选中关键帧，按住 Alt 键不放，此时鼠标右上角会有个"+"号，拖曳至待复制位置释放即可。

⑤ 清除帧。执行"清除帧"命令清除帧和关键帧中的内容。被清除以后的帧内部将没有任何内容。

选中待清除的帧或关键帧，单击鼠标右键，在弹出的快捷菜单中选择【清除帧】选项，该帧将转换为空白关键帧，其后的帧将变成关键帧。

⑥ 转换帧。转换单一帧，可以选中目标帧，单击鼠标右键，在弹出的快捷菜单中选择【转换为关键帧】→【转换为空白关键帧】选项。如果要转换多个帧，可以使用 Shift 键和 Ctrl 键选择需转换的帧，然后单击鼠标右键，在弹出的快捷菜单中选择【转换为关键帧】→【转换为空白关键帧】选项。

绘图纸功能。绘图纸是一个帮助定位和编辑动画的辅助功能，这个功能对制作逐帧动画特别有用。通常情况下，Animate在舞台中一次只能显示动画序列的单个帧。使用绘图纸功能后，就可以在舞台中一次查看两个或多个帧了。

如图7-44所示，这是使用绘图纸功能后的场景，可以看出，当前帧中内容用全彩色显示，其他帧内容以半透明显示，看起来好像所有帧内容是画在一张半透明的绘图纸上，这些内容相互层叠在一起。但是Animate文档只能编辑当前帧的内容。

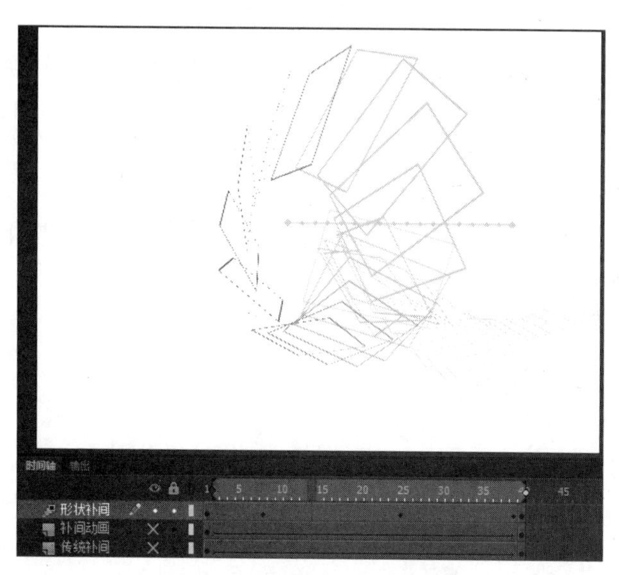

图7-44　绘图纸外观轮廓效果

7.4.2　元件、实例和库

1. 元件

元件是指在Animate中创建且保存在库中的图形、按钮或影片剪辑，可以自始至终在影片或其他影片中重复使用，是Animate动画中最基本的元素；

(1) 按钮元件。实际上是一个只有4帧的影片剪辑，但它的时间轴不能播放，只是根据鼠标指针的动作做出简单的响应，并转到相应的帧。通过给舞台上的按钮实例添加动作语句而实现Animate影片强大的交互性。按钮元件的编辑界面如图7-45所示。

图7-45　编辑按钮元件

(2) 影片剪辑元件。可以理解为电影中的小电影，可以完全独立于主场景时间轴并且可以重复播放。

(3) 图形元件。是可以重复使用的静态图像，或连接到主影片时间轴上的可重复播放的动画片段。图形元件与影片的时间轴同步运行。

2. 创建元件

有两种创建元件的方法：一种是先创建一个空白元件，然后在元件编辑模式创作元件；另一种是将当前工作区中的内容选中，然后将其转换为元件。

执行【插入】→【新建元件】命令或使用快捷键Ctrl+F8均可弹出“创建新元件”对话框，如图7-46所示。

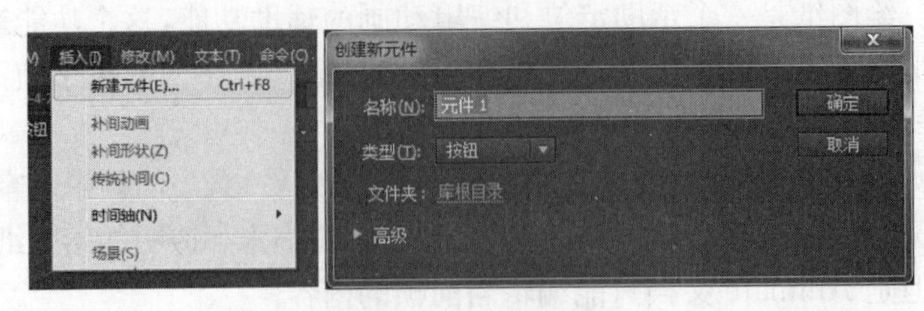

图 7 - 46　创建元件

另一种是选择相关元素，执行【修改】→【转换为元件】命令，弹出【转换为元件】对话框。在【类型】下拉列表中选择【图形】选项，单击【确定】按钮，这时在场景中的元素变成了元件，如图 7 - 47所示。

3. 库

【库】面板专门用于存储和管理元件。单击【窗口】→【库】命令或按下〈F11〉键，均可打开【库】面板。创作动画时，用户可以直接从【库】面板中拖曳元件到场景中用于动画制作，也可以将元件作为共享库资源在文档之间共享。库面板如图 7 - 48 所示。

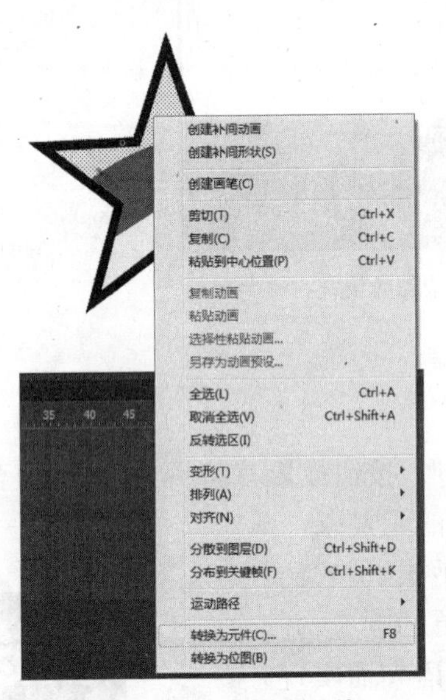

图 7 - 47　转换为元件

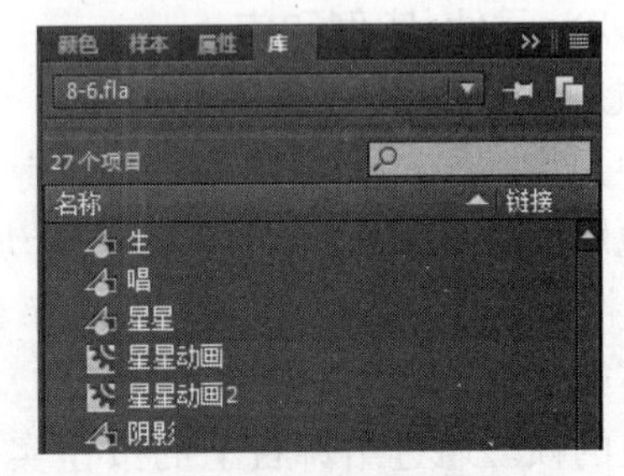

图 7 - 48　"库"面板

4. 实例

而将元件从库中拖至舞台后，或者嵌套在另一个元件内的元件副本，统称为实例。实例可以与它的元件在颜色、大小和功能上有差别。编辑元件会更新它的所有实例，但对元件的一个实例应用效果则只更新该实例。

在文档中使用元件可以显著减小文件的大小。保存一个元件的几个实例比保存该元件内容的多个副本占用的存储空间小。例如，通过将诸如背景图像这样的静态图形转换为元件然后重新使用它们，可以减小文档的文件大小。元件、库和实例的关系如图 7 - 49 所示。

7.4.3　逐帧动画

制作逐帧动画的基本思想是把一系列差别很小的图形或文字放置在一系列的关键帧中，从而使得播放起来就像是一系列连续变化的动画效果。其利用人的视觉暂留原理，看起来像

是在运动的画面，实际上只是一系列静止的图像，如图 7-50 所示。

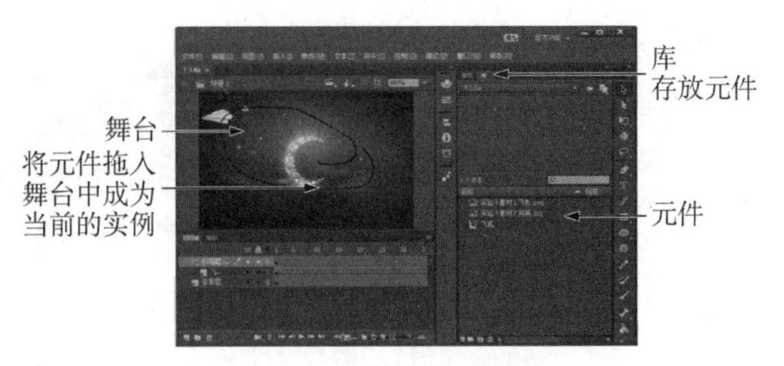

图 7-49　库、元件和实例面板

图 7-50　逐帧动画

逐帧动画最大的特点在于其每一帧都可以改变场景中的内容，非常适用于图像在每一帧中都在变化而不仅仅只在场景中移动的较为复杂的动画的制作。但是，逐帧动画在制作大型的 Animate 动画时，复杂的制作过程导致制作的效率降低，并且每一帧中的图形或者文字的变化要比渐变动画占用的空间大。

7.4.4　三种补间动画

我们经常会在电视、电影中看到由一种形态自然而然地转换成为另一种形态的画面，这种功能被称为变形效果。在 Animate 中，形状补间就具有这样的功能，能够改变形状不同的两个对象。"间"可以理解为两个关键帧之间经过计算自动生成的中间各帧，使画面从前一关键帧平滑过渡到下一关键帧。

补间动画可分为以下三种：

(1) 补间动画(可以完成传统补间动画的效果，外加 3D 补间动画)。

(2) 补间形状(用于变形动画)。

(3) 传统补间动画(位置、旋转、放大缩小、透明度变化)。

1. 制作传统补间动画

在时间轴第一帧绘制一个矩形，右键将其转化为图形元件。

单击第 15 帧、按下 F6 键插入一个关键帧，将此帧处的图形做旋转或位移或放大缩小变形。

选择第 1 帧右击，在右键菜单里选择创建传统补间动画，完成传统补间动画的制作，这里实现的是一个大矩形变小并向右移动的动画，具体如图 7-51 所示(打开洋葱皮效果可以查看

从第1帧到第15帧的过渡过程，观察如何形成补间动画)。

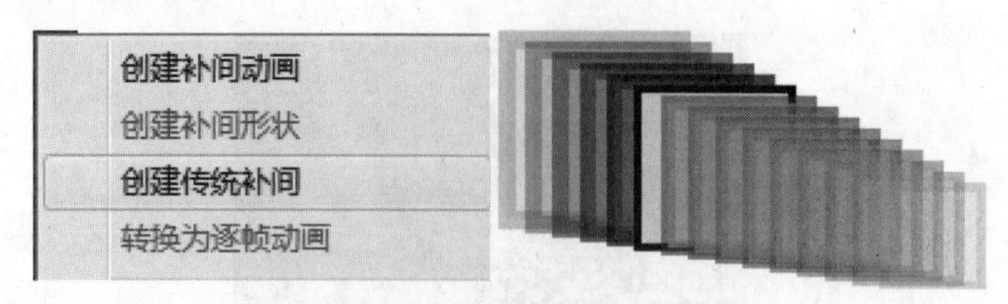

图7-51 创建传统补间

2. 制作补间动画

(1) 在时间轴第1帧绘制一个正方形，单击【修改】菜单，执行【分离】命令打散图形。

(2) 在第15帧处插入空白关键帧，绘制一个星型，单击【修改】按钮，执行【分离】命令打散图形。

(3) 选择第1帧～第15帧中间的过渡帧处右击【创建补间形状】按钮，完成补间形状的制作。

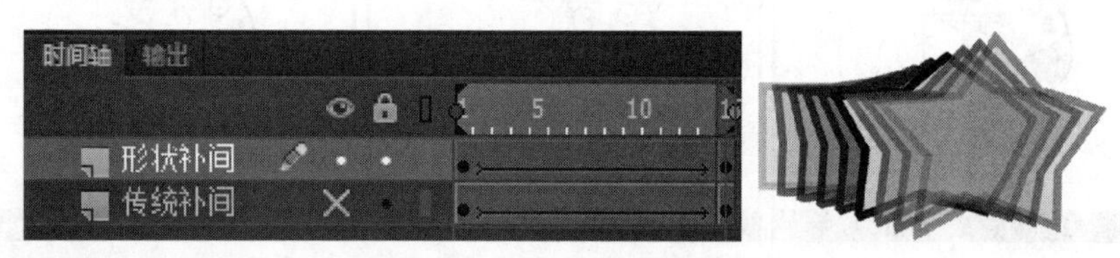

图7-52 创建补间形状

3. 制作补间动画

(1) 在时间轴第1帧绘制一个正方形，然后按F8键将其转为影片剪辑(这里要做3D旋转，而3D旋转只对影片剪辑有效)。

(2) 在第15帧处按F5键插入帧(这里注意一定要是插入帧而不是插入关键帧)。

(3) 选择第1帧右击选择第1项创建补间动画，选择第15帧(注意是只选择第15帧而不是1—15帧)右击【插入关键帧】→【旋转】按钮。

(4) 选择工具栏上的旋转工具，给第1帧或第15帧做一个角度旋转，此时动画完成(见图7-53)，按Ctrl+Enter测试即可。

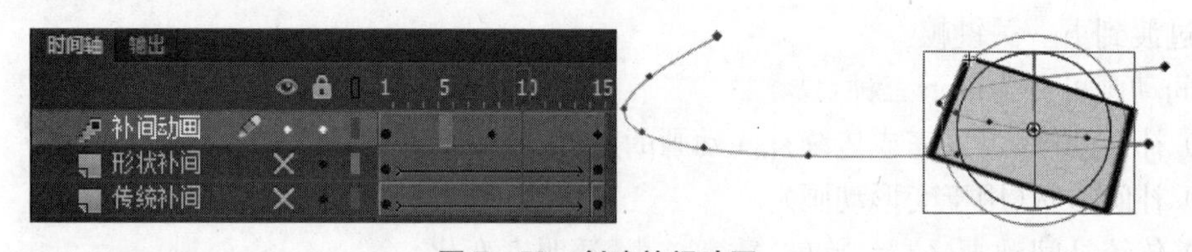

图7-53 创建补间动画

7.4.5 遮罩动画

使用Animate的遮罩层可以制作更加复杂的动画，在动画中只需要设置一个遮罩层，就能遮掩一些对象，可以制作出多种动画效果。

遮罩就像是个窗口，将遮罩项放置在需要用作遮罩的图层上，通过遮罩可以看到下面链接层的区域，而其余所有的内容都会被遮罩层的其余部分隐藏。

在创建遮罩动画时，一般情况下，一个遮罩动画中可以同时存在多个被遮罩图层，但是一个遮罩层只能包含一个遮罩项，遮罩项可以是填充的形状、影片剪辑、文字对象或者图形。

7.4.6 引导线动画

在 Animate 中，引导层是一种特殊的图层，在该图层中，同样可以导入图形和引入元件，但是最终发布动画时引导层中的对象不会被显示出来。按照引导层发挥的作用不同，可以将其分为普通引导层和传统运动引导层两种类型。

在 Animate 中创建引导动画需要两个图层，分别为绘制路径的图层、在开始和结束的位置应用传统补间动画的图层。引导层在 Animate 中最大的特点：①在绘制图形时，引导层可以帮助对象对齐；②由于引导层不能导出，因此不会显示在发布的 SWF 文件中。

在 Animate 中，任何图层都可以使用引导层。当一个图层作为引导层时，则该图层名称的左侧会显示引导线图标，如图 7-54 所示。

图 7-54 “引导层”面板

创建引导动画有两种方法：一种是在需要创建引导动画的图层上右击，在弹出的菜单中执行【添加传统运动引导层】命令；另一种是首先在需要创建引导动画的图层上单击，在弹出的菜单中执行【引导层】命令，将其自身变为引导层后，再将其他图层拖动到该引导层中，使其归属于引导层即可。

7.5 课件按钮与交互的设计与制作

7.5.1 交互动画

交互动画是指在动画播放时支持事件响应和交互功能的一种动画。交互可以是用户的某种操作，也可以是在动画制作时预先设置的操作。这种交互性提供了观众参与和控制动画播放的手段，使观众由被动接受变为主动选择。①

交互动画是通过对帧或按钮设置一定动作来实现的。所谓的“动作”指的是一套命令语句，当条件满足时就会发出命令来执行特定的动作。而用来触发这些动作的“事件”，无非就是播放指针指到某一帧，或者用户单击某个按钮或按某个键。当这些事件发生时，动画就会执行事先已经设定好的动作。

1. 建立交互按钮

(1) 按钮实际上是四帧的交互影片剪辑。当为元件选择按钮行为时，Animate 会创建一个四帧的时间轴。前三帧显示按钮的三种可能状态；第四帧定义按钮的活动区域。时间轴实际上并不播放，它只是对指针运动和动作做出反应，跳到相应的帧。

(2) 要制作一个交互式按钮，可把该按钮元件的一个实例放在舞台上，然后给该实例指定动作。必须将动作指定给文档中按钮的实例，而不是指定给按钮时间轴中的帧。

(3) 按钮元件的时间轴上的每一帧都有一个特定的功能：

第 1 帧是弹起状态，代表指针没有经过按钮时该按钮的状态。

第 2 帧是指针经过状态，代表当指针滑过按钮时该按钮的外观。

第 3 帧是按下状态，代表单击按钮时该按钮的外观。

---

① https://baike.baidu.com/item/%E4%BA%A4%E4%BA%92%E5%8A%A8%E7%94%BB/2595747

第 4 帧是单击状态，定义响应鼠标单击的区域。此区域在 SWF 文件中是不可见的。

在创建按钮元件时，有时需要创建风格相同的一组按钮，例如要控制影片的播放需要创建【暂停】【继续】两个按钮，那么第 2 个按钮可以通过复制第 1 个按钮后修改得到，下面介绍创建、复制按钮的操作方法。

2. 交互按钮实例

(1) 启动 Animate，新建影片文件。

(2) 执行【插入】菜单→【新建元件】命令，弹出【创建新元件】对话框，输入按钮元件名称、选择元件类型(见图 7－55)。

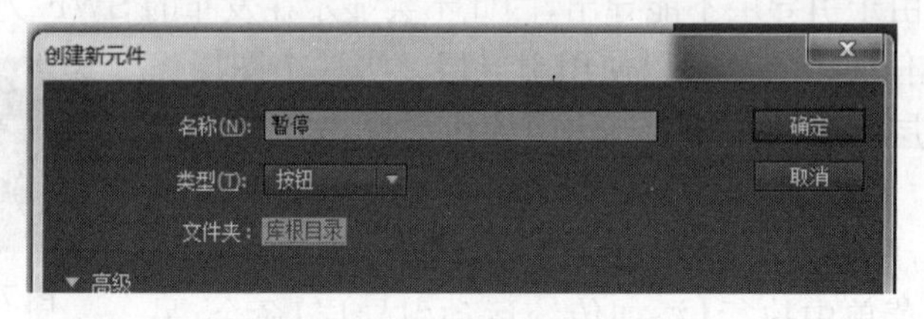

图 7－55　新建按钮元件

(3) 单击【确定】按钮，进入按钮元件的编辑窗口。单击时间轴上的【弹起】帧，选择【文本】工具，设置：隶书、36 号、蓝色，在舞台上输入文本【暂停】；选择【任意变形】工具，单击【文本】按钮，用方向键移动文本使文本的中心点与元件的中心点重合，如图 7－56 所示。

图 7－56　输入文本

(4) 在【指针经过】帧，按 F6 键，复制【弹起】帧中的内容(见图 7－57)。使用【选择】工具选中文本，将颜色改为【墨绿色】(＃009900)。

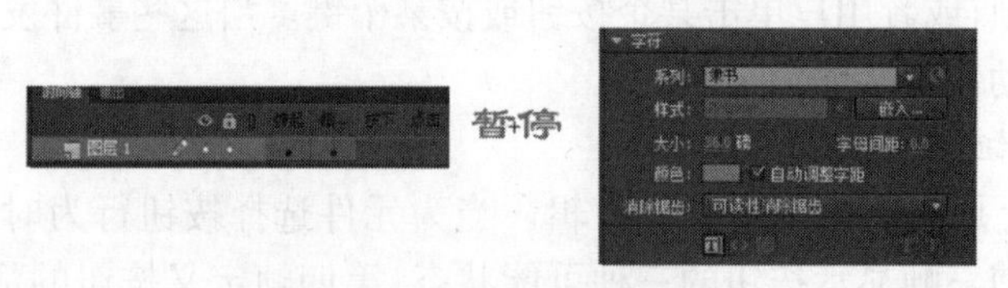

图 7－57　修改“弹起”帧属性

(5) 在【按下】帧，按 F6 键，复制【指针经过】帧中的内容。使用【选择】工具选中文本，选择【滤镜】面板(在属性面板组中)，单击【添加滤镜】按钮，添加【投影】(见图 7－58)。

图 7－58　文字添加效果

(6) 在【点击】帧，按F7键，插入空白关键帧，使用【矩形】工具绘制比文本略大的矩形，定义响应鼠标指针的区域(见图7-59)。

图7-59 定义指针相应区域

(7) 单击舞台上方的“场景1”按钮，退出元件编辑窗口，返回到场景编辑窗口。从【库】面板将【暂停】按钮元件拖到舞台上，创建一个实例，按Ctrl+Enter测试按钮，鼠标经过和按住暂停文字的时候观察文字的变化(见图7-60)。停止测试，再添加相应的脚本即可。

图7-60 测试文字按钮

7.5.2 Animate的动作脚本语言ActionScript

在简单的动画中，Animate播放器按顺序播放影片文件中的场景和帧。在交互式影片文件中，观众可以用键盘和鼠标跳到影片文件中的不同部分、移动对象、在表单中输入信息，还可以执行许多其他交互操作。

使用ActionScript可以创建脚本来通知Animate播放器在发生某个事件时应该执行什么动作。当播放头到达某一帧，或当影片剪辑加载或卸载，或用户单击按钮或按下某个键时，就会发生一些能够触发脚本的事件。脚本可以由单一命令组成，如指示影片文件停止播放的命令；也可以由一系列命令和语句组成。

在Animate中执行【窗口】→【动作】命令，或者按快捷键F9，即可打开【动作】面板，如图7-61所示。【动作】面板大致可以分为工具栏、脚本导航器和脚本编辑窗口三个部分。

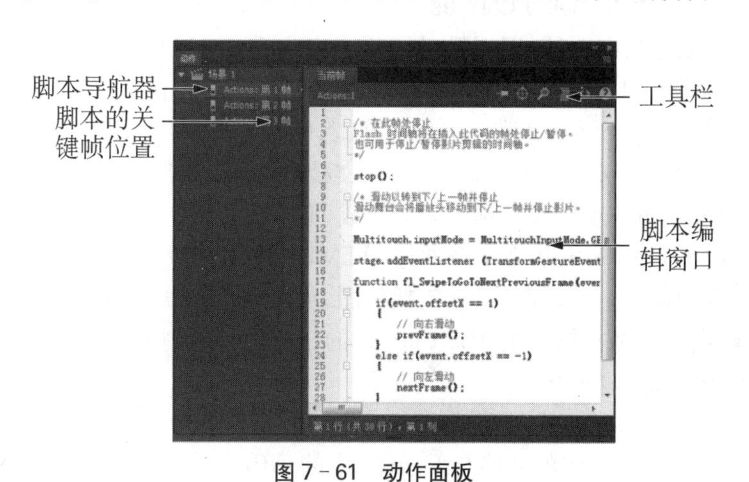

图7-61 动作面板

1. 最基本的动作

gotoAndPlay()和gotoAndStop()函数将播放头发送到帧或场景。这两个函数是你可以从任何脚本调用的全局函数。

play()和stop()动作用于播放和停止影片文件。

getURL()动作用于跳到不同的URL(例如，为【按钮】添加在新窗口打开【上海海事大学

主页】的脚本)。

2. 常用的按钮事件

(1) press：当鼠标指针滑到按钮上时按下鼠标按钮。

(2) release：当鼠标指针滑到按钮上时释放鼠标按钮。

(3) releaseOutside：当鼠标指针滑到按钮上时按下鼠标按钮，然后再释放鼠标按钮前滑出此按钮区域。press 和 dragOut 事件始终在 releaseOutside 事件之前发生。

(4) keyPress"＜key＞"：按下指定的键盘键。

(5) rollOver：鼠标指针滑到按钮上。

(6) rollOut：鼠标指针滑出按钮区域。

(7) dragOver：当鼠标指针滑到按钮上时按下鼠标按钮，然后滑出该按钮区域，接着滑回到该按钮上。

(8) dragOut：当鼠标指针滑到按钮上时按下鼠标按钮，然后滑出此按钮区域。

3. 为关键帧添加脚本

可以在关键帧上添加脚本，如 Play、Stop、Goto。下面先制作一个形状补间动画，使用三种补间动画中的实例【矩形变小补间动画】。

图 7-62 形状补间动画

(1) 选择关键帧第 15 帧，右击【动作】按钮，弹出动作面板，输入【stop()；】

(2) 关闭动作面板，此时，在第 15 帧上显示一个符号【α】，按 Ctrl＋Enter 组合键测试影片，当动画播放到 15 帧时停止播放。

(3) 要想让动画停在其他帧上，可以在要停止的位置上插入关键帧，然后，用上面的方法添加停止动作。

7.5.3 新文档类型 HTML5 Canvas

Animate 允许创建具有图稿、图形及动画等丰富内容的 HTML5 Canvas 文档。Animate 中新增了一种文档类型 HTML5 Canvas，它对创建丰富的交互性 HTML5 内容提供本地支持。可以使用传统的 Animate 时间轴、工作区及工具来创建内容，而生成的是 HTML5 输出。只需单击几次鼠标，即可创建 HTML5 Canvas 文档并生成功能完善的输出。简而言之，在 Animate 中，文档和发布选项会经过预设以便生成 HTML5 输出。

Animate 集成了 CreateJS，后者支持通过 HTML5 开放的 Web 技术创建丰富的交互性内容。Animate 可以为舞台上创建的内容(包括位图、矢量、形状、声音、补间等)生成 HTML 和 JavaScript。其输出可以在支持 HTML5 Canvas 的任何设备或浏览器上运行。

1. Animate 和 Canvas API

Animate 利用 Canvas API 发布到 HTML5。它可以将舞台上创建的对象无缝地转换成 Canvas 的对应项。Animate 中的功能与 Canvas 中的 API 是一一对应的，因此允许将复杂的内容发布到 HTML5。

2. 创建 HTML5 Canvas 文档

要创建 HTML5 Canvas 文档，可执行以下操作：

在 Animate 欢迎屏幕上，单击“HTML5 Canvas”按钮。这会打开一个新的 FLA，其“发布设置”已经过修改，可以生成 HTML5 输出。

3. 在 HTML5 Canvas 文档中添加交互性

Animate 使用 CreateJS 库发布 HTML5 内容。CreateJS 是一个模块化的库和工具套件，它支持通过 HTML5 开放的 Web 技术创建丰富的交互性内容。CreateJS 套件包括 EaselJS、TweenJS、SoundJS 和 PreloadJS。CreateJS 可分别使用这些库将舞台上创建的内容转换为 HTML5，从而生成 HTML 和 JavaScript 输出文件。你还可以对这个 JavaScript 文件进行操作来增强内容的表现力。

不过，Animate 允许为舞台上针对 HTML5 Canvas 创建的对象添加交互性。实际上在 Animate 中，就可以为舞台上的各个对象添加 JavaScript 代码，并在编写期间进行预览。反过来，Animate 通过代码编辑器中的有用功能对 JavaScript 提供本地支持，从而提高编程人员的工作效率。

可以选择时间轴上的各个帧和关键帧来为内容添加交互性。对于 HTML5 Canvas 文档，可以使用 JavaScript 添加交互性。可以直接在动作面板中编写 JavaScript 代码，编写时 JavaScript 代码支持以下功能：

代码提示：允许快速插入和编辑 JavaScript 代码而不会发生错误。在动作面板中键入字符时，会看到一个可能完成输入的候选项列表。此外，在使用 HTML5 Canvas 时，Animate 还支持动作面板的一些固有功能。在为舞台上的对象添加交互性时，这些功能有助于提高工作流效率。它们是：

① 语法加亮显示：按照语法以不同的字体或颜色显示代码。此功能可以采用结构化方式编写代码，从而清楚地区分正确代码和语法错误。

② 代码着色：按照语法以不同颜色显示代码。使你可以清楚区分语法的各个部分。

③ 加括号：编写 JavaScript 代码时自动添加右方括号和圆括号以对应左括号。

图 7-63 为 JavaScript 代码演示。

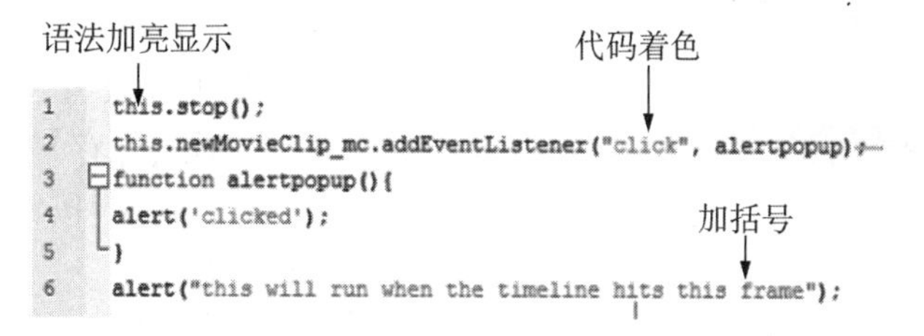

图 7-63　JavaScript 代码演示

7.5.4　动画的导出和发布

1. 导出和发布动画——发布影片

可以将 Animate 影片发布成多种格式，而在发布之前需进行设置，定义发布的格式以及相应的设置，达到最佳效果。在【发布设置】对话框中，可以一次性发布多个格式，且每种格式均保存为指定的发布设置，可以拥有不同的名字。接下来介绍发布影片的方法。

执行【文件】→【发布设置】命令，弹出【发布设置】对话框，如图 7-64 所示。

选择【发布】选项组中的格式，可以设置发布的文件类型，在【输出名称】下面的文本框中输入名称，为相应的文件类型命名。在发布影片后，以一个影片为基础，可以得到不同类型，不同名字的文件。

单击【确定】按钮保留设置，关闭【发布设置】对话框；

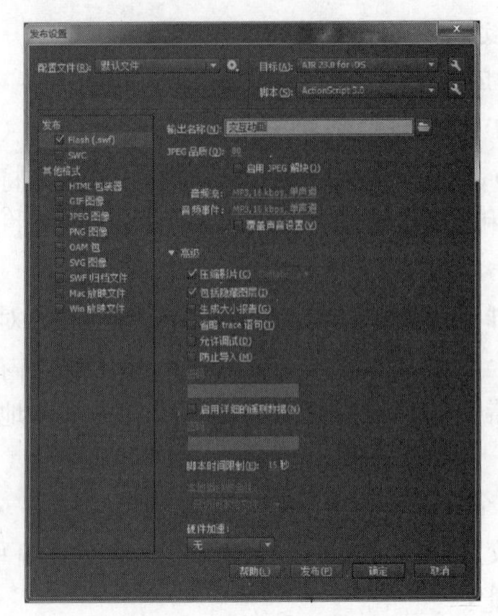

图 7-64 发布设置

单击【取消】按钮不保留设置,关闭【发布设置】对话框;
单击【发布】按钮,立即使用当前设置发布的指定格式的影片。

2. 导出和发布动画——导出影片

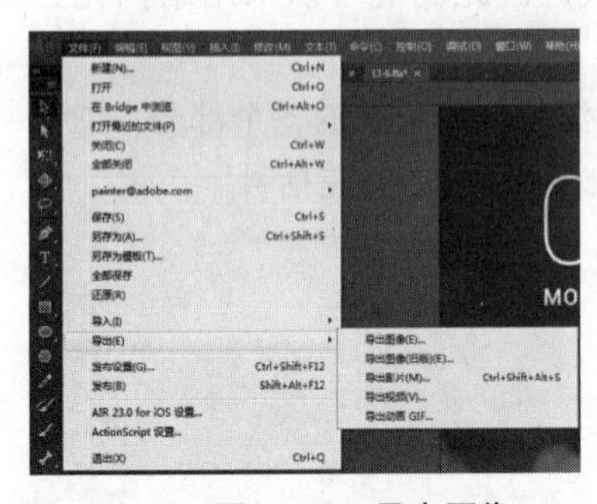

图 7-65 导出图像

导出影片不像发布那样可以对影片的各方面进行设置,它可以把当前影片全部导出为 Animate 支持的格式。而影片的导出分为两种:分别是导出图片与导出影片。下面对这两种方式分别进行介绍。

执行【文件】→【导出】,有五种导出格式,以【导出图像】为例,介绍导出的属性,如图 7-65 所示。

在导出图像面板右侧可以设置导出的图像格式,在下方可以选择图像的大小,单击【保存】按钮,调出文件的保存路径,输入文件名之后单击【确定】按钮,即可完成文件的导出。具体操作如图 7-66 所示。

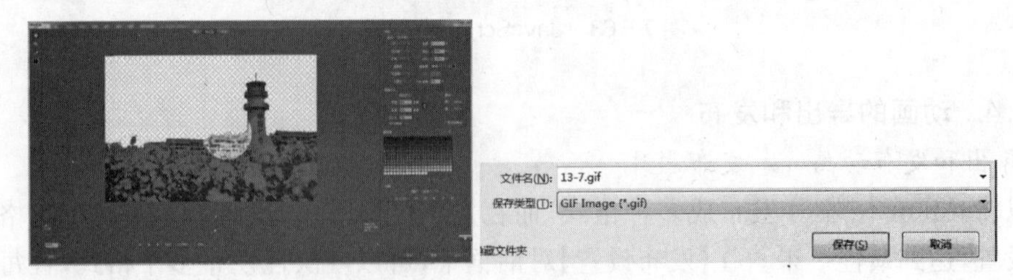

图 7-66 导出图像

7.6 资料型多媒体课件的设计与制作

7.6.1 资料型多媒体课件的概念

资料型多媒体课件是根据教学目标把某一门课程或根据教学内容而划分的专题(或案例)

以电子书、资料库的形式为学生自学、课堂教学、课后复习提供学习信息资源。多媒体资料库是教师根据教学的具体需求.将文本资料、图片资料、视频资料和音频资料等组织在一个资料库中,通过多媒体格式从不同的角度给予学习者感官上的刺激,从而引发其学习兴趣,达到增强记忆的效果,同时也是学生通过各种媒体获取丰富知识的简单、便捷的途径。制作资料库型多媒体课件前往往需要准备大量的素材,如图片、音频和视频资料等,以保证课件内容的丰富性和适用性。

7.6.2 资料型课件资料库内容设计

多媒体资料库是以知识点为基础的(Project-Based),按一定检索和分类规则组织的素材资料,包括图形、表格、公式、曲线、文字、声音、动画、视频和元课件等多维信息的素材资源库,其内容设计可以是与学科无关,与特定课程无关的教学素材资源,因而多媒体资料库通常不体现设计和制作者的教学思想和教学策略,而是用来配合课堂教学过程,为解决教学内容中的某些重点和难点而设计的情景片段。利用教学资料库和组合平台,教师可以根据自己的思维逻辑和教学策略,灵活地组织教学,将自己的教学艺术与资料库的优势实现无缝对接,极大地提高教学效率。

7.6.3 资料型课件制作要点

考虑到课件内容的扩充性和应用的灵活性,在内容设计上,课件强调知识课件的组织与管理,每个菜单链接的内容为某一学科或某一知识范畴的小知识点,知识点不求大,求小而精,每个知识点没有融入太多设计者个人的教学策略的思路,主要是实现资料收集和展示,这样的设计打破了自成整体的课程教学课件固有教学思路对不同教学风格教师的限制,实现了教学应用的灵活性与可扩展性。在功能设计上,为了方便教学素材内容的随时增加与扩充,在程序编制上主要采用外部文件链接的方式,实现对外部文件的随时添加与删除,因此,整个课件案例重点需掌握用于导入外部图像和 swf 文件的 URLRequest 和 addChild()及用于导入外部视频文件的 NetConnection0、Netstream()、Video()等用于控制视频媒体流导入和播放的函数功能的应用。课件的菜单项主要以素材类型进行分类,当用户单击相应素材类型的子菜单时,在屏幕中间将显示该菜单所指向的某个知识点内容。图 7-67 为实例【英语课件】运行的显示效果。具体操作步骤见实验。

图 7-67 资料型课件

参考文献

[1] 段新昱.苏静.多媒体技术与应用[M].北京：科学出版社.2013.
[2] 李小平.多媒体技术[M].北京：北京理工大学出版社.2015.
[3] 胡晓峰,等.多媒体技术教程[M].北京：人民邮电出版社.2009.
[4] 李小英,多媒体技术及应用[M],北京：人民邮电出版社.2016.
[5] 赵子江.多媒体技术应用教程[M].北京：机械工业出版社.2013.
[6] 杰森·泽林提斯.用户至上的数字媒体设计[M].北京：中国青年出版社.2014.
[7] 冼枫.多媒体技术及应用[M].北京：清华大学出版社.2009.
[8] 许志强,邱学军.数字媒体技术导论[M].北京：中国铁道出版社.2015.
[9] 汪红兵.多媒体技术基础及应用[M].北京：清华大学出版社.2017.
[10] 雷运发.多媒体技术与应用教程[M].北京：清华大学出版社.2008.
[11] 金永涛.多媒体技术应用教程[M].北京：清华大学出版社.2016.
[12] 房爱莲.多媒体作品设计与制作[M].北京：清华大学出版社.2013.
[13] 丁刚毅,等.数字媒体技术[M].北京：北京理工大学出版社.2015.
[14] 张晓艳.多媒体技术基础[M].沈阳：辽宁科学技术出版社.2012.
[15] 张云鹏.现代多媒体技术及应用[M].北京：人民邮电出版社.2014.
[16] 黄志鹏.数字录音技术[M].北京：北京师范大学出版社.2010.
[17] 方其桂.多媒体技术及应用实例教程[M].北京：清华大学出版社,2016.
[18] 于冬梅,陆斐,王苏平.多媒体技术及应用[M].北京：清华大学出版社,2011.
[19] 黄纯国,刁海旭,等.多媒体技术与应用[M].北京：清华大学出版社,2016.
[20] 杨小平,尤晓东,等.多媒体技术及应用[M].北京：清华大学出版社,2009.
[21] 龚沛曾,李湘梅,等.多媒体技术及应用[M].北京：高等教育出版社,2012.
[22] 殷常鸿,崔玲玲,等.多媒体技术应用教程[M].北京：北京大学出版社,2012.
[23] 陕华,朱琦.Premiere Pro CC 2017 视频编辑基础教程[M].北京：清华大学出版社,2017.
[24] 鄂大伟.多媒体技术基础与应用[M].北京：高等教育出版社,2016.
[25] 李建芳,等.多媒体技术及应用案例教程[M].北京：人民邮电出版社,2015.
[26] 王利霞,温秀梅,高丽婷,等.多媒体技术导论[M].北京：清华大学出版社,2011.
[27] 倪其育.音频技术教程[M].北京：国防工业出版社.2011
[28] 李金明,李金蓉.中文版 Photoshop CC 完全自学教程[M].北京：人民邮电出版社,2014.
[29] 九州书源.中文版 Photoshop CC 从入门到精通[M].北京：清华大学出版社,2016.
[30] 秋凉.Photoshop CC 数码摄影后期处理完全自学手册[M].北京：人民邮电出版社,2014.
[31] 杨瑞阳.电脑音乐家 Audition CC 电脑音乐制作从入门到精通[M].北京：清华大学出版社.2017.
[32] 华天.Audition/Cubase/Nuendo 音频处理与音乐制作高手真经[M].北京：中国铁道出版社.2014.
[33] 孙钢.7 天精通 Audition CS6 音频处理[M].北京：电子工业出版社.2014.

[34] Adobe公司著,Audition CS6 中文版经典教程[M]. 北京：人民邮电出版社. 2014
[35] Adobe Audition CC2017 用户指南. https://helpx. adobe. com/cn/audition/user-guide. html
[36] 潘强,何佳. Premiere Pro CC 影视编辑标准教程（微课版)[M]. 北京：人民邮电出版社,2016.
[37] 杨力. Premiere Pro CC 从入门到精通[M]. 北京：中国铁道出版社,2014.
[38] 刘凌霞,王健,等. Premiere Pro CC 中文版从新手到高手[M]. 北京：清华大学出版社,2015.
[39] 九州书源. 中文版 Premiere Pro CC 影视制作从入门到精通（全彩版)[M]. 北京：清华大学出版社,2016.
[40] 程明才. Premiere 影视编辑实用教程[M]. 北京：电子工业出版社,2015.
[41] 崔亚量. 中文版 Premiere Pro CC 应用宝典[M]. 北京：北京日报出版社,2016.
[42] 鼎翰文化. 新编 Premiere Pro CC 从入门到精通[M]. 北京：人民邮电出版社,2017.
[43] Maxim Jago. Adobe Premiere Pro CC 2017 经典教程[M]. 巩亚萍,译. 北京：人民邮电出版社,2017.
[44] Adobe 公司. Adobe Premiere Pro CC 经典教程[M]. 裴强,宋松,译. 北京：人民邮电出版社,2015.
[45] Jeff I. Greenberg,等. Adobe Premiere Pro CC 完全剖析[M]. 张俊,译. 北京：人民邮电出版社,2015.
[46] Richard Harrington, Robbie Carman, Jeff I. Greenberg. Adobe Premiere Pro 视频编辑指南[M]. 李爱颖,郭圣路,译. 北京：人民邮电出版社,2015.
[47] Adobe Premiere Pro 学习与支持. https://helpx. adobe. com/cn/support/premiere-pro. html
[48] 周剑,徐倩. 3ds Max 动画制作基础教程[M]. 上海：上海人民美术出版社,2012.
[49] 时代印象. 中文版 3ds Max 2012 实用教程[M]. 北京：人民邮电出版社. 2012.
[50] 郑艳,徐伟伟,李绍勇. 3ds Max 2012 基础教程[M]. 北京：清华大学出版社. 2012.
[51] 张凡. 3ds Max 2012 中文版基础与实例教程[M]. 北京：北京理工大学出版社. 2012.
[52] 刘正旭. 3ds Max 2012 从入门到精通[M]. 北京：科学出版社. 2012.
[53] http://blog. sina. com. cn/s/blog_4650ace401016dzk. html
[54] http://www. 3dmax8. com/3dmax/2011/0830/4223. html
[55] http://www. souxue8. com/Article/dhzhz/Max/201404/15313_3. html? mType=Group
[56] 王新颖,苏醒,李少勇. 中文版 3ds Max 2013 基础教程[M]. 北京：印刷工业出版社. 2012.
[57] 时代印象. 中文版 3ds Max 2012 基础培训教程[M]. 北京：人民邮电出版社. 2017.
[58] 3ds Max 2012 Subscription Advantage Pack
[59] 三维书屋工作室. Animate CC2017 中文版入门与提高实例教程[M]. 北京：机械工业出版社,2017.
[60] Russell, Chun. Adobe Animate CC 2017 中文版经典教程[M]. 北京：人民邮电出版社,2017.
[61] 胡仁喜,杨雪静. Flash CS6 中文版入门与提高实例教程[M]. 北京：机械工业出版社,2013.
[62] 赵林,侯琼芳. 中文版 Flash CC 动画制作完全自学教程[M]. 北京：人民邮电出版社,2015.
[63] 达芬奇工作室. 中文版 Flash CC 从入门到精通：全彩版[M]. 北京：清华大学出版社,2016.
[64] 胡娜,徐敏,唐龙. Flash CS5 动画设计经典 200 例[M]. 北京：科学出版社,2011.
[65] 雷波. 中文版 Photoshop CS6 从入门到精通・基础篇[M]. 北京：中国电力出版社,2014.
[66] 胡崧,于慧. 中文版 FLASH CS5 从入门到精通[M]. 北京：中国青年出版社,2011.
[67] 李海求,何秀丽. 精通 Flash 动画设计实例详解篇[M]. 北京：中国青年电子出版社,2007.
[68] 刘华. 跟着案例学 Flash CS5 课件制作[M]. 北京：清华大学出版社,2012.
[69] 邱相彬. Flash 动画与多媒体课件制作案例教程[M]. 北京：北京师范大学出版社,2013.
[70] 吴疆. 多媒体课件设计与制作[M]. 北京：人民邮电出版社,2002.
[71] 付明柏. 计算机辅助教学：多媒体课件制作教程[M]. 北京：科学出版社,2012.
[72] 袁海东,戴青,马志强. 多媒体课件设计与制作教程[M]. 北京：电子工业出版社,2009.
[73] 梁栋. 中文版 Flash CC 动画制作实用教程[M]. 北京：清华大学出版社,2015.
[74] 周越,吕美,黄冲. 中文版 Flash CC 动画设计实训案例教程[专著] [M]. 北京：中国青年出版社,2016.
[75] 毛宇航. Flash CC 动画制作实战从入门到精通[M]. 北京：人民邮电出版社,2016.
[76] 孔祥亮. Flash CC 动画制作案例教程[M]. 北京：清华大学出版社,2016.

[77] 谭炜，徐鲜. Flash CC 中文版基础教程[M]. 北京：人民邮电出版社，2016.
[78] 李昔，侯琼芳. 中文版 Flash CC 实例教程[M]. 北京：人民邮电出版社，2016.
[79] 老虎工作室，谭炜，徐鲜. Flash CC 中文版基础教程：中文版[M]. 北京：人民邮电出版社.